U0879861

21世纪本科院校电气信息类创新型应用人才培养规划教材

电子技术实验教程

主　编　司朝良
参　编　钟凌惠　初广前　饶中洋
武　华　武晓明

北京大学出版社
PEKING UNIVERSITY PRESS

内容简介

本书共分5章，第1章介绍电子技术实验的基础知识，包括电子测量基础、电子电路的安装与调试方法、常用电子元器件知识等；第2章为常用实验仪器，介绍示波器、万用表、函数信号发生器和直流稳压电源等设备的原理与使用方法；第3章和第4章分别为模拟电子技术和数字电子技术的基本实验，既考虑基础性，又具有一定的典型性；第5章为综合性与设计性实验，具有一定难度的综合性、拓展性和应用性。书末的附录包括常用半导体分立器件的主要参数和实验室常用集成电路的引脚排列图等内容。

本书内容结合实验设备，难度层次清晰，有助于全面提高学生的实验技能和综合设计能力，可作为“模拟电子技术”“数字电子技术”“电子技术基础”“电子电路”等课程的配套实验教材，也可作为“电子技术实验”独立设课教材。

图书在版编目(CIP)数据

电子技术实验教程/司朝良主编. —北京：北京大学出版社，2014.2
(21世纪本科院校电气信息类创新型应用人才培养规划教材)
ISBN 978-7-301-23736-6

Ⅰ.①电… Ⅱ.①司… Ⅲ.①电子技术—实验—高等学校—教材 Ⅳ.①TN-33

中国版本图书馆CIP数据核字（2014）第011536号

书　　　名：电子技术实验教程
著作责任者：司朝良　主编
策 划 编 辑：郑　双　程志强
责 任 编 辑：郑　双
标 准 书 号：ISBN 978-7-301-23736-6/TP・1322
出 版 发 行：北京大学出版社
地　　　址：北京市海淀区成府路205号　100871
网　　　址：http://www.pup.cn　新浪官方微博:@北京大学出版社
编辑部邮箱：pup6@pup.cn
总编室邮箱：zpup@pup.cn
电　　　话：邮购部010-62752015　发行部010-62750672　编辑部010-62750667
印　刷　者：北京虎彩文化传播有限公司
经　销　者：新华书店
787毫米×1092毫米　16开本　15.75印张　357千字
2014年2月第1版　2023年8月第7次印刷
定　　　价：39.00元

前　　言

电子技术是高等学校电气、电子和其他相近类专业的重要技术基础课程，课程显著特点是它的实践性。随着社会对人才需求的变化及教学改革的不断深入，部分学校已经将电子技术实验从“模拟电子技术”和“数字电子技术”等课程的教学中独立出来，单独开课，并适度加大课时量，进一步强调电子技术实验的重要性，无论是授课方式还是授课内容都进行了大胆的改革和探索，取得了可喜的效果。本书基于多年来的电子技术实验教学改革的经验和体会，参照教育部颁发的“模拟电子技术”“数字电子技术”等课程的教学基本要求，结合当前的一些新技术和实验设备编写的。

全书共分5章：

第1章介绍电子技术实验的基础知识，包括电子技术实验课程的特点和学习方法、电子测量基础、电子电路的安装与调试方法、常用电子元器件使用知识等，力求为学生学好电子技术实验打好基础。

第2章为常用实验仪器，简要介绍实验室常用的示波器、万用表、函数信号发生器和直流稳压电源的原理，详细说明各种设备的使用方法，以使学生掌控好这些实验工具。

第3章为模拟电子技术实验，介绍模拟电子技术的基本实验，这些实验既考虑到基础性，又具有一定的典型性。通过对一些典型电路进行电路连接、实验调试和参数测量，加强学生对电子电路原理的理解，使他们掌握电子技术实验的基本技能和实验方法。

第4章为数字电子技术实验，共有8个基本实验内容，选用目前电子设计中应用较多的集成电路芯片，这些实验内容均可在数字电路实验箱上完成，主要训练学生掌握各种常用数字集成电路的测试和使用方法。

第5章为综合性与设计性实验，共有7个实验，都是有一定难度的综合性、拓展性和应用性实验项目，目的在于培养和提高学生的综合应用能力和项目设计能力。

书末的附录包括3个内容，附录A介绍常用半导体分立器件的主要参数，附录B介绍实验室常用的一些集成电路的引脚排列图，附录C介绍DGJ-1型电工电子实验台的使用说明。

本书可作为“模拟电子技术”“数字电子技术”“电子技术基础”“电子电路”等课程的配套实验教材，也可作为“电子技术实验”独立设课教材。教师可根据学时和培养目标的不同，选择部分内容施教。

本书由司朝良担任主编，钟凌惠、初广前、饶中洋、武华和武晓明参与编写。山东交通学院信息科学与电气工程学院的领导对本书的编写提供了大量支持，北京大学出版社的编辑为本书的出版付出了辛勤的劳动。在本书的编写过程中，参考和引用了有关专家的教材，谨在此一并致谢！

由于时间仓促和编者水平有限，书中难免存在不足之处，敬请读者批评指正。

编者
2013年8月

目　　录

第1章 电子技术实验的基础知识

电子技术包括模拟电子技术和数字电子技术，是电气类、电子类、通信类等专业的基础课程，其特点之一是实践性强。电子技术实验不仅是根据教学要求，验证、熟悉并掌握电子电路的设计、安装和调试的过程，更是将理论转化为实践应用所必需的过程。本章介绍电子技术实验的基础知识，帮助学生掌握电子技术实验的基本方法和技能，从而顺利、较好地完成实验课程。

1.1 电子技术实验课程的学习方法

电子技术实验课程具有理论性强、实践性强的特点，同时对于实验者的测量技术也有较高的要求。要学好这门课程应从以下几个方面学习。

1）抓好预习、实验实施和总结3个环节

每个实验都要经过预习、实验实施和总结3个环节，少了任一个环节，该实验的目的和收获都会大打折扣。

预习阶段要结合理论真正弄清实验的目的、内容和要求，拟订实验记录表格，并对实验结果进行预估，对于实验中可能出现的问题有所预判。

实验实施阶段既是完成实验的过程，更是锻炼和提高动手能力的过程。实验中，既要动手，更要动脑，要结合理论，随时分析每一个实验步骤的数据和结果的合理性、正确性，解决相应的问题，并做好对原始数据的记录。

总结阶段既是总结的过程，也是收获的过程。通过整理实验数据进行归纳和总结，编写实验报告。要注意与理论结果进行分析、比对。切忌做完实验后不管结果的合理与否，那就失去实验的意义了。

2）提高自主意识

在实验过程中，应增强主动意识，不要过多地依赖老师的指导，尽力自己解决实验中出现的问题，这是快速提高个人能力的有效途径。

3）不断积累经验

做好实验是动手能力的一种体现，经验的积累非常重要。实验过程中要尽快熟悉用到的仪器、仪表和元器件的使用方法，并上升为经验。同时要熟悉实验中出现的故障及相应的现象，不断总结经验教训。

1.2 实验室安全操作规程

进入实验室，应遵守实验室的规章制度和安全规则，遵守设备操作规程，保证人身安全和仪器、元器件的安全，这是保证实验顺利完成的基本要求。

(1) 不得赤脚进入实验室，各种仪器设备应良好接地。

(2) 各类仪器设备和实验装置的连接导线应绝缘良好，芯线不得裸露。

(3) 实验电路连接好，经检查无误后方可接通电源；实验过程中，不得带电插拔连接线；实验完成后，应先断电，再拆除实验电路。

(4) 拔下导线插头时应先用手捏住插头，不得只拉电线。

(5) 使用仪器前，应认真阅读使用说明书，正确操作使用设备。

(6) 操作仪器面板上的旋钮、开关时，应有目的性，避免随意乱按，切忌用力过猛。

(7) 实验中，若嗅到糊味，或出现打火、冒烟、设备过热等异常情况时，应立即切断电源，由专业人员检修，在故障排除前不得再次开机。

(8) 熔丝熔断时，应查清原因，不得任意增加或加粗熔丝。

(9) 各种设备及导线应保持干燥，不得浸湿，以防短路引起火灾或烧坏设备。

(10) 万一发生触电事故，应立即切断电源。

(11) 完成实验后，应将仪器各开关、旋钮等复原，并整理好实验台。

1.3 电子测量基础

1.3.1 常用的电子测量方法

测量是为确定被测对象的量值而进行的认识过程。凡是利用电子技术来进行的测量都可以称为电子测量。在这个过程当中，通常需要借助专门的设备，才能得到用数值和单位共同表示的测量结果。一个电子电路，设计、组装完成后，为了检验其是否达到设计要求，还需要对电路参数、信号特性或功能等进行测试，主要包括对电流、电压、功率、增益、带宽、噪声、频率、相位、波形等的测量。由于参数性质的不同，针对不同参数的测量，所采用的方法也可能不同。

1. 直接测量

直接测量指用仪表对被测对象进行测量，直接得到测量结果。例如，用直流电压表测量电源的输出电压、用电流表测量电流、用欧姆表测量电阻等。

2. 间接测量

间接测量指对几个与被测量有确定函数关系的物理量进行直接测量，然后通过计算而获得被测量值。例如，测量放大器的电压增益 $A_u=U_o/U_i$，一般是分别测量放大器的输入电压 U_i 和输出电压 U_o，再计算得到 A_u。又如，测量电阻上消耗的功率 $P=UI$，可以先直接测量电阻两端的电压 U 及流过电阻的电流 I，从而求出功率 P。

间接测量法常用于以下情况：被测量不能直接测量；用直接测量法比较复杂；用间接测量法可获得更高的测量精度。

3. 组合测量

某些情况下，待测的未知量有两个以上，需要兼用直接测量和间接测量的方法，将某一被测量与另外几个未知量组成联立方程，通过求解联立方程来确定被测量的大小。组合测量法用计算机求解更为方便。

1.3.2　模拟电子电路基本参数的测量方法

1. 电压的测量

电压是电子电路测量中最基本的参数，要根据被测电压的性质(交流或直流)、频率范围、波形、精度等级及电路阻抗等条件来选择合适的测量仪表。

1) 直接测量法

用模拟指针式电压表或数字万用表可以直接测量交、直流电压的大小。但应注意，指针式电压表或数字万用表的交流电压挡只适用于低频交流电压的测量。测量时，还要考虑仪表的输入阻抗、量程，尽量使被测电压的指示值在满刻度量程的 2/3 以上，这样可减少测量误差。

2) 示波器法

示波器法属于比较测量法(将被测量与已知的标准量进行比较而获得测量结果)的范畴，用已知电压值(通常是峰-峰值 V_{PP})的信号波形与被测信号电压波形比较，并算出电压值。示波器法既可以测量直流电压，也可以测量交流电压。

(1) 示波器测量直流电压。将示波器的输入耦合开关置于“GND”(接地)挡，将扫描基线移动到屏幕的中心作为零电压基准线；然后将输入耦合开关置于“DC”(直流)挡，输入被测电压，扫描线会上移或下移，根据偏离基准线的值就可算出被测的直流电压值，即

$$\text{直流电压}=\text{偏离值(div)}\times\text{垂直偏转灵敏度(V/div)} \qquad (1-1)$$

扫描线上移，电压为正值；扫描线下移，电压为负值。

(2) 示波器测量交流电压。将示波器的垂直偏转灵敏度 V/div 微调旋钮置于校准位置，输入的被测交流信号波形显示在屏幕上，如图 1.1 所示。

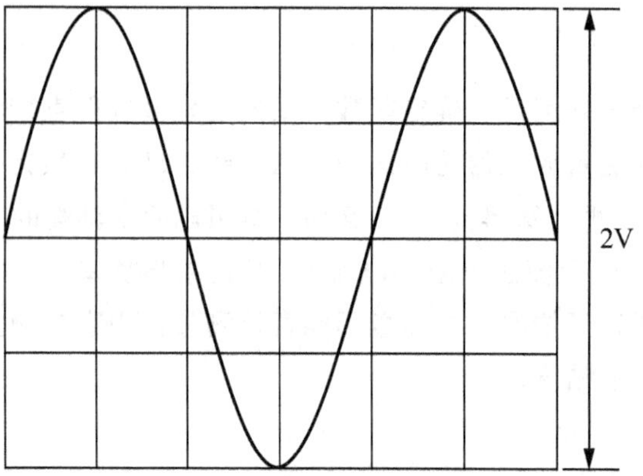

图 1.1 交流电压测试波形图

图示正弦信号的峰-峰值电压为 2V(垂直偏转灵敏度旋钮调在 0.5V/div)，即

$$U_{PP}=0.5\times4=2(\text{V})$$

该正弦信号的电压有效值为

$$U=\frac{U_{PP}}{2\sqrt{2}}\approx0.707(\text{V}) \tag{1-2}$$

2. 电流的测量

在模拟电子电路中，测量电流以直流测量为主，通常在调节放大器电路的静态工作点时，需要测量直流电流。为方便实施，直流电流的测量常用间接测量法。

如图 1.2 所示的单管共发射极放大器电路，测量晶体管的静态电流 I_e时，可用直流电压表测量发射极电阻 R_e两端的电压，而后通过计算得到，即

$$I_e=U_e/R_e \tag{1-3}$$

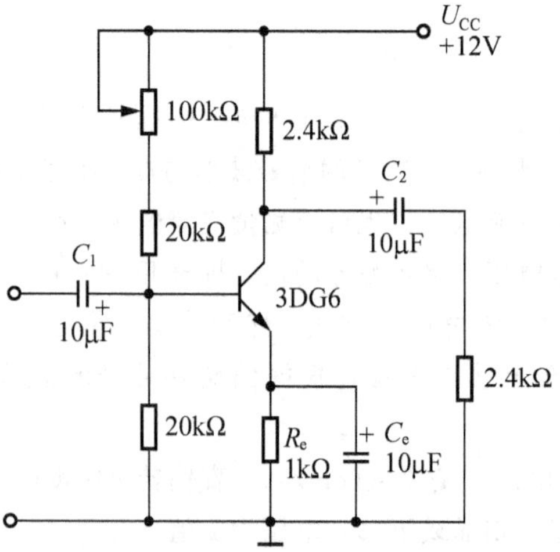

图 1.2 单管共发射极放大器电路

如果采用直接测量法，则需要将电阻 R_e 的一端焊开，将直流电流表串入电路中，才能实施测量，显然比较复杂。所以，在工程实践中，大多采用间接测量法来测量并调试电路的静态工作电流，但测量精度不如直接测量法精确。

3. 阻抗的测量

阻抗是描述电路系统的传输及变换的一个重要参数。测量条件不同，便会得到不同的阻抗测量值。

在直流条件下，$R=U/I$；在交流条件下，$Z=\frac{\dot{U}}{\dot{I}}=R+\mathrm{j}X$。

在模拟电子电路中，低频条件下，有源二端口线性网络(如放大器)的输入电阻和输出电阻的测量有多种方法，下面分别做简单介绍。

1）输入电阻的测量方法

放大器的输入电阻定义为输入电压 U_i 与输入电流 I_i 的比值，即 $R_i=U_i/I_i$。输入电阻的测量方法很多。

(1) 输入换算法。当被测电路的输入电阻为低阻时，可采用图 1.3 所示的电路进行测量。在信号源输出端和放大器输入之间串接一电阻 R，只要用交流毫伏表分别测出电阻 R 两端的对地电压 U_S 和 U_i 的值，就可以换算出输入电阻，即

$$R_i=\frac{U_i}{I_i}=\frac{U_i}{\frac{U_R}{R}}=\frac{U_i}{U_S-U_i}R \tag{1-4}$$

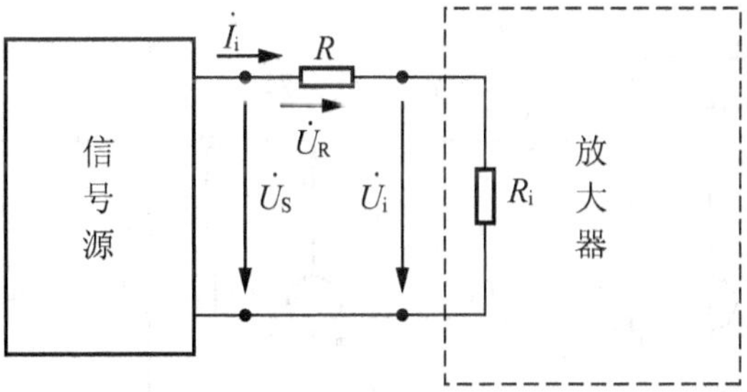

图 1.3　输入换算法测输入电阻

应当注意，电阻 R 的值不宜取得过大或过小，以免产生较大的测量误差，通常取 R 与 R_i 为同一数量级为好。

(2) 输出换算法。当被测电路为高输入阻抗时，若仍用直接测量电阻 R 两端对地电压进行换算的方法，将会引入干扰，而且如果所用的交流毫伏表的内阻不是远大于放大器的输入电阻 R_i，会产生较大的测量误差。为了消除上述干扰和误差，可以利用被测放大器的隔离作用，通过测量放大器输出电压来进行换算得到 R_i。图 1.4 为测量高输入阻抗的原理图。

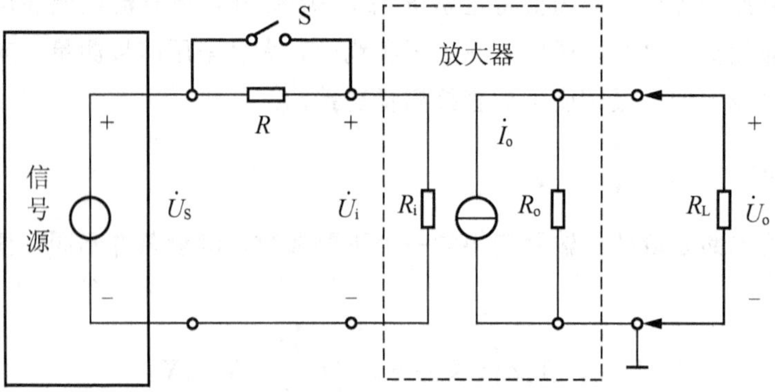

图 1.4 输出换算法测输入电阻

方法是：先闭合开关 S($R=0$)，输入信号电压 U_S，测出相应的输出电压为 $U_{o1}=A_u U_S$；然后断开 S，测出相应的输出电压 $U_{o2}=A_u U_i$。因为存在以下关系：

$$U_{o2}=A_u U_i=A_u \frac{R_i}{R+R_i}U_S=\frac{R_i}{R+R_i}U_{o1} \tag{1-5}$$

并且两次测量中 A_u和 U_S是基本不变的，所以经过换算得到输入电阻为

$$R_i=\frac{U_{o2}}{U_{o1}-U_{o2}}R \tag{1-6}$$

2）输出电阻的测量方法

输出电阻 R_o是指将输入电压源短路，从放大器输出端看进去的交流等效电阻。它和输入电阻 R_i都是相对于交流而言，即都是动态电阻。

（1）换算法。用换算法测量 R_o的原理如图 1.5 所示。

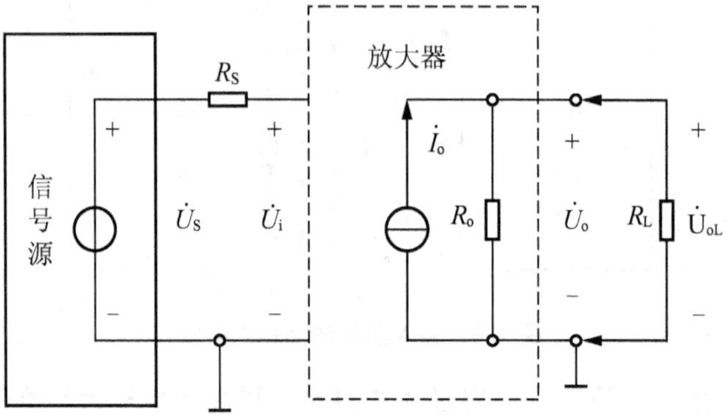

图 1.5 换算法测输出电阻

在放大器输入端加入一个固定的信号源电压 U_S，用交流毫伏表分别测量已知负载 R_L断开和接上时的输出电压 U_o和 U_{oL}，则输出电阻为

$$R_o=(\frac{U_o}{U_{oL}}-1)R_L \tag{1-7}$$

（2）替代法。不接负载电阻，测出放大器的输出电压 U_o，然后在输出端接一电位器 R_W作为负载，调节 R_W使输出电压变为 $U_o/2$，则 $R_o=R_W$。

4. 周期和频率的测量

正弦波和矩形波是模拟电子电路中最常见的周期性电压波形，其特点是每经过一段相同的时间间隔之后又出现相同的波形。周期就是指一个信号的重复时间间隔，可以利用具有时间测量功能的示波器或频率计进行测量。在实验教学中或对精度要求不是特别高的情况下，通常采用示波器即可满足要求。

测量时先将示波器“扫描微调”旋钮置“校准”位置，调整示波器有关控制件，使荧光屏上波形在 X 轴方向大小适中，读出波形中两个相邻周期的同相点之间的水平方向格数，则待测信号的周期为

$$T=\text{两点之间水平方向格数(div)}\times\text{扫描速率(t/div)}$$

图 1.6 中，T 为信号的周期，D 反映该两个同周期信号的相位差。若扫描速率转换开关置于 1ms/div，则所示的信号周期为 $T=8\times1=8(\text{ms})$。

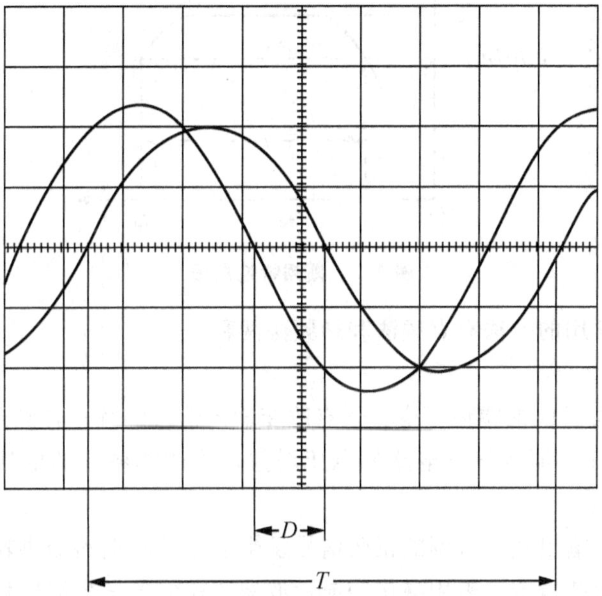

图 1.6　示波器测量信号的周期

为了提高测量精度，可以采用“多周期法”，即读出数个周期的时间间隔，然后再除以周期数即可。

频率是周期的倒数，可以通过示波器测量出周期后，再计算得到，但这样得到的频率数据不太精确。通常采用数字频率计直接测量频率，这样既方便又精确，是目前广泛采用的一种测频方法。

用数字频率计测量频率的方法称为“计数法”，是在某个准确的闸门时间 T_0 内，测出电压信号重复出现的次数 N，然后计算得出频率 f，即

$$f=\frac{N}{T_0} \tag{1-8}$$

实验室配备的函数信号发生器一般都具有频率计功能，既可以内测信号发生器产生的信号频率，也可以外测信号频率。

5. 幅频特性和通频带的测量

电路的幅频特性，是指输入信号的幅度保持不变时，输出信号的幅度随频率变化的关系，或者说输出幅度与输入幅度的比值随频率变化的特性。对于放大器而言，其幅频特性通常用放大器的电压放大倍数 A_u 与输入信号频率 f 之间的关系曲线来表示。图 1.7 所示为一个放大器的幅频特性曲线，A_{um} 为中频电压放大倍数。工程上规定，电压放大倍数随频率变化下降到中频放大倍数的 $1/\sqrt{2}$ 倍(或 3dB)时，所对应的低频率和高频率分别称为下限频率 f_L 和上限频率 f_H，则通频带为 $f_{BW}=f_H-f_L$。通频带是表征电路频率特性的一项重要指标。

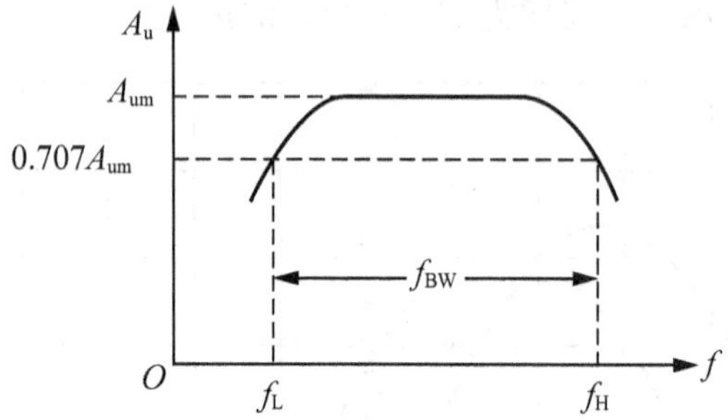

图 1.7 幅频特性曲线

测量幅频特性常用的方法有点频法和扫频法两种。

1) 点频法

保持输入信号电压 U_i 的幅值不变，逐点改变输入信号的频率，测量电路相应的输出电压 U_o，计算出对应于不同频率下电路的电压增益，将所测各点的值连接成曲线，从而得到该电路的幅频特性。

测量时，用一个输出频率可调的正弦信号发生器为被测电路提供输入信号。为保证电路输入信号的幅度保持恒定，需用毫伏表或示波器监视信号发生器的输出。同时，还要保证被测电路输出信号不能失真(用示波器监视)。

通频带数值可从被测电路的幅频特性曲线上获得。

2) 扫频法

用扫频法测量电路频率特性的原理就是在测试过程中，使信号源输出信号的频率按特定规律自动连续并且周期性重复，利用检波器将输出包络检出送到显示器上显示，就得到了被测电路的幅频特性曲线。其特点是：可实现电路频率特性的自动或半自动测量；不会出现点频法中由于频率点离散而可能遗漏细节的问题；得到的是被测电路的动态频率特性，更符合被测电路的应用实际。

采用频率特性测试仪(即扫频仪)可实现对电路幅频特性的扫频测量。扫频仪的工作原理如图 1.8 所示。扫频仪将一个与扫描电压同步的扫频信号送入被测电路，并将被测电路输出口的电压检波后送至显示屏的 Y 轴，在显示屏的 Y 轴显示被测电路的输出电压幅度；而显示屏的 X 轴方向即为频率轴，加到 X 轴上的偏转电压由扫描电压发生器提供，它与扫频信号的频率变化规律完全一致，这样显示屏上就能清晰地显示出被测电路的幅频特性曲线。目前，一些频谱分析仪也具有幅频特性测试功能。

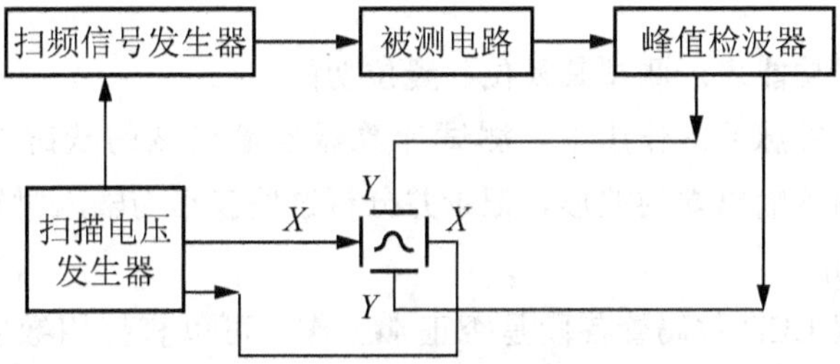

图 1.8 扫频仪的工作原理

1.3.3 数字电路的常用测试方法

1. 数字电路器件的功能测试

数字电路的测试以功能测试为主，一般在电路安装之前，需要对各数字集成电路的逻辑功能进行测试，避免因器件功能不正常而增加系统调试的困难。数字电路器件逻辑功能的测试常用以下方法。

(1) 仪器检测法：用集成电路逻辑功能测试仪等专用仪器进行测试。

(2) 实验检查法：用已有的实验电路进行逻辑功能检测。

(3) 代换法：用待测器件替代正常工作的数字电路中的相同元器件，以判断其功能是否正常。

2. 几种常用数字电路的测试方法

1) 集成逻辑门

静态测试：给集成逻辑门电路输入固定的逻辑电平，测量其输出电平是否符合逻辑关系。具体做法是，给待测集成电路正确连接电源，然后在各输入端接入不同的电平值，逻辑“1”接高电平，逻辑“0”接低电平。用逻辑笔分别测量各个逻辑门的输出端，或用数字万用表的直流电压挡测量逻辑门的输出电压(对于＋5V 电源的数字电路系统，正常情况下的高电平电压一般应该在 3.5V 以上，低电平电压在 1.8V 以下)，分析输出电平是否符合逻辑关系，据此判断该集成电路的好坏。

动态测试：给逻辑门输入符合电平范围和频率范围要求的脉冲信号，即电平不断变化的信号，用示波器或逻辑分析仪观测并记录各输出端的信号，对准起点，画出输入、输出的脉冲波形图，分析它们之间的关系是否符合该门电路的逻辑关系。

2) 集成触发器

静态测试：根据集成触发器的功能表，测试其复位、置位和翻转功能；然后，针对不同的触发条件，在输入端接入不同的电平，测试触发器的逻辑功能，看是否符合功能表的要求。

动态测试：在时钟脉冲的作用下，测试触发器的翻转功能，用示波器观测触发器电路各处的波形变化情况，以测定其输出、输入之间的时序关系，以及触发灵敏度等性能。

3）计数器

静态测试：根据功能表，测试其复位、置位功能。

动态测试：在时钟脉冲的作用下，测试计数器各输出端的状态是否符合功能表的要求，可用示波器观测各输出端的波形，记录并分析这些波形与输入时钟之间的关系。

4）译码显示电路

静态测试：测试LED数码管各段是否正常工作，可以直接用数字万用表的二极管挡位进行测试，也可以通过限流电阻接入+5V电源测试。以共阳极LED显示器为例，可以将阳极接+5V电源正极，再将各显示笔段经过1kΩ限流电阻接地，各笔段应该全亮。

动态测试：将译码器的数据输入端依次输入0000～1001，显示器应该对应显示0～9十个数字，否则就不正常。

1.3.4 误差分析与数据处理

1. 误差分析

在电子测量中，被测量的真实值(简称真值)是我们要测量的对象，可以通过理论计算得到。在实际测量中，希望得到被测量对象的客观真值，但由于受测量仪器的准确度、测量方法的完善程度、测量条件的稳定程度及测量者的经验等条件的限制，因此所得到的测量值与真值之间存在差异。该差异称为测量误差。

1）测量误差的分类

根据误差的性质及产生的来源，测量误差主要可分为系统误差、随机误差和过失误差3类。

(1) 系统误差。在相同条件下对同一量进行多次测量时，误差的大小和方向均保持不变，或当条件改变时，误差的大小和方向按一定规律变化，这种误差称为系统误差。引起系统误差的因素有很多，如测量仪器不准，测量方法不完善，温度、湿度、电源电压等环境条件变化等。根据系统误差产生的原因，可以采取措施减小甚至消除这些误差。

(2) 随机误差。随机误差也称为偶然误差，是由某些偶然因素造成的。这种误差多数情况下是由对测量值影响微小且相互独立的多种变化因素导致的综合结果。例如，实验条件的波动使测量仪器和测量对象发生微小变化等。由于随机误差在多次测量中按统计规律分布，为使测量结果有更大的可靠性，常采取重复多次进行同一种测量，将多次测量值的平均值作为测量的结果。

(3) 过失误差。过失误差是由测量者粗心大意造成的，测量结果明显地偏离真值。通过分析，对于确认是过失误差的测量数据应该予以剔除。

2）测量误差的表示方法

测量误差通常有绝对误差和相对误差两种表示方法。

绝对误差是指测量值 X 与被测量真实值 X_0 之间的偏差，即

$$\Delta X = X - X_0 \tag{1-9}$$

相对误差是绝对误差与真实值的比值，常用百分数表示，即

$$\gamma = \frac{\Delta X}{X_0} \times 100\% \tag{1-10}$$

常用相对误差表达测量结果的可靠程度。一般可以认为：误差越小，测量的值越准确。误差有正负之分，误差为正值，表示测定值大于真实值，即测定结果偏高；反之，结果偏低。测量值与真实值往往相差不大，一般可用测量平均值来代替真实值，用偏差代替测量误差。

此外，为了提高测量精度，测量仪器本身都有一个容许误差，规定在要求的技术条件下该仪器的误差不应超过的最大范围。

2. 数据处理

在实验中，通过仪器观察、测量得到的数据为原始数据，原始数据需要经过整理、分析和计算，用来反映实验结果，必要时还需要把测量数据绘制成曲线。

在整理测量数据时，应根据所用仪器的精度和对分析结果准确程度的要求，使必须保留的有效数字中，只有最后一位数是可疑数字。

为减小由于计算引起的测量误差累积，通常采用近似舍入规则来保留有效数字的位数，即“小于5舍，大于5入，等于5时取偶数”。所谓的“等于5时取偶数”是指当取舍位恰好为5时，若保留数字的末位为奇数则进1，若保留数字的末位为偶数则不变。这种规则与传统的四舍五入规则不同，可使正、负舍入的机会大致相等。

绘制曲线时，应先将整理好的实验数据按照坐标关系列表，适当选择纵坐标与横坐标的比例关系与分度，然后采用平滑法或分组平均法，绘制出平滑的曲线图，并使曲线的变化规律比较明显。

1.4 电子电路的安装、调试及故障分析与排除

设计好电子电路后，就可进行组装与调试，其目的是使电路达到设计的各项要求。由于实际电路的复杂性、电子元器件参数的离散性及设计者经验不足等因素，设计的电路可能达不到指标要求。通过电路组装、调试可以发现问题，然后进行整改，经过不断完善，直至最终达到设计要求。

1.4.1 电子电路的安装

电子电路的安装必须从总体的结构布局、元器件安装、线路走向及电路板的焊接等各个方面综合考虑。

1. 整体布局与元器件安装

电子电路的整体布局和元器件安装应以满足电气性能的合理性为首要原则，还要尽量整齐、清晰、美观。

(1) 电路的布局应合理、紧凑，并方便检测、调试及维修等要求。一般按电路中信号的流向布置集成电路和晶体管等主要元器件。合理布置地线，避免电路间的相互干扰。

(2) 元器件安装应整齐、有序，便于测量与更换。插接集成电路时，应注意方向性，不得插错，不得随意弯曲引脚。电路图中相邻的元器件应就近布置，不允许重叠排列；避免输入输出的交叉、高低电平的交叉，以减小级与级之间的寄生耦合和相互干扰。

(3) 发热元器件应尽量放置在电路板的边缘，有利于散热。集成电路、晶体管和热敏器件等对温度敏感的元器件要远离发热器件，以保证电路的稳定工作。

(4) 对于有磁场产生相互影响和干扰的元器件，应分开放置，并尽量单独屏蔽。

(5) 安装元器件时，元器件的型号和参数等标志一律向外；有安装高度的元器件要符合规定要求，同规格的元器件应尽量在同一高度面；安装顺序遵循先低后高、先轻后重、先易后难、先一般后特殊的原则。

2. 正确布线

电子电路的布线是否合理，不仅影响到外观，而且也会影响到电路的性能。尤其是模拟电子电路，布线不合理会导致电路性能下降，像高频电路中的自激振荡现象，往往就是由于布线不合理造成的。因此，为了保证电路工作的稳定性和可靠性，在保证连接正确、排除接触不良的前提下，电路的布线还应注意以下几点。

(1) 所有布线应直线排列，并做到横平竖直，以减小分布参数对电路的影响；走线要尽量短，输出线与输入线避免形成交叉；信号线不可迂回，即使非迂回不可，也尽量不要形成闭合回路。

(2) 信号线之间、信号线与电源线之间不要平行，以避免由于寄生耦合导致电路自激。

(3) 布线应贴近电路板，不要跨接在元器件上面。

(4) 为方便检查，避免错误，尽可能选用不同颜色的导线。一般地，正电源用红色线，负电源用蓝色线，地线用黑色线，信号线用其他颜色线。导线的粗细选择要合理，尺寸要与插孔直径一致。

(5) 布线一般先布置电源线和地线，再布置信号线；要根据电气原理图或装配图，从输入级到输出级逐级布线，避免漏线或错误布线。

(6) 地线作为所有信号共同使用的通路，一般较长，为减小信号通过公共阻抗时的耦合，应选用较粗的导线作为地线；对于高频电路而言，要考虑共地问题，多级放大器尽量采用一点接地，接地点最好接到机壳上，但输出级与输入级不能共用一条地线；整个电路的地线不能形成闭合路径。

3. 可靠焊接

电子电路的组装通常采用焊接和插接两种方式。插接组装一般在实验板或实验箱上采用，简单、方便，且器件可重复利用率高，但通常不适用于较为复杂的电路。插接组装的关注重点是要保证连接导线、面包板的可靠性，比较容易把握。

更多的情况需要进行印制电路板的设计制作。在印制电路板上进行装配调试时，需要采用焊接组装。焊接质量主要取决于焊接工艺。首先要保证焊接牢靠，无虚焊；再次要满足焊点大小适中，光亮、圆滑。

焊接前，要净化焊接表面，镀上一层薄薄的焊锡，俗称“吃锡”，然后才能进行焊接；焊接时，要掌握正确的焊接方法，并根据不同的元器件或连接线等对象，控制焊接时间和温度，掌握合适的焊锡用量，避免虚焊；焊接完成后，应逐一检查焊点，避免漏焊或焊点短路；最后，将高于焊点平面的元器件管脚剪齐，这样既美观，也不会因引脚折弯而造成短路。

1.4.2　电子电路的调试

由于元器件参数的分散性及装配工艺的影响，初次组装完成的电子产品往往不能完全达到设计要求的性能指标，需要通过测试和调整来发现和纠正原方案的不足，使电路达到预定目标。电路调试包括测试与调整两个方面，测试是利用仪表对电路参数和工作状态进行测量的过程；调整则在测量基础上对元器件参数进行修正，甚至对电路结构进行微调，经过一系列的“测量—调整—再测量”过程，使电路的性能指标最终达到要求。

电子电路调试常用的仪表有万用表、示波器、信号发生器、稳压电源、交流毫伏表、逻辑笔、逻辑分析仪等。

1. 调试方法

电路调试通常有分块调试和统一调试两种方法。

分块调试法按功能区分不同的单元电路(功能块)，分别进行安装与调试，最后再整机联调。这种方法可以边安装边调试，对于新设计的电路，便于调试，又可以及时发现问题和解决问题，尤其适合在课程设计中采用。

统一调试法又称一次性调试法，即在整个电路全部安装完成后，进行一次性的统一调试。这种方法适用于简单的电路或已经定型的电路产品。

2. 调试步骤

1）通电前检查

电路安装完毕后，不要急于通电，应首先进行安全检查和直观检查，排除电源短路、元器件连接错误、接线错误、开路等现象，避免因仓促上电而发生不必要的故障，甚至损坏元器件。

(1) 安全检查。检查电源进线的正、负极是否正确连接，并用万用表“×1”挡或数字万用表的二极管挡测量电源的正负极有无短路现象；然后，用同样的方法检查电路信号输入与地线之间有无短路。如有任何短路现象，必须彻底排除之后才能通电试验。

(2) 元器件检查。用肉眼直观检查各元器件引脚之间有无短路，各连接点有无接触不良，二极管、三极管引脚是否接错，电解电容极性是否接反，集成电路是否插反等。

(3) 连接线检查。认真检查连接线是否正确，包括有无错线、少线、多线等。出现多线的情况较为常见，一般是由接线时看错引脚，或者改接线路时忘记去掉原来的旧线造成的。例如，两个 TTL 门电路的输出端无意中被短接在一起，会引起电平不高不低，逻辑时对时错，容易误判为集成块已坏。这时需要对照原理图，认真排查。

2) 通电检查

在上述检查无误后，方可接通电源。电源接通后，不要急于测量数据和观察结果，而应首先观察电路中有无异常，包括有无打火冒烟，是否闻到异常气味，用手摸元器件是否发烫，电源是否有短路现象，等等。如发现异常，应立即关断电源，重新检查电路，待排除故障后再重新通电。然后测量电路的电源电压及各主要元器件引脚的电压，保证元器件正常工作。

3) 分块调试

分块调试时，按功能不同，把电路分成不同模块或单元电路，明确每个模块的调试要求，分别进行调试，测试性能指标，观察波形，使其基本符合设计要求。然后逐渐扩大范围，最后实现整机调试。分块调试顺序一般按信号流向进行，这样可把前面调试过的输出信号作为后一级的输入信号，为最后联调创造有利条件。

分块调试包括静态调试和动态调试两个过程。

(1) 静态调试是指在接通电源，但无外加变化信号的条件下，对电路各点的直流状态进行测量和调整，使其达到设计值。静态调试的目的是保证电路在动态情况下正常工作，并达到设计指标。

对于模拟电路，静态调试主要测量晶体管和运算放大器的直流工作点是否正常、合理，据此判断该器件是否损坏，然后进行器件更换或元件参数调整等相应的处理。

对于数字电路，静态调试是在输入端加固定的高电平(或低电平)，在电路各中间点和输出端测量电位值，与设计值进行比较，看是否超出允许范围，逻辑关系是否正确，以此判断芯片是否损坏、带载能力是否正常、设计是否合理。

(2) 动态调试。静态调试合格后，就可在电路输入端加入适当频率和幅度的交变信号或脉冲信号进行动态调试。

对于模拟电路，动态调试按信号的流向进行，逐级测量各点的信号幅值、波形形状、频率和相位关系，并根据测量结果，分析电路的放大倍数等性能指标是否正常。不符合设计要求的进行电路参数或电路结构的调整，使之达标。

对于数字电路，静态调试合格，说明逻辑关系正常，动态调试主要检查各个时序关系是否配合得当，各元器件的工作速度能否满足要求。由于数字集成电路的一致性较高，通常只要元器件选择合理，动态调试过程比较容易。

4）整机联调

整机联调是将各功能模块连成一体，形成一个整体系统，检测整机的动态指标，把各种测量仪器及系统本身显示的信息与设计指标逐一对比，查找存在的问题，然后进一步修正，或调整电路的参数，直至完全符合设计要求为止。

在先期进行的分块调试过程中，采取逐步扩大调试范围的方式，实际上已经完成了某些局部电路间的联调工作。这时，重点做好各功能块之间接口电路的调试工作。

需要特别注意的是，在有 MCU 控制系统的电路中，应先分别进行硬件和软件的调试，最后通过软件、硬件联调实现目的。

3. 调试注意事项

（1）调试前，应在电气原理图上标明各关键点的参数或波形，以便调试时有的放矢。

（2）调试前，应熟悉各测量仪器的使用方法和注意事项，并进行必要的校准，保证设备能正常使用。

（3）调试过程中，应使测量仪器和被测电路“共地”，即仪器的地线和被测电路的地线连在一起，以保证测量结果的准确，同时避免干扰。

（4）调试过程中，应随时做好测量记录，边测量、边记录、边分析，以便解决问题。

1.4.3　电子电路的故障分析与故障排除

在电子电路的调试和实验过程中，出现故障常常是不可避免的。通过分析和处理故障，可以提高分析问题、解决问题的能力。分析、处理故障的过程就是从故障现象出发，通过测试、分析和判断，然后逐步找出问题并解决问题的过程。

1. 故障产生的原因

（1）实际电路与设计的原理图不符。以电路接线错误最为常见。

（2）元器件使用不当或损坏，包括引脚连接错误、损坏或型号选择不当等。

（3）实验电路板断裂或导线接触不良等。

（4）设计的原理图本身有缺陷，无法满足要求。

（5）操作错误。尤其在实验中，仪器连接错误、测试点位置选错的情况较为普遍。

2. 故障的分析、查找与排除方法

在故障出现以后，准确判断出故障位置是尽快排除的关键。测量电压是压缩和排除故障常采用的手段。

对于数字电路来说，故障的查找和排除相对比较简单，除三态电路外，其余数字电路的输入与输出只有高电平和低电平两种状态。实际操作时，一般先进行动态测试，缩小故障的范围；再进行静态测试，查出故障的具体位置。通过观测各关键点的电平是否正确，可以较为容易地判断出故障的具体位置。

而对于模拟电路和数模混合电路，故障查找相对困难。压缩和排除故障的方法可以采用直观检查法、信号寻迹法、分段压缩法、分割测试法、短路法、代换法等方法(在此不对短路法和代换法做介绍)。

1）直观检查法

直观检查法不采用任何仪器，用感官直接检查电路，以排除那些简单、明显的故障，如接线错误、漏线、断线、元件断裂、元件烧焦等。

2）信号寻迹法

对于较为复杂的电路，可以按信号的流向逐级查找故障。一般在电路输入端加适当信号，按顺序进行测量，把输出的结果和预期的状态相比较，通过动态测试把故障缩小到最小范围。

测量时，可按照由前往后的顺序，也可按由后往前的顺序，用示波器或万用表测量各级的电压，判断哪一级信号异常，则故障就在该级。

3）分段压缩法

分段压缩法是对信号寻迹法的改进，对于复杂的电路，逐级排查故障比较费时，可在电路输入端加信号，然后按单元电路区分，从电路系统的中间关键点向两边发散寻迹。若电路中间点的信号正常，则其前面的电路没有故障，问题就在以后的电路，这样可较快地压缩判断出故障所处的模块。

4）分割测试法

对反馈回路的故障判断比较困难，因为它是一个闭环回路，在这个闭环回路中只要有一个模块出故障，则整个系统到处都存在故障现象。查找故障时，应当把反馈支路断开，使系统成为一个开环系统，再接入一个合适的输入信号，然后逐级排查，直至找到发生故障的模块及故障元器件。

确定故障所在模块之后，针对故障级采用静态、动态测试方法，就能快速地确定故障点或故障元器件。具体实施步骤如下。

(1) 检查安装的电路与原理图是否一致，包括连线、元件的极性、元件参数、集成电路的安装位置是否正确等。

(2) 测量元器件引脚的电源电压，判断元件引脚与实验板或面包板是否接触不良，元器件是否损坏。

(3) 断开模块输出端所接的负载，判断故障来自模块本身还是负载。

(4) 对于怀疑损坏的元器件，可用同规格的新元器件代替，看故障是否排除。

1.5 常用电子元器件

电子元器件是构成电子电路的最小单元，按照不同的分类方法，可分为半导体器件和非半导体器件、有源元件和无源元件等。在电子技术实验中常用的元器件主要有电阻、电容、电感、二极管、晶体管和一些通用集成电路。学会识别和正确使用这些基本元器件是做好实验的基础，也是进行电路设计和工程实践的必要条件。

1.5.1　电阻、电容

电阻、电容都是由导体构成的元件，属于无源元件，是电子电路中使用较多的一类元件。

1. 电阻器和电位器

导体对电流的阻碍作用称为电阻，用符号 R 表示。在电路中，电阻的主要作用为分流、限流和分压等，可用作负载和阻抗匹配。

1）电阻的分类

电阻的种类很多，按照结构形式的不同，可分为固定电阻和可变电阻(固定电阻一般简称为“电阻”，可变电阻通常称为“电位器”)；按制作材料的不同，可分为碳膜电阻、金属膜电阻、水泥电阻和线绕电阻；按封装形式的不同，可分为有引脚电阻和表面贴装电阻；按用途的不同，可分为普通电阻、压敏电阻、光敏电阻和热敏电阻等；按功率规格的不同，可分为 1/8 W、1/4 W、1/2 W、1 W、2 W、5W 电阻等；按精度的不同可分成四环电阻和五环电阻。其电路符号如图 1.9 所示，外形如图 1.10 所示。

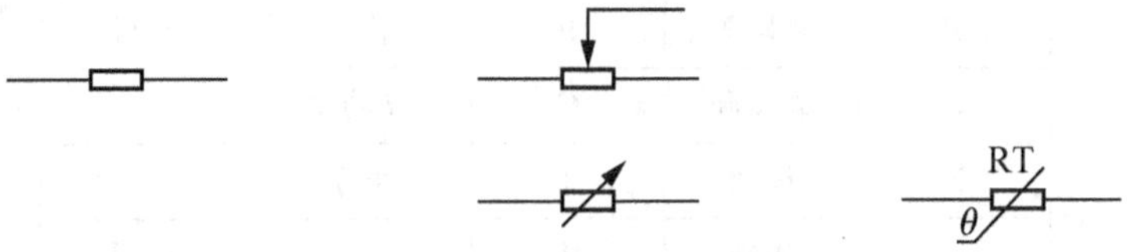

(a) 固定电阻　(b) 电位器　(c) 热敏电阻

(d) 压敏电阻　(e) 光敏电阻

图 1.9　电阻的符号

(a) 普通电阻　(b) 水泥电阻　(c) 线绕电阻　(d) 贴片电阻

(e) 电位器

图 1.10　常用电阻器的外形

2）电阻器的型号命名方法

国产电阻器的型号命名方法如表 1－1 所示。

表 1－1 国产电阻器型号命名方法

第一部分：主称		第二部分：材料		第三部分：类别			第四部分：序号
符号	意义	符号	意义	符号	意义		
					电阻器	电位器	
R	电阻器	T	碳膜	1	普通	普通	
W	电位器	H	合成膜	2	普通	普通	
		S	有机实芯	3	超高频	—	
		N	无机实芯	4	高阻	—	
		J	金属膜	5	高温	—	
		Y	氧化膜	6	—	—	
		C	沉积膜	7	精密	精密	
		I	玻璃釉膜	8	高压	特殊函数	
		P	硼碳膜	9	特殊	特殊	不同的序号表示性能指标、尺寸大小的区别
		U	硅碳膜	G	高功率	—	
		X	线绕	T	可调	—	
		M	压敏	W	—	微调	
		G	光敏	D	—	多圈	
		R	热敏	B	温度补偿用	—	
				C	温度测量用	—	
				P	旁热式	—	
				W	稳压式	—	
				Z	正温度系数	—	

示例 1：精密金属膜电阻器 RJ73。

R J 7 3

3 —— 第四部分：序号

7 —— 第三部分：类别（精密）

J —— 第二部分：材料（金属膜）

R —— 第一部分：主称（电阻器）

示例 2：微调线绕电位器 WXW3。

W X W 3

- 第四部分：序号
- 第三部分：类别（微调）
- 第二部分：材料（线绕）
- 第一部分：主称（电位器）

3）电阻器的主要技术指标

（1）标称阻值。阻值是电阻的主要参数之一，单位为欧姆、千欧、兆欧，分别用 Ω、kΩ、MΩ 表示。根据国家标准，常用的标称阻值系列如表 1－2 所示，表中数值再乘以 10^n（其中 n 为正整数或负整数）为电阻的阻值。E24、E12 和 E6 系列也适用于电位器和电容器，其中 E24 系列最常见。

表 1－2　电阻、电容的标称值系列

标称值系列	允许误差	标称值
E24	I 级(±5%)	1.0、1.1、1.2、1.3、1.5、1.6、1.8、2.0、2.2、2.4、2.7、3.0、3.3、3.6、3.9、4.3、4.7、5.1、5.6、6.2、6.8、7.5、8.2、9.1
E12	II 级(±10%)	1.0、1.2、1.5、1.8、2.2、2.7、3.3、3.9、4.7、5.6、6.8、8.2
E6	III 级(±20%)	1.0、1.5、2.2、3.3、4.7、6.8、8.2

（2）额定功率。电阻器在电路中长时间连续工作所允许消耗的最大功率称为电阻器的额定功率。通常额定功率与电阻的体积直接相关，体积越大，额定功率越高。2W 以上的电阻，直接把功率值印在电阻体上；2W 以下的电阻，以体积大小区分不同的功率。

4）电阻器的标示内容及方法

（1）直标法：把表示阻值、允许误差等级、额定功率的阿拉伯数字和字母直接标在电阻上。字母前面的数字表示整数阻值，后面的数字表示小数阻值，字母本身表示单位，R、k、M 分别表示 Ω、kΩ、MΩ。

如 1R5 表示 1.5Ω，2k7 表示 2.7kΩ；RJ71－0.125－5k1－Ⅱ表示额定功率为 1/8W、标称阻值为 5.1kΩ、允许误差为±10%的精密金属膜电阻器。

（2）色标法：将不同颜色的色环或色点标注在电阻表面上代表电阻的阻值和误差等参数。色标电阻器可分为三环、四环、五环 3 种标法。不同颜色代表的阻值和误差如表 1－3 所示。

三环电阻器的色环表示标称电阻值（允许误差均为±20%）。例如，色环为棕、黑、红，表示 $10\times10^2\Omega=1.0\times(1\pm20\%)\text{k}\Omega$ 的电阻。四环、五环电阻的读数规则如图 1.11 和图 1.12 所示。

表 1－3　色标法中不同颜色代表的阻值和误差

颜　色	有效数字	倍　率	允许误差
黑	0	10^0	
棕	1	10^1	±1%
红	2	10^2	±2%

续表

颜　色	有效数字	倍　率	允许误差
橙	3	10^3	
黄	4	10^4	
绿	5	10^5	±0.5%
蓝	6	10^6	±0.25
紫	7	10^7	±0.1%
灰	8	10^8	
白	9	10^9	
金	—	10^{-1}	±5%
银	—	10^{-2}	±10%

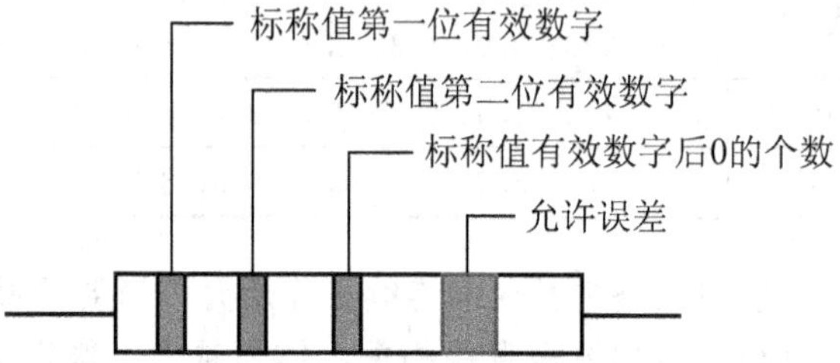

图 1.11　四环电阻的读数规则

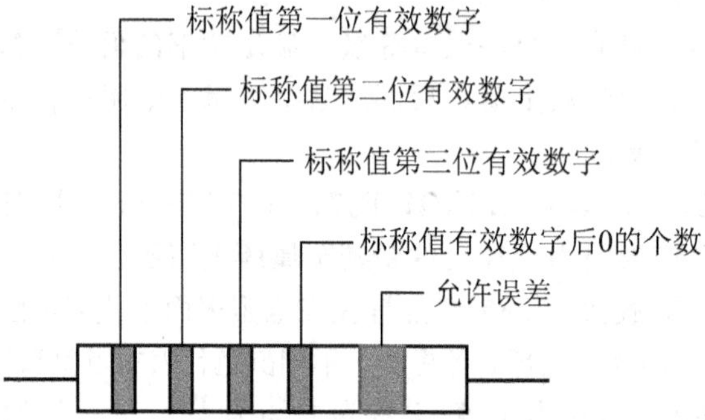

图 1.12　五环电阻的读数规则

四环电阻器为普通电阻。例如，色环为棕、绿、橙、金表示 $15\times10^3\,\Omega=15\times(1\pm5\%)\,k\Omega$ 的电阻器。

五环电阻器为精密电阻。例如，色环为红、紫、绿、黄、棕表示 $275\times10^4\,\Omega=2.75\times(1\pm1\%)\,M\Omega$ 的电阻器。

较标准的四环和五环电阻器中表示误差的色环距离其他色环较远，而且表示误差的色环的宽度是其他色环的(1.5～2)倍。但有些厂家生产的色环电阻器不规范，无法用上面的特征判断，这时需要借助万用表判断。

5）电位器

电位器有 3 个引出端子(见图 1.10(e))，一个为滑动端，另两个为固定端。滑动端与固定端之间的电阻可在标称值范围内连续可调。电位器的种类很多，但其参数与电阻相同。

2. 电容

电容器是在两个金属导体中间夹了一层绝缘介质构成的元件，它在电子电路中的作用是隔断直流、耦合、滤波等。

1）电容的分类

电容的分类方法有很多，常用的是按极性的有无分为有极性电容和无极性电容；还可按介质的材料分为涤纶电容、瓷质电容、聚丙烯电容、电解电容、钽电容等；按容量是否可变分为固定电容、可变电容和半可变电容。电解电容和钽电容都是有极性的，使用时一定不能把正负极性接反。图 1.13 中，(a)为无极性固定电容，(b)为有极性固定电容。

(a) 无极性固定电容 (b) 有极性固定电容

图 1.13 电容的符号

2）电容器型号的命名方法

国产电容的命名方法如表 1 - 4 所示。

3）电容器的主要技术指标

(1) 标称电容量。电容的常用单位有 F(法拉)、μF(微法)、nF(纳法)和 pF(皮法)，各单位的换算关系为 $1F=10^6\mu F=10^9 nF=10^{12} pF$。国产电容的标称值系列和误差等级如表 1 - 2 所示。

(2) 耐压。电容器的耐压是指电容接入电路中，能长期可靠工作而不被击穿的最大直流电压。电容的耐压值一般直接标注在电容器表面，使用时，应确保不能超过其耐压值。常用固定式电容的直流工作电压系列为 6.3V、10V、16V、25V、40V、63V、100V、160V、250V、400V 等。

4）电容器的标示方法

(1) 直标法：将标称容量直接标注在电容体上，一般不标单位，对于容量大于 1 的两位以上的数字表示单位为 pF，容量小于 1 的数字表示单位为 μF。

例如：4n7 表示 4.7nF，51 表示 51pF，330 表示 330 pF，0.22 表示 0.22μF。

(2) 数标法：数标法最为常见，一般用三位数字来表示容量的大小，单位为 pF。前两位为有效数字，第三位表示有效数字后面零的个数，即乘以 10^i(i 为第三位数字)，但若第三位数字为“9”，则乘以 10^{-1}。

例如：223J 代表 $22\times10^3 pF=22000pF=0.022\mu F$，479k 代表 $47\times10^{-1} pF$。

直标法与数标法容易混淆，区别方法是：数标法的第三位不是 0，而直标法的第三位一般为 0，即使不为 0 也会超过三位数。

表 1－4　国产电容器的命名方法

第一部分：主称		第二部分：材料		第三部分：特征、分类						第四部分：序号
符号	意义	符号	意义	符号	意义					
					瓷介	云母	玻璃	电解	其他	
C	电容器	C	瓷介	1	圆片	非密封	—	箔式	非密封	对主称、材料相同，仅尺寸、性能指标略有不同，但基本不影响互换使用的产品，给予同一序号；若尺寸、性能指标的差别明显，影响互换使用时，则在序号后面用大写字母作为区别代号
		Y	云母	2	管形	非密封	—	箔式	非密封	
		I	玻璃釉	3	迭片	密封	—	烧结粉固体	密封	
		O	玻璃膜	4	独石	密封	—	烧结粉固体	密封	
		Z	纸介	5	穿心	—	—	—	穿心	
		J	金属化纸	6	支柱	—	—	—	—	
		B	聚苯乙烯	7	—	—	—	无极性	—	
		L	涤纶	8	高压	高压	—	—	高压	
		Q	漆膜	9	—	—	—	特殊	特殊	
		S	聚碳酸酯	J	金属膜					
		H	复合介质	W	微调					
		D	铝							
		A	钽							
		N	铌							
		G	合金							
		T	钛							
		E	其他							

（3）色标法：这种表示法与电阻器的色标法类似，颜色涂于电容器的一端或从顶端向引线排列。一般只有 3 种颜色，前两环为有效数字，第三环为零的个数，单位为 pF。有时色环较宽，这是因为两个色环涂成了一个色环。颜色的意义如表 1－3 所示。

1.5.2　半导体分立器件

1. 半导体器件的命名方法

1）我国半导体分立器件型号的命名法

我国半导体分立器件的型号命名法如表 1－5 所示。

表 1-5 我国半导体分立器件的型号命名法

第一部分		第二部分		第三部分				第四部分	第五部分
用数字表示器件的电极数		用汉语拼音字母表示器件的材料和极性		用汉语拼音字母表示器件的类型					
符号	意义	符号	意义	符号	意义	符号	意义		
2	二极管	A	N型，锗材料	P	普通管	D	低频大功率管		
		B	P型，锗材料	V	微波管		(f_α<3MHz,		
		C	N型，硅材料	W	稳压管		P_C≥1W)		
		D	P型，硅材料	C	参量管	A	高频大功率管		
				Z	整流管		(f_α≥3MHz,		用汉语拼音表示规格的区别代号
3	晶体管	A	PNP型，锗材料	L	整流堆		P_C≥1W)	用数字表示器件序号	
		B	NPN型，锗材料	S	隧道管	T	半导体闸流管		
		C	PNP型，硅材料	N	阻尼管		(可控硅整流器)		
		D	NPN型，硅材料	U	光电器件	Y	体效应器件		
		E	化合物材料	K	开关管	B	雪崩管		
				X	低频小功率管	J	阶跃恢复管		
					(f_α<3MHz,	CS	场效应器件		
					P_C<1W)	BT	半导体特殊器件		
				G	高频小功率管	FH	复合管		
					(f_α≥3MHz,	PI	PIN型管		
					P_C<1W)	N	激光器件		
						JG			

示例：2CW51为N型硅稳压二极管，3DG 201 B为NPN型高频小功率硅晶体管，具体表示如下。

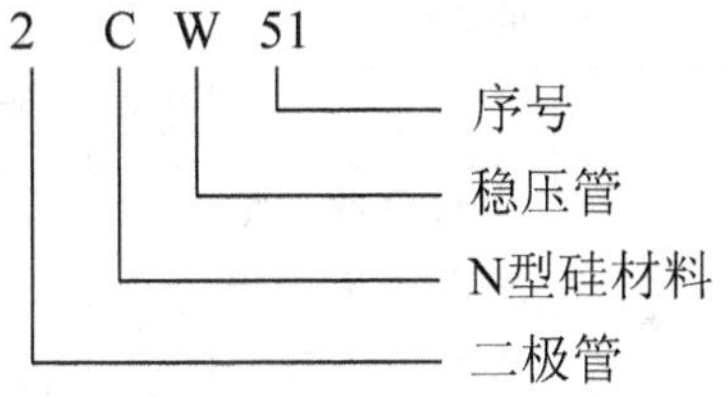

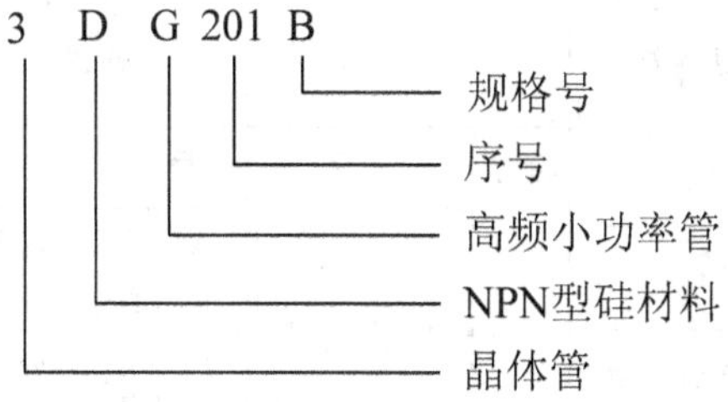

2）美国半导体分立器件型号的命名法

在工程实践中，还会经常用到进口的半导体器件。表 1-6 是美国电子工业协会(EIA)规定的晶体管分立器件型号的命名法。

示例：JAN2N2904为军用品晶体管，1N4001为普通二极管，具体表示如下。

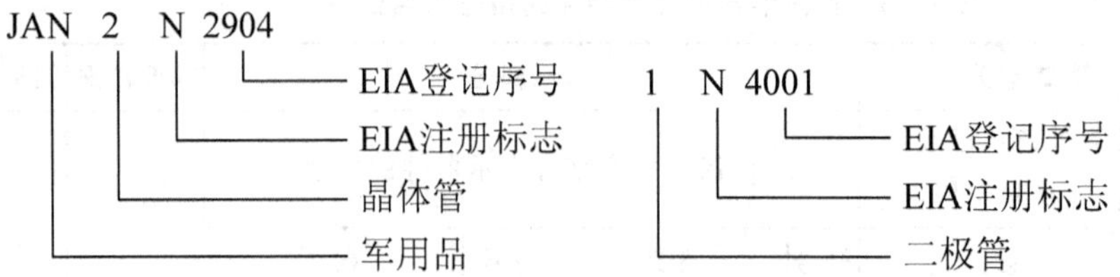

表 1-6 美国电子工业协会规定的晶体管分立器件型号的命名法

第一部分		第二部分		第三部分		第四部分		第五部分	
用符号表示用途类型		用数字表示PN结的数目		美国电子工业协会注册标志		美国电子工业协会登记顺序号		用字母表示器件分档	
符号	意义	符号	意义	符号	意义	符号	意义	符号	意义
JAN或J	军用品	1	二极管	N	该器件已在美国电子工业协会注册登记	多位数字	该器件在美国电子工业协会登记的顺序号	A B C D ⋮	同一型号的不同挡别
		2	晶体管						
无	非军用品	3	3个PN结器件						
		n	n个PN结器件						

3）日本半导体分立器件的型号命名法

日本的半导体分立器件都按日本工业标准(JIS)规定的命名法(JIS-C-702)命名，其型号由5～7部分组成，一般只用到前五部分，各部分的符号及意义如表1-7所示。第六、七部分的符号及意义通常由各公司自行规定。

表 1-7 日本半导体分立器件的型号命名法

第一部分		第二部分		第三部分		第四部分		第五部分	
用数字表示类型或有效电极数		S		用字母表示器件的极性及类型		用数字表示在日本电子工业协会登记的顺序号		用字母表示对原来型号的改进产品	
符号	意义	符号	意义	符号	意义	符号	意义	符号	意义
1	二极管	S	表示已在日本电子工业协会(EIAJ)注册登记的半导体分立器件	A	PNP型高频管	四位以上的数字	从11开始，表示在日本电子工业协会注册登记的顺序号，不同公司性能相同的器件可以使用同一顺序号，其数字越大，越是近期产品	A B C D E F ⋮	用字母表示对原来型号的改进产品
				B	PNP型低频管				
2	晶体管，具有两个以上PN结的其他晶体管			C	NPN型高频管				
				D	NPN型低频管				
				F	P控制极闸流晶体管				
				G	N控制极闸流晶体管				
3 ⋮	具有4个有效电极或具有3个PN结的晶体管			H	N基极单结晶体管				
				J	P沟道场效应晶体管				
				K	N沟道场效应晶体管				
				M	双向闸流晶体管				

示例：2SC502A为NPN型高频晶体管，具体表示如下。

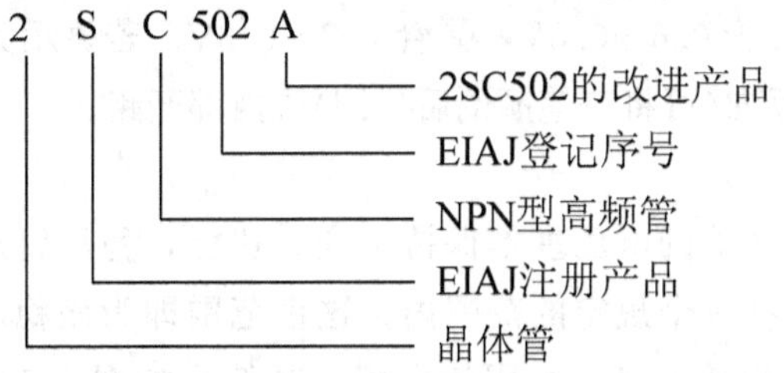

注意： 日本半导体分立器件的外壳上标记的型号，常采用简化标记的方法。例如，2SD764简化为D764，2SC502A简化为C502A。

2. 二极管

晶体二极管简称二极管，是最简单的半导体器件。它将一个PN结、两根电极引线用外壳封装而成，具有单向导电性，正向电阻小，反向电阻大，可用于整流、检波、稳压、混频电路中。

二极管的种类很多，按材质可分为硅二极管和锗二极管；按用途可分为整流、检波、稳压、发光、光电、变容二极管等。二极管的电路符号如图1.14所示。

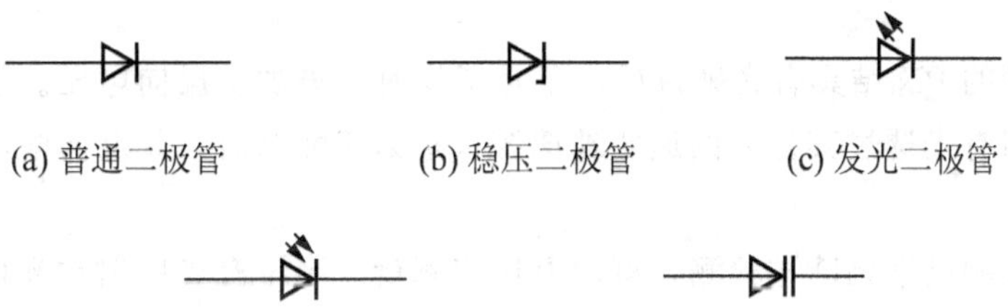

(a) 普通二极管　(b) 稳压二极管　(c) 发光二极管

(d) 光电二极管　(e) 变容二极管

图1.14　二极管的电路符号

1）二极管的极性识别方法与性能测试

一般情况下，二极管上有圆环标记的一端是负极，另外一端是正极。有的二极管用箭头标示，箭头指向负极。

标记不清的二极管，可用指针式万用表的欧姆表测量区分极性。测量时，置于“$R\times100$”或“$R\times1\text{k}$”挡，然后用万用表的两个表笔分别与二极管的两个极相连，测出两次电阻值。阻值较小(一般几十欧姆至几千欧之间)的一次，黑表笔接的是二极管的正极，红表笔接的为二极管的负极；测量阻值很大(一般为几十千欧至几百千欧)的一次，黑表笔接的是二极管的负极，红表笔接的是二极管的正极。

用指针式万用表的欧姆表判断二极管的性能，正向电阻越小越好，反向电阻越大越好。若正向电阻无穷大，说明二极管内部开路；若反向电阻为零，表明二极管已经击穿短路。内部断开或短路的二极管均不能使用。

也可以用数字万用表判断二极管的极性或测试其好坏，测量时转到二极管挡(有二极管符号)，红表笔接二极管的正极，黑表笔接二极管的负极，此时显示的数值是二极管的正向导通电压。普通二极管的正常电压应该为，硅管 0.6～0.8V，锗管 0.2～0.3V。若显示为 0，说明二极管短路，若显示过载，说明二极管反向(可将表笔颠倒后再测)或内部开路。

2）特殊二极管

(1) 稳压二极管：其特点是击穿后，其两端的电压基本保持不变。这样，稳压管反向接入电路后，它所接电路两端的电压将稳定在一个规定的范围内，这个范围即为该稳压管的稳压值。使用时，为防止烧毁稳压管，需为其串接一个限流电阻。其符号如图 1.14(b)所示。

用万用表也可以判断稳压二极管的极性和好坏，只是相对于普通二极管，稳压二极管的正反向电阻差别较小。

(2) 发光二极管(Light Emitting Diode，LED)：与普通二极管一样具有单向导电性，正向导通后发光。其符号如图 1.14(c)所示。

发光二极管的正向导通电压比普通二极管要高，一般在 1.5V～3V。不同颜色的发光二极管，其工作电流不同，大致范围在零点几到十几毫安。实际使用时，发光二极管应该串接限流电阻，以防止因电流过大而烧坏。

(3) 光电二极管：是一种能把光信号变成电信号的半导体器件，其符号如图 1.14(d)所示。

光电二极管的 PN 结具有光敏特征，正常工作时，需加上反向电压。没有光照时，反向电流很小；当有光透过其外壳的透明玻璃窗口进入 PN 结时，其反向电流随光照的强度成正比例上升。

光电二极管的极性判断与检测，可用万用表测量。当没有光照射在光电二极管时，它和普通的二极管一样，具有单向导电作用，正向电阻为 10kΩ 左右，反向电阻大于 5MΩ。

3. 晶体三极管

晶体三极管简称晶体管，其内部含有两个 PN 结，具有电流放大能力，是最常用的半导体器件之一。其型号命名规则如表 1-5～表 1-7 所示。

晶体管的种类有很多，按 PN 结的类型可分为 PNP 型和 NPN 型，如图 1.15 所示；按制造材料来分可分硅管和锗管，我国目前生产的硅管多为 NPN 型，锗管多为 PNP 型；按工作频率可分为高频管和低频管。

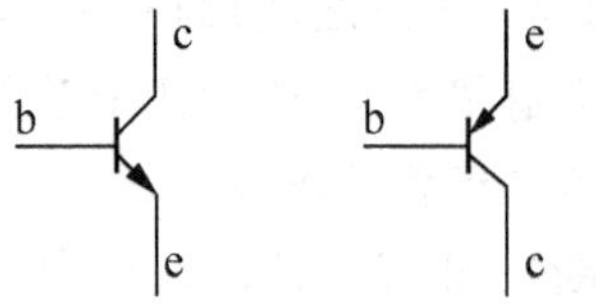

(a) NPN型　　(b) PNP型

图 1.15　晶体管的符号

1）晶体管的使用

晶体管的用途极广，归纳起来可以分为放大和开关作用两个方面。无论哪种用途，都是基于它对电流的控制功能。晶体管具有放大、饱和、截止 3 种工作状态，在模拟电路中一般使用放大作用，饱和与截止状态一般用在数字电路中。要实现放大作用，必须给晶体管加合适的电压，即晶体管发射结必须正向偏压，而集电结必须反向偏压。

使用时，晶体管的选型最为重要，应根据具体电路的要求选用不同类型的晶体管，同时要注意选择合适参数的晶体管。一般来说，晶体管的反向击穿电压要高于电源电压，集电极最大允许电流、集电极最大允许功率损耗都要有足够的富裕量，晶体管的特征频率要达到电路工作频率的 5～10 倍等。常用晶体管的参数如附录 A 所示。

2）晶体管的极性判断与测试

晶体管的外形多种多样，管脚分布情况也各不相同，通常可用万用表判断晶体管的极性和类型。

用万用表判断晶体管极性的关键是要先判断出基极和类型。

若用指针式万用表，选择“$R\times100$”或“$R\times1\text{k}$”挡的电阻挡位，假定晶体管的某一极为基极，用万用表黑表笔接在假定基极上，红表笔分别接另外两极，如果两次的测量阻值都很大(几十千欧以上)或是都很小(几千欧)，则该假设的基极正确；若两次测量阻值一大一小，则需假设另外一极为基极，重复上面的方法，直到找到基极。

确定基极后，可以用红表笔接基极，黑表笔分别测量其另外两极。如果测得的电阻值很大，则该晶体管是 NPN 型管；如果测量的电阻值都很小，则该晶体管是 PNP 型管。

确定基极和类型后，可以根据晶体管正向应用 β 值大，反向应用值 β 小的特点，进一步判断出哪一个是发射极，哪一个是集电极。如果万用表有 h_{FE} 测试插孔，对准基极，将晶体管插到插孔中去，测一下 h_{FE} 值；然后将晶体管倒过来再测一遍，测得的 h_{FE} 值比较大的一次，各管脚插入的位置是正确的。

如果指针式万用表没有 h_{FE} 测量插孔，或晶体管太大不方便插入的话，可以采用下面的方法。

将万用表置于“$R\times1\text{k}\Omega$”挡，对于 NPN 型管，将红表笔接假设的发射极，黑表笔接假设的集电极，同时用手指捏住基极和假设的集电极(注意两极不能直接接触)，这时，人体电阻接在基极和集电极之间，作用为偏置电阻。读出表头指示的发射极和集电极间的电阻值，然后将红、黑表笔反接，重测。比较两次测量结果，读数小(指针偏转大)的那次，黑表笔所接为集电极，红表笔所接为发射极。

对于 PNP 型管，要将黑表笔接假设的发射极，红表笔接假设的集电极，方法同上。两次测量中，读数小(指针偏转大)的那次，红表笔所接为集电极。

用数字万用表测量晶体管时，可区分开晶体管的极性，并同时得到电流放大系数(β 值)。首先将旋钮拨到 PNP 或 NPN 的位置，再把晶体管插入 β 值(h_{FE})测试孔，得到 β 值大的那一次，插孔上的标号就对应晶体管的 3 个电极。

3）晶体管的性能测试

要准确了解晶体管的性能参数，需要用晶体管特性图示仪等设备进行测试。一般条件下，可用万用表判断晶体管的好坏。

在路加电测量时，可直接测量晶体管的发射结电压和集电结电压，根据电路中晶体管的工作状态判断晶体管是否正常。以图 1.2 所述电路为例，这是一个共发射极放大器，正常工作时，晶体管该处于放大状态。如果电路其他部分正常，测得晶体管的 U_{be} 为 0V，说明晶体管的发射结已经击穿短路；若测得 U_{ce} 为 12V 左右，接近电源的电压，则说明管子集电结开路损坏。

对于单个晶体管，如果已知其管脚排列，可用万用表测量并判断其好坏。用指针式万用表测量时，操作过程如下(以 NPN 型晶体管为例)。

选择“$R\times100$”或“$R\times1$k”挡量程的电阻挡位，分别测量晶体管两个 PN 结的正向电阻值。黑表笔接基极，红表笔接发射极，测得发射结的正向电阻值；黑表笔不动，将红表笔接集电极，测得集电结的正向电阻值。正向电阻值越小越好。

然后测量晶体管两个 PN 结的反向电阻值，将红表笔接基极，黑表笔分别接发射极与集电极，所测得阻值分别为发射结和集电结的反向电阻。反向电阻越大越好(测量 PNP 型晶体管两个 PN 结的正反向阻值的方法与 NPN 型管的表笔接法相反)。若测得的任一阻值与二极管的正常阻值差别很大，就可以说明该晶体管损坏。

当用数字万用表测量时，可采用两种方法：一种是测量两个 PN 结的正反向导通电压，另一种是测量晶体管的电流放大倍数。

测量电流放大倍数的方法，先根据晶体管型号，将旋钮拨到 PNP 或 NPN 的位置，再把晶体管按正确管脚排列插入 β 值(或 h_{FE})测试孔，正常管子的 β 值应该较大，一般是十几到几百，若读数接近 0，则管子已经损坏。

4. 场效应晶体管

场效应晶体管(以下简称“场效应管”)是电压控制型器件，它利用半导体中的多数载流子导电，所以又被称为单极型晶体管(晶体管利用少数载流子导电，称为双极型晶体管)。场效应管具有输入电阻高、噪声小、功耗低、制造工艺简单等优点，还能在很小电流和很低电压的条件下工作，被广泛用于制造集成电路。

1）场效应管的分类

按结构的不同，场效应管可分为结型场效应管(简称 JFET)和金属-氧化物-半导体绝缘栅场效应管(简称 MOSFET)两大类；根据导电沟道材料的不同，场效应管又分成 N 沟道和 P 沟道两种。各种场效应管的电路符号如图 1.16 所示。

2）场效应管的测量与使用

场效应管有栅极(g)、漏极(d)和源极(s)3 个电极，与普通晶体管的 b、c、e 这 3 个极大致对应，可以用万用表测量晶体管的方法测试结型场效应管的极性或判断其好坏。但由于 MOS 管的输入阻抗极高，栅极感应的电荷不易泄放，所以不能用万用表测量，否则极易击穿损坏。

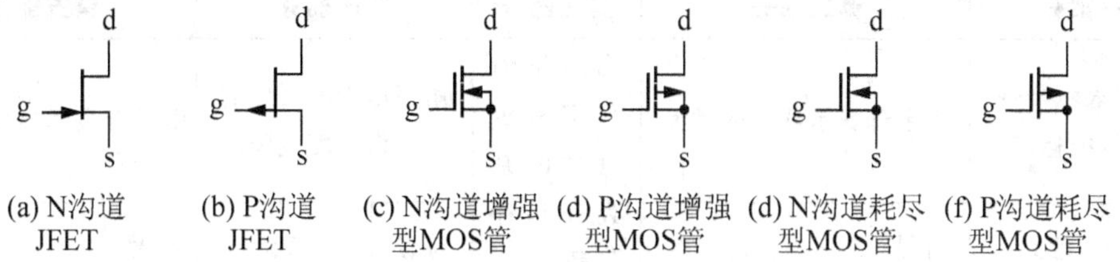

图 1.16 各种场效应管的电路符号

用指针式万用表判断场效应管极性的方法是：将万用表的量程置“$R\times 1k$”挡，将黑表笔接假设的栅极，红表笔分别接另外两个管脚，若测得的电阻均较小；再将红、黑表笔对调测量一次，若测得的电阻均较大，则说明原先假定的栅极正确，而且该管为N沟道场效应管。如果黑表笔接假设的栅极，红表笔分别接另外两个管脚时，测得的电阻均较大；而将红、黑表笔对调测量时，测得的电阻均较小，则说明假定的栅极正确，而且该管为P沟道场效应管。由于源极和漏极之间是导电沟道，万用表测量这两极之间的正反向电阻基本相同，而且两极可以对调使用，所以无须再判断这两极。

因为结型场效应管的栅极相对于源极和漏极均为PN结的结构，可以用指针式万用表判断结型场效应管的好坏。将万用表的量程选择在“$R\times 1k$”挡，测量两个PN结的正反向电阻，正常的场效应管应该正向电阻较小(约为几千欧)，反向电阻很大(几千千欧甚至无穷大)。若测量结果不是这样，说明场效应管已损坏。

场效应管的输入电阻高，几乎不从信号源吸取电流，在只允许从信号源吸取较少电流的情况下，应选用场效应管。使用结型场效应管时，源极和漏极可以互换。使用MOS管时，不能手触管脚，避免静电击穿MOS管；焊接MOS管时，电烙铁应该接地，或者断开电烙铁的电源再焊接。

1.5.3 集成电路

集成电路(简称IC)是20世纪60年代初期发展起来的一种新型半导体器件，它通过氧化、光刻等制造工艺，把所需的半导体、电阻、电容等元器件及连接导线等集成在一小块硅片上，然后焊接封装在一个特制的外壳中，形成具有一定功能的电路。

集成电路的种类有很多，按其功能、结构的不同，可以分为模拟集成电路、数字集成电路和数模混合集成电路；按集成度的高低可分为小规模集成电路、中规模集成电路、大规模集成电路、超大规模集成电路、特大规模集成电路等；按封装形式的不同可分为圆型、扁平型、双列直插型和表面贴片型电路等。

1. 集成电路的命名方法

国产集成电路根据国家标准GB/T 3430—1989的规定命名，各部分的符号命名规则如表1-8所示。国外集成电路的命名方法很复杂，各公司的命名规则各不相同。

表 1-8　国产集成电路的符号命名规则

第一部分		第二部分		第三部分	第四部分		第五部分	
用字母表示器件符合国家标准		用字母表示器件的类型		用阿拉伯数字表示器件的系列和品种代号	用字母表示器件的工作温度范围		用字母表示器件的封装	
符号	意义	符号	意义		符号	意义	符号	意义
C	中国制造	T	TTL		C	0～70℃	W	陶瓷扁平
		H	HTL		E	−40～85℃	B	塑料扁平
		E	ECL		R	−55～85℃	F	全封闭扁平
		C	CMOS		M	−55～125℃	D	陶瓷双列直插
		M	存储器		⋮	⋮	P	塑料双列直插
		μ	微型机电路				J	黑瓷双列直插
		F	线性放大器				K	金属菱形
		B	非线性电路				T	金属圆形
		D	音响、电视电路				H	黑瓷扁平
		W	稳压器				S	塑料单列直插
		J	接口电路				C	陶瓷片状载体
		AD	A/D 转换器				E	塑料片状载体
		DA	D/A 转换器				G	网格阵列
		SC	通信电路					
		SS	敏感电路					
		SW	钟表电路					

2. 集成运算放大器

集成运算放大器(简称运放)是模拟集成电路中发展最快、使用最广泛的一类集成电路。根据其性能和用途的不同，可以将运算放大器分为通用型、高阻型、低温漂型、低功耗型和可编程控制型等类型。

通用型运算放大器应用最为广泛，如 μA741(单运算放大器)、LM358(双运算放大器)、LM324(四运算放大器)都属于通用型运算放大器。低温漂型运算放大器(如 OP07、OP27、AD508)和高速低噪声运算放大器(如 LM359、OP37)常用于一些对噪声性能、温漂性能要求高的电路。可编程控制型运算放大器(如 PGA103A)又称仪表运算放大器，其放大倍数可以编程控制，常用于仪器仪表电路中。

运算放大器通常采用双列直插式封装(即 DIP 封装)，其引脚往往标记有半圆形缺口或圆点。识别时，将芯片的正面朝上，缺口在左边，从圆点处(或缺口的下方)的引脚起，按逆时针方向数，引脚依次为 1、2、3……图 1.17 是 LM324 的引脚排列，其中 4 脚为正电源端、11 脚为负电源端。LM324 是四运算放大器，除电源共用外，四组运算放大器相互独立。每一组运算放大器的“+”、“-”端分别为同相输入端和反相输入端。

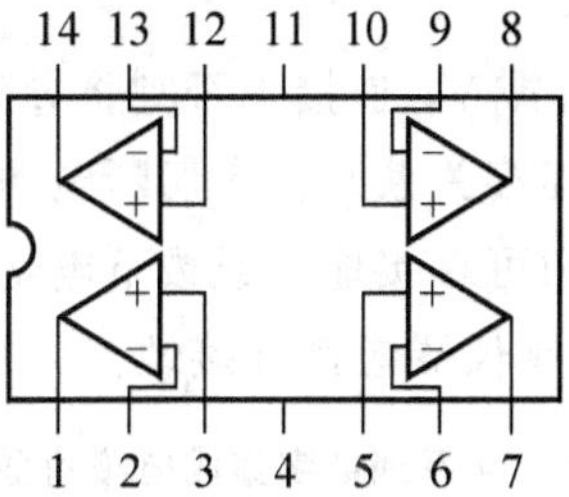

图 1.17 LM324 的引脚排列

使用运算放大器时，首先要正确连接电源，运算放大器通常采用正、负双电源供电，也有少数可以单电源工作(如 LM324、LM358、MC3458、CA3140 等)；其次要保证输出端的直流工作点合适(采用双电源工作时，输出端直流工作点电压为 0V；采用单电源工作时，输出直流工作点电压为电源电压的一半)；再次不要用单级运算放大器设计制作高增益放大器，因为高增益放大器极不稳定。可以进行级联使用，构成多级高增益放大器，但要通过采取电源严格滤波、相位补偿、合理布线等措施，防止电路自激。

3. 数字集成电路

数字集成电路的种类繁多，目前以 TTL、CMOS 和 ECL 三类的应用最为普遍，从功能上来说，逻辑门、触发器、计数器、译码器及其他专用数字集成电路的使用非常广泛。

国产数字集成电路的命名规则如表 1-8 所示，国外不同公司生产的数字集成电路命名规则不同，但从型号上都能识别出芯片的功能、封装、产品系列等重要信息。表 1-9 以应用最为广泛的 74 系列数字集成电路为例，说明数字集成电路的型号意义。4000 系列的集成电路都是 CMOS 工艺的。

在电子技术实验中所用到的数字集成电路大都是双列直插式的，其引脚排列符合图 1.17 所示的序号规则，正对集成电路型号(如 74LS20)或看标记(左边的缺口或小圆点标记)，从左下脚起开始按逆时针方向数 1、2、3……依次排列到左上角的最后一脚。在标准的 TTL 集成电路中，电源端 V_{CC}一般排在左上端，接地端 GND 一般排在右下端。例如，74LS20 为 14 脚芯片，其第 14 脚为 V_{CC}，第 7 脚为 GND。

使用 TTL 电路时，应当注意以下事项。首先，电源电压使用范围为+4.5V～+5.5V，电源极性绝对不能接错。其次，闲置的输入端如悬空处理，相当于逻辑“1”，易受外界干扰，导致电路的逻辑功能不正常。因此，所有控制输入端最好按逻辑要求接入电路，可以与使用的输入端并联，但不要悬空。再次，除集电极开路门(OC 门)和三态输出门电路外，输出端不能并联使用，也不可以直接接地或直接连接+5V 电源，否则会导致器件损坏。

由于 CMOS 电路有很高的输入阻抗，外来的干扰信号很容易在一些悬空的输入端上感应出很高的电压并损坏器件，所以，CMOS 电路的所有输入端都不可悬空，可按逻辑要求，直接连 V_{DD}或 V_{SS}。使用 CMOS 电路时，还需注意以下几点。

(1) V_{DD}接电源正极，V_{SS}接电源负极(通常接“地”)，不能接反。4000 系列的电源允许电压在+3～+18V 范围内选择。

(2) 输出端不允许直接与V_{DD}或V_{SS}连接，否则将导致器件损坏。

(3) 在装配电路或改变电路连接关系时，应切断电源，严禁带电操作。

(4) 焊接时，电烙铁外壳必须可靠接地，或拔下电烙铁，靠电烙铁的余热焊接。

(5) 测试 CMOS 电路时，所有仪器应良好接地。

表 1-9　74 系列数字集成电路的型号意义

第一部分		第二部分		第三部分		第四部分		第五部分	
2 或 3 三个字母表示芯片的出品公司		用数字表示器件的温度范围		用字母表示器件的系列		用数字表示品种代号，表征逻辑功能		用字母表示器件的封装(各公司不同)	
符号	意义	符号	意义	符号	意义	符号	意义	符号	意义
SN	美国德州仪器(TI)公司	54	−55～125 ℃	无	标准 TTL	00	四-2 与非门	J	陶瓷双列直插
				L	低功耗 TTL				
MC	美国摩托罗拉(MOTA)公司	74	0～70℃	S	肖特基 TTL	02	四-2 或非门	N	塑料双列直插
				LS	低功耗肖特基 TTL	04	六反相器		
DM	美国国家半导体(NSC)			H	高速 TTL	20	二-4 与非门	T	金属扁平
				HC	高速 CMOS				
HEF	荷兰飞利浦(PHI)公司			HCT	兼容 TTL 的高速 CMOS	74	八 D 触发器	W	陶瓷扁平
								F	陶瓷扁平
⋮	⋮			AC	改进的高速 CMOS	138	三线-八线译码器	L	陶瓷双列直插
HD	日本日立公司	74	−20～75℃	ACT	改进的兼容 TTL 的高速 CMOS	160	同步十进制计数器	P	塑料双列直插
				AS	改进的肖特基 TTL	373	八 D 锁存器		
				ALS	改进的低功耗肖特基 TTL	⋮	⋮	D	玻璃-金属双列直插
				F	快速 TTL				
				LVC	低电压 CMOS				

书末的附录 B 列出了一些常用集成电路的引脚排列图。

第2章

常用实验仪器

2.1 示波器的原理与使用

示波器是电子测量中最常用的一种仪器，它可以将人们无法直接看到的电信号变换成波形直观地显示在荧屏上，供人们观察和分析。作为一种综合性电信号测试仪器，示波器不仅能显示波形，还可以测量频率、周期、幅度、相位、脉冲宽度、上升时间和下降时间等，被广泛应用于工业、医学、通信、航天等领域。

目前，根据电路技术的不同，示波器通常被分成模拟示波器和数字存储示波器两类，两类示波器各有特点。模拟示波器以模拟电路为主，其实时性好，测量频率高，可达几千兆赫，但没有记忆功能，信号消失以后，显示波形同时消失。而数字存储示波器采用数字取样技术，有记忆功能，可以存储测量数据，但其能测量的最高信号频率没有模拟示波器高。

2.1.1 模拟示波器的基本结构

模拟示波器通常由示波管、垂直系统、水平系统及电源等几部分构成，如图 2.1 所示。电源部分为独立单元，为示波器其他部分提供+5V、±12V、+24V 和显示高压等各组电源。

1. 示波管

阴极射线示波管简称示波管，它由电子枪、*XY* 偏转系统和荧光屏 3 部分组成。在被测信号的控制下，电子枪发射高速电子束，电子束轰击到内壁涂有荧光粉的显示屏上发出荧光。同时，偏转系统在被测信号的作用下控制电子束的上、下、左、右移动，从而在荧光屏上显示出被测信号的变化曲线。

在示波器的前面板上通常有辉度、聚焦、水平移位、垂直移位等控制旋钮，用于调节示波管显示波形的亮度、位置等。

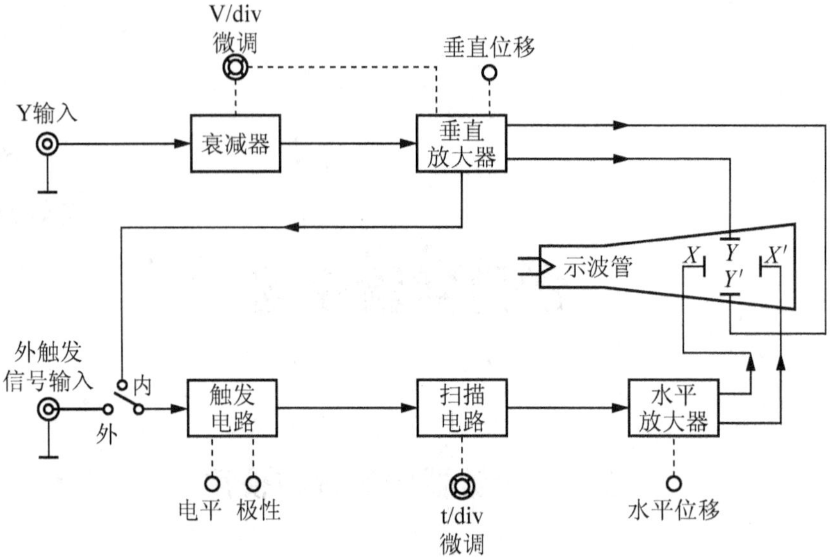

图 2.1　模拟示波器的基本结构框图

2. 垂直系统

垂直系统主要用来控制电子束按被测信号的变化规律在垂直方向上产生的偏移。它包括 Y 轴衰减器、Y 轴放大器和配套的高频输入探头等几部分。

由于示波管的偏转灵敏度基本固定，而且比较低。为了扩大观测信号的幅度范围，垂直系统设置了 Y 轴放大器和衰减器。Y 轴放大器的作用是提高示波管 Y 轴偏转的灵敏度，使示波器有观测微弱信号的能力。Y 轴放大器应该有稳定的增益、足够宽的频带和较高的输入阻抗。

Y 轴衰减器用来衰减被测信号，保证较大信号输入时 Y 轴放大器的输出信号不失真。对衰减器的要求是输入阻抗足够高、频带足够宽。

示波器面板上设有"Y 轴灵敏度选择"开关和"Y 轴增益微调"旋钮，它们分别用来调节 Y 轴衰减器的衰减量和 Y 轴放大器的增益。

为了避免杂散信号的干扰，被测信号一般都通过屏蔽电缆或带有探头的同轴电缆加到示波器的 Y 轴输入端。但必须注意，测试探头上有"×1"、"×10"的挡位选择器，如果将此开关置为"×10"挡，则被测信号通过探头后幅值将衰减 10 倍。

3. 水平系统

水平系统的作用主要是产生锯齿波扫描电压，控制电子束按时间值在水平方向上的偏移，其主要由触发电路、扫描电路、水平放大器等组成。

1）触发电路

触发电路包括触发输入放大器、触发整形电路等电路，用于产生边沿陡峭的触发脉冲信号去启动扫描电路工作。为了扩展示波器应用范围，一般示波器上都设有触发源控制开关、触发电平旋钮、极性控制开关和触发方式选择开关等。

2）扫描电路

扫描电路主要由闸门电路、扫描发生器等组成。

扫描发生器又称锯齿波发生器，用来产生频率调节范围很宽的锯齿波，提供给 X 轴偏转板作为扫描电压。锯齿波的频率(或周期)调节由“水平扫描速率”选择开关和“扫速微调”旋钮控制，使用时，调节“水平扫描速率”开关和“扫速微调”旋钮，使其扫描周期为被测信号周期的整数倍，保证屏幕上显示稳定的波形。

3）水平放大器

水平放大器的作用是选择 X 轴信号，将其放大足够大，使显示光点在水平方向上能够达到满偏。

2.1.2 模拟示波器的双踪显示

1. 双踪显示原理

示波器的双踪显示是在单踪显示的基础上，利用专用电子开关的控制来实现两个波形的同时显示。电子开关由“双踪显示方式”按键控制，无论置于“交替”还是“断续”位置，荧光屏上都可同时显示两个波形。“交替”方式使用更为普遍。

“双踪显示方式”选择通常需要与“通道选择”开关配合使用。通道选择一般有 4 种工作状态，即 Y_1(或 CH1)、Y_2(或 CH2)、双踪、Y_1+Y_2(或叠加)。使用最多的是单通道(即 Y_1或 Y_2)和双踪两种方式。只有当通道选择置于“双踪”状态下，双踪显示方式才有意义，否则就是单踪显示工作。

1）交替方式

电子开关置于“交替”位置时，电子开关的转换频率受扫描系统的控制，其显示波形如图 2.2 所示。在第一个扫描周期，电子开关首先接通 Y_2通道，显示 Y_2通道送入的被测信号波形；第二个扫描周期，电子开关接通 Y_1通道，显示 Y_1通道送入的被测信号波形；下一个扫描周期再接通 Y_2通道……这样轮流对 Y_2和 Y_1两个测量通道送入的信号进行扫描、显示。由于消隐电路起作用，每次扫描的回扫线在荧光屏上不显示出来，而且电子开关的转换速度较快，借助于荧光屏的余辉作用和人眼的视觉暂留特性，使用者便能在荧光屏上同时观察到两个清晰的波形。这种工作方式适宜于观察频率较高的输入信号场合。

2）断续方式

在“断续”方式工作时，电子开关将一个扫描周期分成许多个相等的时间间隔。在一个扫描周期的第一个时间间隔内显示 Y_2信号波形的某一段；在第二个时间时隔内显示 Y_1信号波形的某一段；以后各个时间间隔轮流地显示 Y_2、Y_1两信号波形的其余段，经过若干次断续转换，使荧光屏上显示出两个由光点组成的完整波形，如图 2.3(a)所示。由于转换的频率很高，加上消隐电路的作用使两通道间转换过程的过渡线显示不出来，所以我们看到荧光屏上的波形是连续的，如图 2.3(b)所示。这种工作方式适合于输入信号频率较低时的场合。

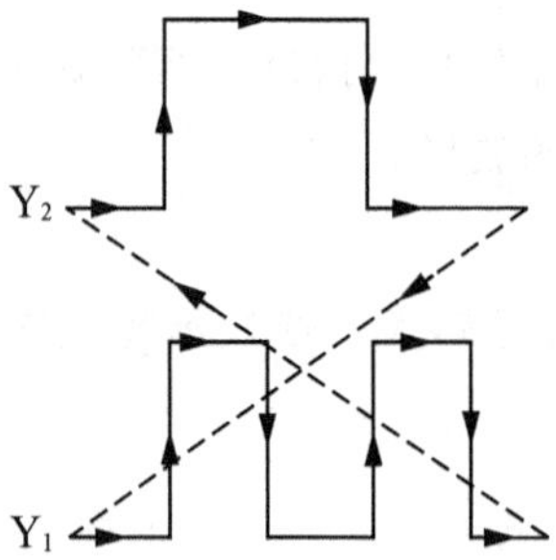

图 2.2　交替方式时的显示波形

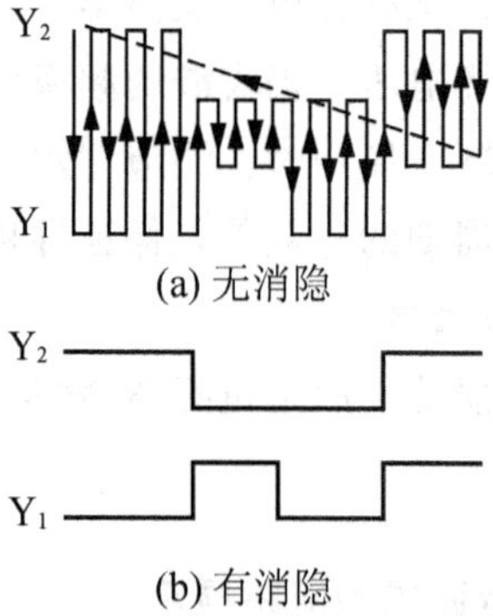

图 2.3　断续方式时的显示波形

2. 扫描方式

示波器的水平扫描系统有连续扫描、触发扫描两种工作方式。

连续扫描方式工作下，示波器扫描方式开关需置于“自动”位，扫描电路处于自激状态，扫描发生器始终有锯齿波输出，荧光屏上显示扫描线。当有被测信号输入时，示波器即显示被测信号波形，但可能不稳定，可通过调节触发“电平”旋钮使波形稳定下来。

触发扫描工作方式下，示波器扫描方式开关需置于“常态“位，扫描发生器将工作在待触发状态，没有锯齿波输出，荧光屏不显示扫描基线。只有在外加触发信号且触发信号足够大时，触发脉冲才启动闸门电路，使扫描发生器产生锯齿波电压输出，屏幕上才有扫描线或波形。

触发信号可以通过触发源选择开关分别取自内触发和外触发。内触发时，触发信号为“CH1”或“CH2”的信号，经由 Y 轴放大器送至内触发放大器，产生触发脉冲信号；外触发时，从触发输入端引入外接的同步信号。

不论是内触发，还是外触发，这些触发信号都要经过放大、整形，成为前后沿很陡的脉冲信号。然后利用这些触发脉冲信号的上升沿或下降沿来启动扫描发生器，使其工作，以产生锯齿波扫描电压，经水平放大后送去 X 轴偏转板进行光点扫描。使用时，需适当调节触发“电平”调节旋钮，确保每次扫描都在触发源信号同样的起始电平上开始，以便在荧光屏上显示稳定的波形。

2.1.3　YB43020B 型双踪示波器的操作与使用

1. YB43020B 型双踪示波器简介

YB43020B 型示波器为便携式双通道示波器，在电子技术实验中经常用到。其垂直通道具有 0～20MHz 的频带宽度和 5mV/div～5V/div 的偏转灵敏度，配以 10∶1 探头，灵敏度可达 5mV/div。该机在全频带范围内可获得稳定触发，扫描触发方式设有常态和自动。内触发设置有交替触发，可以稳定地显示两个频率不相关的信号。该机的水平通道具有 0.5s/div～0.2μs/div 的扫描速度，并设有“×5 扩展”按钮，可将最快扫速度提高到 0.04μs/div。

2. 面板控制件介绍

YB43020B 型示波器的前操作显示面板如图 2.4 所示，面板中各旋钮及按键的功能如表 2-1 所示。

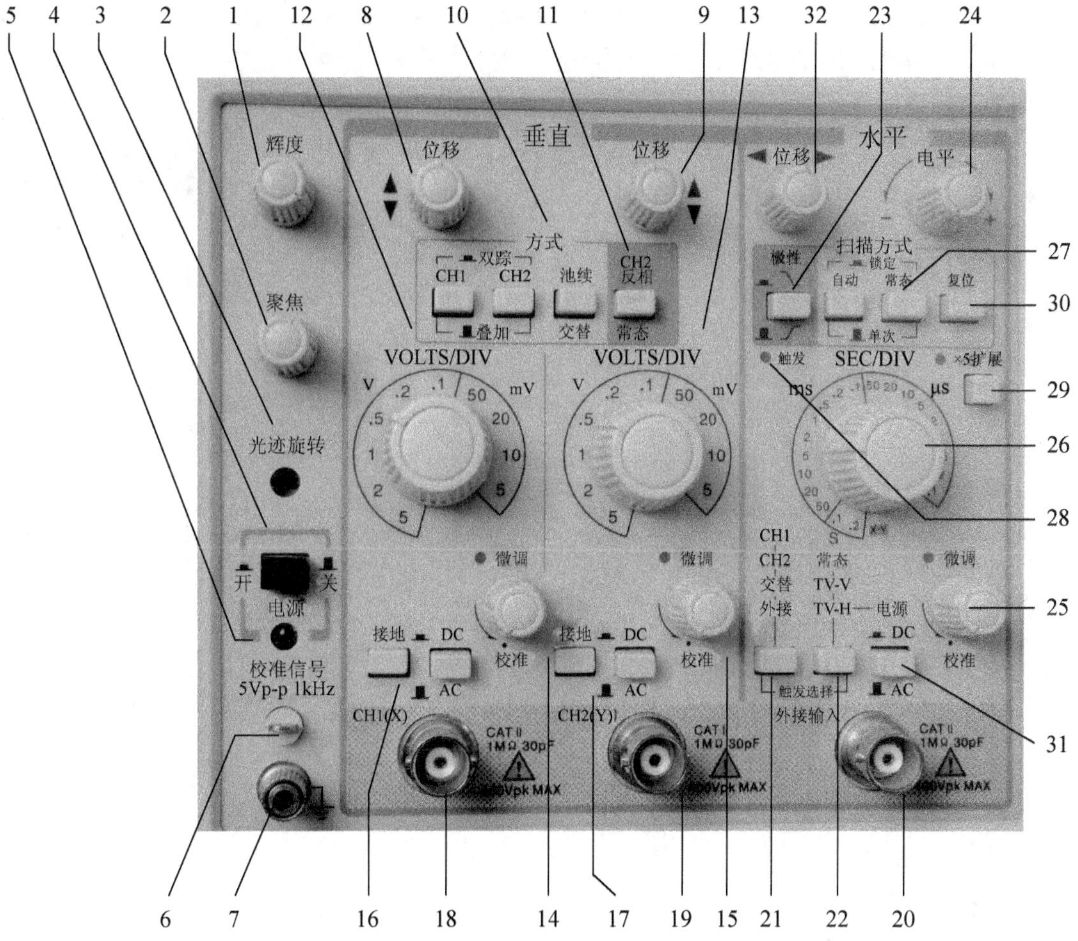

图 2.4 YB43020B 型示波器的前操作显示面板

表 2-1 YB43020B 型示波器面板中各旋钮及按键的功能

序号	控制件名称	功　　能
1	亮度	调节光迹的亮度

2	聚焦	调节光迹的清晰度

续表

序号	控制件名称	功　　能
3	光迹旋转	调节光迹与水平刻度线平行
4	电源开关	电源接通或关闭
5	电源指示	电源接通时，灯亮
6	校准信号	提供幅度为0.5V_{PP}，频率为1kHz的方波信号，用于校正10：1探极的补偿电容器和检测示波器垂直与水平的偏转因数
7	接地(GND)	与机壳相连的接地端
8	CH1位移	调节通道1光迹在屏幕上的垂直位置
9	CH2位移	调节通道2光迹在屏幕上的垂直位置
10	通道选择及双踪显示方式	CH1或CH2：通道1或通道2单独显示。 双踪：CH1和CH2两路同时显示。 叠加：用于两个通道的代数和或差。 交替/断续：双踪显示方式，按下时两个通道“断续”显示；弹出时，“交替”显示
11	CH2状态	按下为反相
12	Y轴灵敏度开关1	调节CH1垂直偏转灵敏度
13	Y轴灵敏度开关2	调节CH2垂直偏转灵敏度
14	灵敏度微调1	连续调节CH1垂直偏转灵敏度，逆时针旋转到底为校准位置(同时，指示灯灭)
15	灵敏度微调2	用于连续调节CH2垂直偏转灵敏度，逆时针旋转到底为校正位置(同时，指示灯灭)
16	耦合方式(AC/DC、接地)	选择被测信号输入垂直通道CH1的耦合方式(左边按下为“接地”，右边按下为“DC”)
17	耦合方式(AC/DC、接地)	选择被测信号输入垂直通道CH2的耦合方式(左边按下为“接地”，右边按下为“DC”)
18	CH1	1通道被测信号的输入插座
19	CH2	2通道被测信号的输入插座
20	外接输入	外触发输入插座
21	触发源选择	用于选择CH1、CH2、交替触发或外接触发源
22	触发方式选择	用于选择常态、TV-V、TV-H或电源，通常选择“常态”
23	触发极性	用于选择信号的上升沿或下降沿触发扫描
24	电平	触发电平调节旋钮，用于调节被测信号在某一电平上触发扫描

续表

序号	控制件名称	功　　能
25	水平扫描微调	用于连续调节扫描速度，逆时针旋转到底为校正位置(同时，指示灯灭)
26	水平扫描速率	用于调节水平扫描速度
27	扫描方式	常态(NORM)：无信号时，屏幕上无显示；有信号时，与“电平”控制配合显示稳定波形 自动(AUTO)：无信号时，屏幕上显示光迹；有信号时，与电平控制配合显示稳定波形
28	触发指示	在被触发扫描时，指示灯亮
29	×5 扩展	按下时水平扫描速度被扩展 5 倍(同时，指示灯亮)
30	复位	按下复位
31	外触发耦合	选择外触发输入信号的耦合方式(按下为“DC”)
32	水平位移	调节通道 1 和通道 2 的光迹在屏幕上的水平位置

3. 操作方法

1）一般功能检查

(1) 将有关控制件按表 2 - 2 置位。

表 2 - 2　示波器控制件初始位置

控制件名称	位置或挡位	控制件名称	位置或挡位
亮度	居中	扫描方式	自动
聚焦	居中	扫描速率	0.5ms/div
位移	居中	极性	上升沿
通道选择	CH1	触发源	CH1
灵敏度选择	10mV/div	触发方式	常态
微调	校准位置	输入耦合	AC

(2) 接通电源，电源指示灯亮，稍预热后，屏幕上应该出现水平扫描基线，分别调节亮度、聚焦、垂直移位、水平移位等控制件，使扫描基线清晰。

(3) 用 10∶1 探头将校准信号输入至 CH1 输入插座。

(4) 调节示波器有关控制件，使荧光屏上显示稳定且易观察的方波波形。

(5) 将探头换至 CH2 输入插座，通道选择开关“CH2”按下，触发源置于“CH2”，重复前面的操作。

2）垂直系统的操作

(1) 通道及双踪显示方式的选择。当只观测一路信号时，将通道选择开关“CH1”或

"CH2"按下，此时键按下的通道被选中，被测信号可从相应的通道端口输入。当需要同时观测两路信号时，通道选择开关"CH1"和"CH2"应同时按下，两个通道输入的信号都显示在屏幕上；通常将双踪显示方式开关置"交替"位，两个通道的信号被交替显示。当输入信号频率很低时，应将双踪显示方式开关置于"断续"位置。

当需要观察两路信号的代数和时，将通道选择开关"叠加"按下，在选择这种方式时，两个通道的衰减设置必须一致，"CH2 状态"键弹出时为 CH1＋CH2，"CH2 状态"键按下时为 CH1－CH2。

"CH2 状态"键按下，即意味着 CH2 通道的显示波形与实际输入的信号相位相反。

(2) 输入耦合方式的选择。"直流"(DC)耦合：适用于观察包含直流成分的被测信号，如信号的逻辑电平和静态信号的直流电平。当被测信号的频率很低时，也必须采用这种方式。

"交流"(AC)耦合：信号中的直流分量被隔断，用于观察信号的交流分量，如观察较高直流电平上的小信号。

"接地"(GND)：通道输入端接地(输入信号被断开)，此时，水平扫描线显示零电平所处的位置。

(3) 灵敏度选择(V/div)的设定。根据被测信号幅值的大小为"Y 轴灵敏度开关"旋钮选择合适的挡级。当将灵敏度微调旋钮按逆时针方向旋转至校准位置时，"微调"指示灯熄灭，此时可根据"Y 轴灵敏度开关"旋钮的示值(V/div)和波形在垂直轴方向上的格数读出被测信号的幅值。

3) 触发方式及触发源的选择

(1) 触发方式的选择。当触发方式选择开关(图 2.4 中 22)置于"电源"触发时，机内 50Hz 信号输入到触发电路。通常将触发方式选择开关置于"常态"触发。

"TV-V"方式，可以对电视信号中的场信号进行同步。

(2) 触发源的选择。触发源有内触发和外触发两种情况，外触发由面板上的外接输入插座(图 2.4 中 20)输入触发信号；内触发由触发源选择开关(图 2.4 中 21)控制。"CH1"触发，触发源取自通道 1。"CH2"触发，触发源取自通道 2。被测信号从哪个通道输入，触发源就应该选择相应的通道，否则屏幕显示的波形不稳定。

"交替触发"时，触发源受通道选择开关的控制。当通道选择开关置于"CH1"，触发源自动切换到通道 1；当通道选择开关置于"CH2"，触发源自动切换到通道 2。

当通道选择开关置于"双踪"时，触发源选择应置于"CH1"或"CH2"，通常选择输入信号幅度大的通道做触发源。如果"CH1"输入的信号幅度较大，就将触发源置"CH1"位；反之，触发源置"CH2"位。

4) 水平系统的操作

(1) 扫描速率选择(t/div)的设定。根据被测信号频率的高低将"水平扫描速率"旋钮旋转至合适挡级，还应将水平扫描微调旋钮按逆时针方向旋转至校准位置，此时微调指示灯熄灭，可根据"水平扫描速率"旋钮的示值(t/div)和波形在水平轴方向上的格数读出被测信号的时间参数。当需要观察波形某一个细节时，可进行水平“×5 扩展”，此时原波形在水平轴方向上被扩展 5 倍。

(2) 扫描方式(图 2.4 中 27)的选择。“常态”：无信号输入时，屏幕上无扫描线显示；有信号输入时，触发“电平”旋钮又调节在合适位置上，电路被触发扫描。当被测信号频率低于 20Hz 时，必须选择这种方式。

“自动”：无信号输入时，屏幕上有水平扫描基线显示；一旦有信号输入时，“电平”旋钮又调节在合适位置上，扫描电路从连续扫描状态自动转换到触发扫描状态，屏幕显示稳定的波形。当被测信号频率高于 20Hz 时，这种方式最常用。

(3)“极性”的选择。一般将触发“极性”开关(图 2.4 中 23)弹出，选择被测试信号的上升沿去触发扫描，除非需要观测脉冲的下降沿。

(4)“电平”的位置。调节触发“电平”旋钮(图 2.4 中 24)，使被测信号在合适的电平上启动扫描，此时，触发指示灯亮。

4. 参数测量

1) 电压测量

测量电压时，应使被测波形稳定地显示在荧光屏中央，幅度以不超过 6div 为宜。

(1) 交流电压的测量，按以下步骤进行。

① 将信号输入至 CH1 或 CH2 插座，将相应的通道选择开关按下。

② 将 Y 轴“灵敏度微调”旋钮置校准位置，调整示波器有关控制件，使荧光屏上显示稳定、易观察的波形，则交流电压峰-峰值为

$$V_{PP}=\text{垂直方向格数(div)}\times\text{垂直偏转灵敏度(V/div)} \tag{2-1}$$

(2) 直流电平的测量，按以下步骤进行。

① 设置面板控制件，使屏幕显示水平扫描基线。

② 按下被选用通道的输入耦合方式“接地”键。

③ 调节垂直移位，将扫描基线调至中间位置，作为零电平基准线。

④ 将“灵敏度微调”旋钮置校准位置，输入耦合方式，将“接地”键弹出，置“DC”位。被测直流信号由相应通道输入，这时扫描基线将向上(或下)偏移。读出扫描基线在垂直方向偏移的格数(div)，则被测电平为

$$V=\pm\text{垂直方向偏移格数(div)}\times\text{垂直偏转灵敏度(V/div)} \tag{2-2}$$

式(2-2)中，基线向上偏移取正号，基线向下偏移则取负号。

2) 时间测量

时间测量包括对波形的周期、脉冲波形的边沿时间及两个波形间的时间间隔(或相位差)等参数的测量。一般要求被测部分在荧光屏 X 轴方向应占 4～6 格。

(1) 时间间隔的测量。测量一个波形中两点间的时间间隔时，先将“扫描微调”旋钮置校准位置，调整示波器有关控制件，使荧光屏上波形在 X 轴方向大小适中，读出波形中待测两点间水平方向的格数，则时间间隔为

时间间隔＝两点间水平方向间隔格数(div)×扫描时间因数(t/div)　　(2－3)

(2) 脉冲边沿时间的测量。测量脉冲上升(或下降)时间，应测量波形满幅度的10％和90％两点之间的水平方向距离，如图2.5所示。

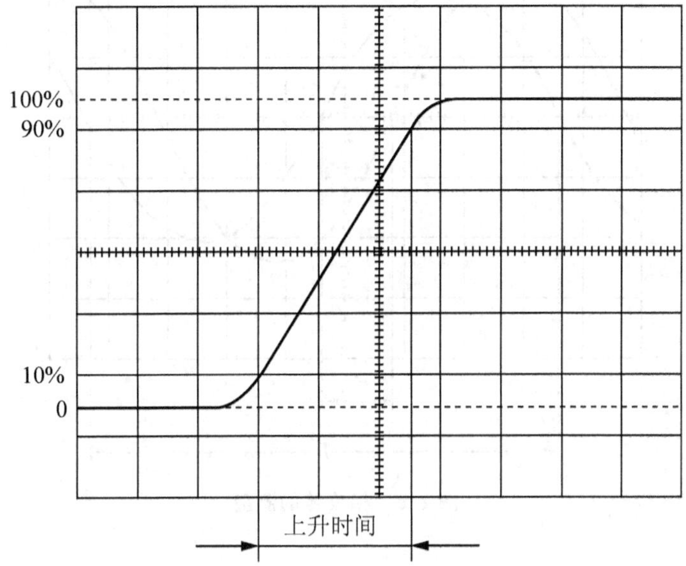

图 2.5 上升时间的测量

用示波器观测脉冲波形的上升沿或下降沿时，首先用触发极性开关选择正确的触发极性。观测波形的上升沿时，将触发“极性”开关弹出，用上升沿触发；观测波形下降沿时，将触发“极性”开关按下，用下降沿触发。若波形的上升沿或下降沿很陡，则可将水平“×5扩展”键按下，使波形在水平方向上扩展5倍，则上升(或下降)时间为

$$上升(或下降)时间=\frac{水平方向格数(div)\times 扫描时间因素(t/div)}{5} \qquad (2-4)$$

(3) 同频率信号相位差的测量，按以下步骤进行。

① 将通道选择开关(图2.4中10)“双踪”键按下，参考信号和一个待比较信号分别从“CH1”和“CH2”插座输入。

② 根据信号频率，将双踪显示方式(图2.4中10)置于“交替”或“断续”位。

③“触发方式选择”(图2.4中22)置“常态”位，设置触发源选择(图2.4中21)至参考信号所在的通道CH1。通常幅度大的信号作为参考信号。

④ 将CH1和CH2输入耦合方式的“接地”键按下，调节CH1、CH2移位旋钮，使两条扫描基线重合，然后将“接地”按键弹出。

⑤ 将CH1、CH2耦合方式开关置“AC”位，调整有关控制件，使荧光屏显示大小适中、便于观测的两路信号，如图2.6所示。读出两波形水平方向间隔的格数 D 及信号周期所占的格数 T，则相位差为

$$\theta=\frac{D}{T}\times 360^\circ \qquad (2-5)$$

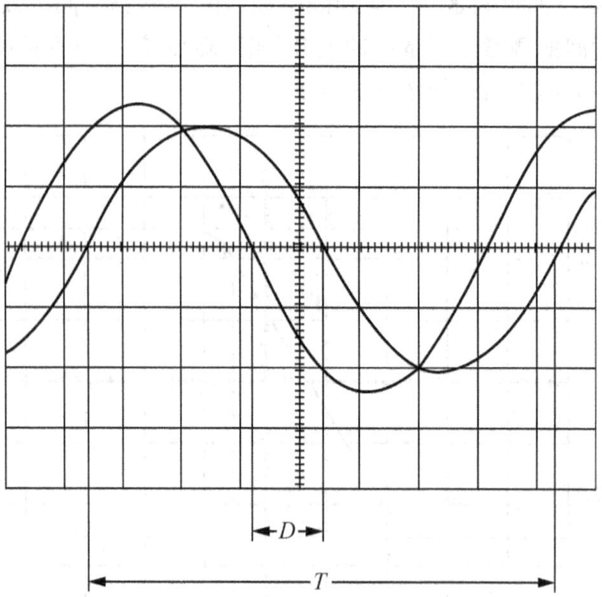

图 2.6 相位差的测量

2.1.4 数字存储示波器的基本原理

数字存储示波器(简称 DSO)是基于大规模集成电路、计算机控制和软件编程等新技术而发展起来的一种新型高性能示波器。这种示波器可以方便地实现对模拟信号波形的存储，并能利用机内微处理器系统对存储的信号做进一步处理。通常数字存储示波器支持多级菜单，能为用户提供多种选择和多种分析功能。

数字存储示波器主要包括输入信号通道、取样器、A/D 转换器、存储器、触发电路、微处理器系统及显示系统等几部分，其原理框图如图 2.7 所示。

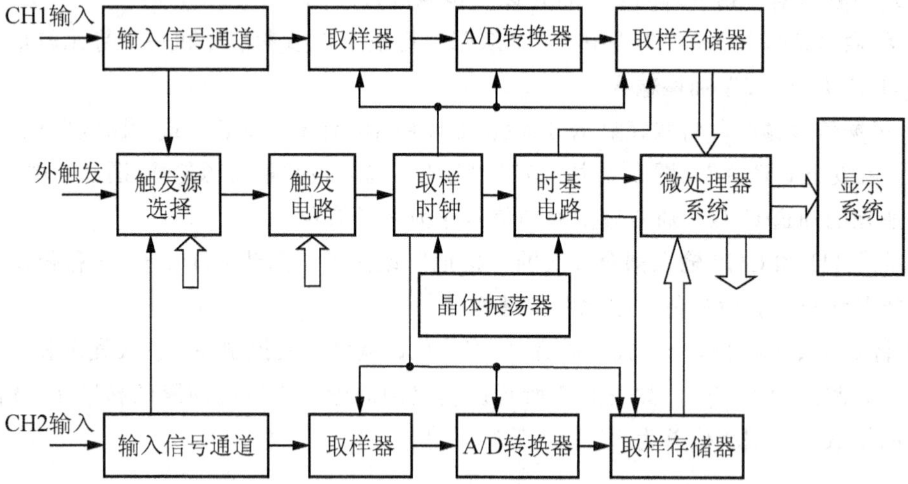

图 2.7 数字存储示波器的原理框图

输入信号通道对输入的被测信号进行放大(或衰减)、电平调理等处理，将被测信号实时地、不失真地调整到最佳电平，以满足数据采集系统数字化变换的最佳线性和最佳分辨率要求。数字存储示波器的频带宽度、垂直灵敏度及误差等重要技术指标的优劣主要取决于输入信号通道电路的性能。

输入信号通道处理的模拟电压送入数据采集系统，进行取样和 A/D 转换，变成数字信号，送入采样存储器，然后经过相关运算将输入波形恢复，送去显示系统显示，同时将波形数据存储。

触发电路一般由外触发信号通道电路、触发源选择和触发电路组成，其中触发电路应包括触发耦合方式选择、触发比较器、触发释抑电路等部分。其作用是为采集控制电路提供一个触发参考点，以使数字存储示波器的每次采集都发生在被测信号特定的相位点上，使每一次捕获的波形相重叠，以达到稳定显示波形的目的。

波形数据的取样与数字化，以及波形数据的存储、显示等过程都需要在微处理器系统的控制下进行，还需要操作系统及应用软件的支持。

2.1.5　LDS22010 数字存储示波器

1. 主要技术指标

1）垂直系统

频带宽度：DC～200MHz。

垂直偏转灵敏度：2mV/div～50V/div，一-二-五进制分 14 挡。

输入阻抗：电阻 1MΩ，电容 20pF。

动态范围：大于 12 div。

上升时间：小于 1.8ns。

最大安全输入电压：400V。

2）水平系统

取样率：实时最高采样速率为 1GSa/s，等效最高采样速率 50GSa/s。

记录长度：每个通道大于 4KB，可扩展至 256KB。

扫描时基：1ns/div～50s/div。

3）校准信号输出

0.5V_{PP}方波，可选频率 1kHz、10kHz、100kHz。

2. 操作面板

图 2.8 是 LDS22010 的操作及显示面板，其操作说明如表 2-3 所示。

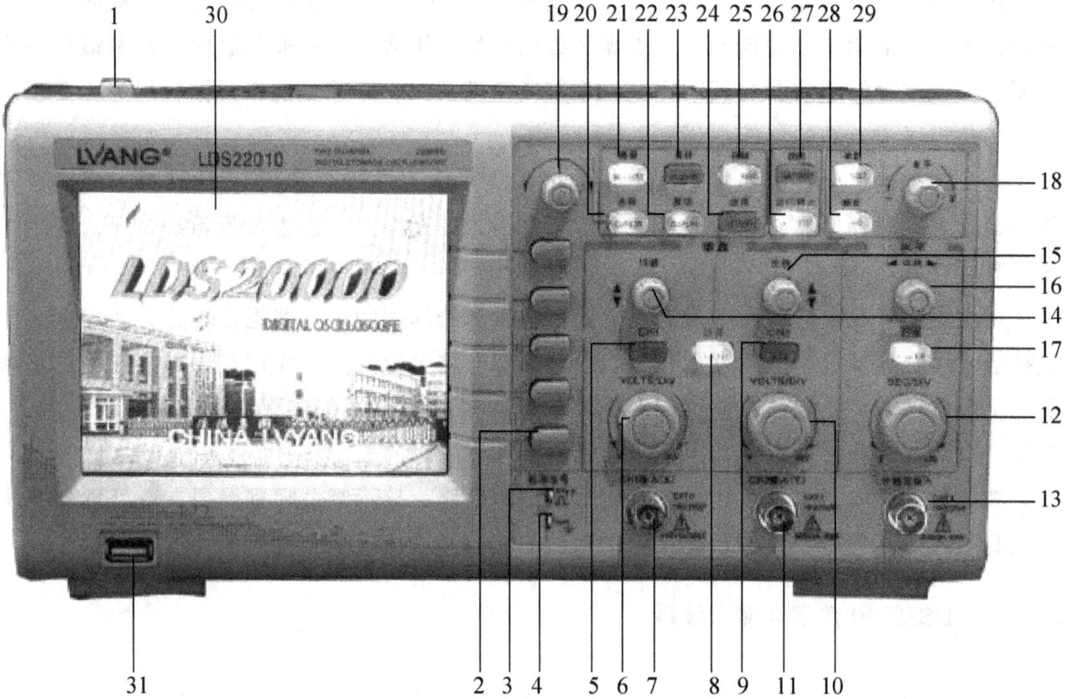

图 2.8　LDS22010 数字存储示波器的操作及显示面板

表 2-3　LDS22010 面板操作说明

序号	控制件的名称	控制件的作用
1	电源开关(POWER)	按入状态接通电源，弹出状态切断电源
2	菜单键	SUB1～SUB5 共 5 个灰色按键，对应显示屏右侧 5 个菜单显示区域，按动菜单键可以设置当前显示区域菜单的不同选项
3	校准信号	可选择输出 0.5V_{PP}的 1kHz、10 kHz、100 kHz 方波，用于校正探头和检测垂直通道的偏转系数
4	GND	整机接地端子
5	CH1 功能键	该键用来打开或关闭 CH1 通道及菜单
6	CH1 通道垂直偏转系数开关(VOLTS/div)	调节衰减挡位系数，按下该键设置 CH1 通道的垂直挡位调节为粗调或微调
7	CH1 通道信号输入插座(INPUT)	CH1 通道的信号接入端口，X-Y 工作方式时，作为 X 轴信号输入端
8	运算(MATH)功能键	按下该键打开或关闭运算功能及菜单
9	CH2 功能键	该键用来打开或关闭 CH2 通道及菜单
10	CH2 通道垂直偏转系数开关(VOLTS/div)	调节衰减挡位系数，按下该键设置 CH2 通道的垂直挡位调节为粗调或微调

续表

序号	控制件的名称	控制件的作用
11	CH2 通道信号输入插座(INPUT)	CH2 通道的信号接入端口，X－Y 工作方式时，作为 Y 轴信号输入端
12	扫描时基开关(SEC/div)	根据需要选择适当的扫描时间挡级
13	外触发输入端(INPUT)	外接同步信号的输入插座
14	CH1 垂直位移旋钮(位移)	调节 CH1 波形垂直位移，顺时针方向旋转，辉线上升；逆时针方向旋转，辉线下降。按下该键使 CH1 通道波形的垂直显示位置迅速回到屏幕中心点
15	CH2 垂直位移旋钮(位移)	调节 CH2 波形垂直位移，顺时针方向旋转，辉线上升；逆时针方向旋转，辉线下降。按下该键使 CH2 通道波形的垂直显示位置迅速回到屏幕中心点
16	水平位移旋钮	改变显示波形水平方向的位置，按下该键将使触发位移或延迟扫描位移恢复到水平零点处
17	扫描功能键(SWEEP)	按下该键打开扫描菜单
18	触发电平调整旋钮(LEVEL)	根据触发电平决定扫描开始的位置
19	公用旋钮	按下该键可设置选项或关闭弹出菜单
20	光标测量功能键	光标模式允许用户通过移动光标进行测量，可选择手动、追踪和自动进行测量
21	自动测量功能键(MEASURE)	测量功能可以对 CH1 和 CH2 通道波形进行自动测量
22	显示功能键	可以设置示波器的显示信息
23	采样功能键	设置采样方式为实时或等效采样
24	应用功能键	应用菜单可以选择示波器的语言种类，设置通过测试和波形记录、系统维护、自校正功能及设置时间、日期等
25	存储功能键	可以将当前的设置文件保存到仪器的内部存储区或 USB 存储设备上
26	运行/停止功能键	按下该键使波形采样在运行和停止之间切换
27	自动功能键	自动设定仪器的各项控制值，以产生适宜观察的波形显示
28	触发功能键	可以设置触发方式、触发源、触发条件、触发释抑时间等参数
29	单次功能键	按下该键在符合触发条件下进行一次触发，然后停止运行
30	LCD 显示屏	显示各种信息
31	USB 接口	在菜单中可以对 USB 存储设备进行操作整理

3. 使用方法

1) 自检

(1) 开启电源，按“存储”键，调出存储菜单；连续操作“SUB1”菜单键选择“出厂设置”；或按动 SUB1 操作键，弹出子菜单后，旋转公共旋钮，选择“出厂设置”，再按一下公共旋钮键，加以确认为“出厂设置”；按“SUB3”操作键，调出“出厂设置”。示波器出厂设置显示如图 2.9 所示。以后每次开机，液晶屏都会显示一条或两条水平扫描基线。

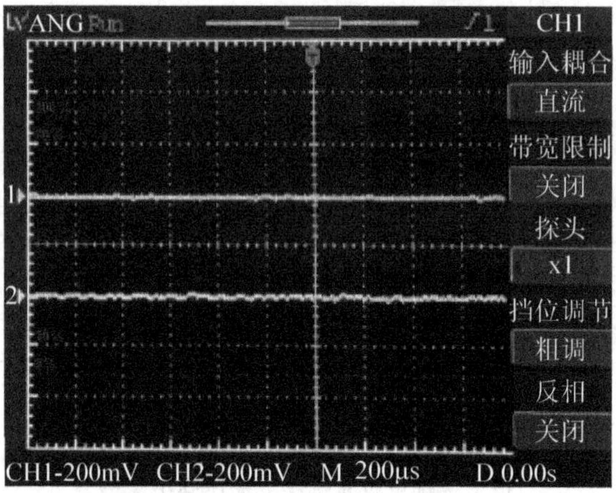

图 2.9 LDS22010 出厂设置显示

(2) 用示波器探头将校正信号接入通道 1(CH1)：将示波器通道 1 探头上的开关设定为“×10”；按“CH1”功能键显示通道 1 的操作菜单，应用与“探头”平行的 3 号菜单操作键，为示波器通道 1 设定与使用的探头同比例的衰减系数(×10)；把探头接到示波器面板的校准信号输出端子。

按“ATUO”(自动设置)键，几秒内，液晶屏应当显示 0.5V_{PP}/1kHz 的方波。

2) 测量设置

(1) 选择输入耦合方式。根据测量的需要，利用示波器面板左侧的 5 个菜单操作按键，结合对应显示屏右侧显示的 5 个菜单选项，从“直流”、“交流”、“接地”等输入耦合方式中选择一种合适的耦合方式。

(2) 选择触发源及触发方式。利用菜单操作按键和屏幕显示的菜单选项，选择合适的触发源和触发方式。

(3) 选择垂直方式和垂直灵敏度。根据被测信号是一路或二路，设定垂直方式为 CH1(或 CH2)或两路都输入；在通道操作菜单上调整相应探头的衰减比例系数，以方便直接读出被测信号幅度的大小；根据显示波形的幅度大小，调节垂直挡位旋钮。

(4) 设置水平扫描速度和水平位移。使用水平控制按钮改变水平时基及触发在内存中的水平位置；根据观测的波形周期数，利用“SEC/DIV”旋钮设置水平扫描速度。

3）自动测量

结合菜单键和 LCD 显示的菜单选项，操作者可控制示波器进行自动测量，将被测信号的最大值、峰-峰值、幅值、均方根值、平均值、周期、频率、上升时间、下降时间、占空比等各项参数值直接显示在波形界面上。

如图 2.10 所示，按下“电压测量”键，选择“最小值”，被测信号的电压最小值即显示在波形的下方。屏幕最下部显示的是另一个通道的参数。

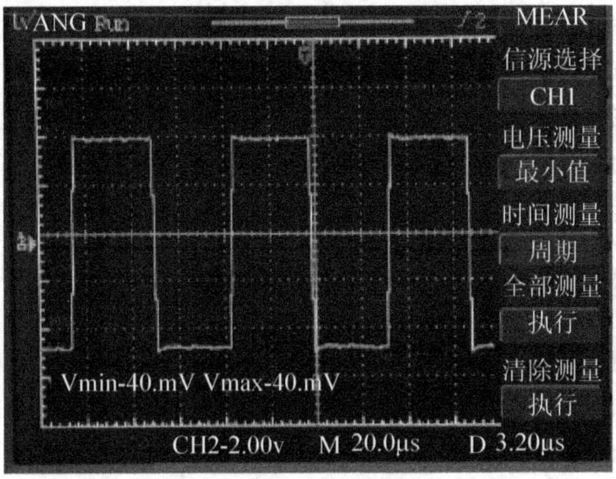

图 2.10 自动测量

4）手动测量

也可以利用光标，进行电压、时间、频率等多种参数的手动测量。

首先选择 CH1 或 CH2 为测量的输入通道；光标模式设为“手动”，光标类型设为“T”（水平）或“V”（垂直）；按下“CURA”键，调节面板的公共旋钮，使光标的水平(或垂直)位置到起始位置；按下“CURB”键，调节光标的水平(或垂直)位置到达测量位置，被测参数即显示在屏幕上。图 2.11 所示为时间差的测量。

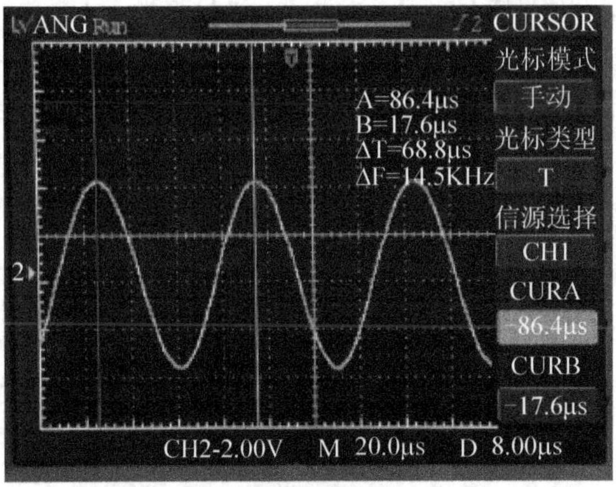

图 2.11 时间差的测量

2.2 万用表的原理与使用

万用表又称多用表、三用表、复用表等，是一种多功能、多量程的测量仪表，一般万用表可测量直流电压、直流电流、交流电压、交流电流、电阻等，有的还可以测电容量、电感量及半导体的一些参数。

万用表有模拟式(指针式)、数字式之分，指针式万用表以500型最为典型。与指针式万用表相比较，数字式万用表有更高的准确度，而且具有测量速率快、自动判别极性、测量结果能数字直读、抗过载能力强等优点，所以目前数字万用表的应用更广泛。

下面以9808型万用表为例，说明数字式万用表的基本原理、主要性能指标、使用方法和注意事项。其他型号的数字万用表与此大同小异。

2.2.1 数字万用表的基本原理

数字万用表(简称DWM)是在直流数字电压表(简称DVM)的基础上扩展而成的，数字电压表是数字万用表的核心。数字电压表主要由A/D转换器、振荡器、计数器、控制逻辑电路、译码驱动电路、显示器及外围的电阻、电容器等构成，A/D转换器、振荡器、计数器和控制逻辑电路等通常都可以集成在一个芯片内，构成数字电压表专用集成电路，如MC14433、ICL7106等。数字电压表构成数字万用表的表头，再配上相应的功能转换电路和量程转换开关等就构成了数字万用表。图2.12所示为数字万用表的电路结构框图。

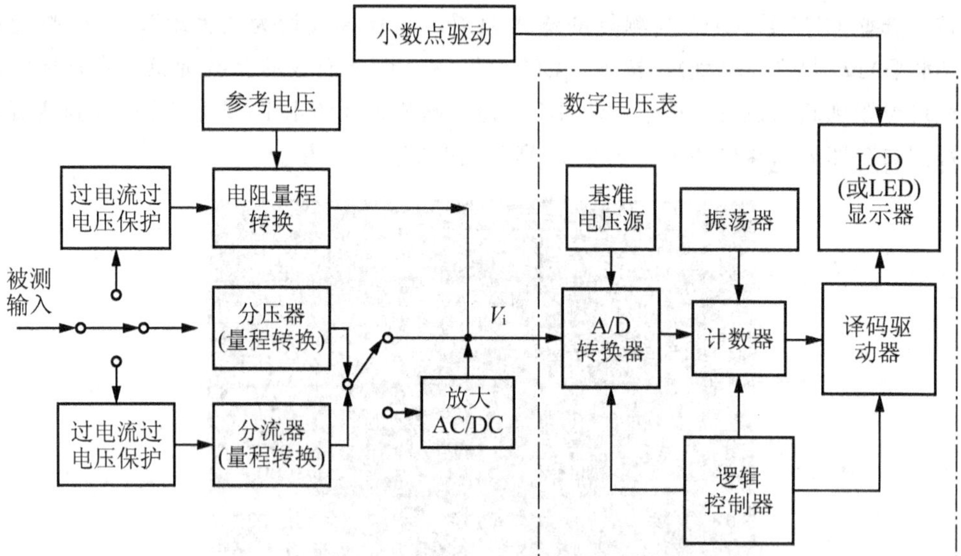

图2.12 数字万用表的电路结构框图

单片双积分式A/D转换器是数字电压表的心脏，根据显示位数的不同，有$3\frac{1}{2}$、

$4\frac{1}{2}$、$5\frac{1}{2}$(俗称分别为三位半、四位半和五位半)等多种不同的 A/D 转换器芯片，数字万用表显示数字位数的三位半、四位半和五位半之分即因此而来，对应的数字显示最大值分别为 1999、19999 和 199999。

直流电压测量无须转换电路，经过量程转换开关，直接将直流电压输入 A/D 转换器转换成数字量，然后通过计数、译码电路变换成可显示的 7 段代码，最后经驱动电路，在 LCD 或 LED 显示器上以数字形式显示出来。

功能转换电路是数字万用表实现多参数测量的必备电路，对于交流电压、交流电流、电阻、电容、二极管正向压降和晶体管放大系数等参数的测量，都需要增加相应的转换电路，将这些被测电量分别转换成直流电压信号，才能进行测量和显示。转换电路主要有分压器、分流器、放大器等。

功能选择和量程选择都通过转换开关切换，也可以设计自动量程切换电路来实现。

2.2.2　9808 型数字万用表及其使用

9808 型数字万用表是一种性能稳定的高可靠性三位半数字万用表，采用 26mm 字高 LCD 显示器，读数清晰，有背光显示及过载保护功能，使用一节 9V 方形电池供电，可用来测量直流电压和交流电压、直流电流和交流电流、电阻、电容、二极管、晶体管、频率、温度、通断测试等参数。

1. 主要性能指标

(1) 直流电压(DCV)的测量：输入阻抗为 10MΩ，最小可测电压为 100μV，最高测量电压为 1000V。

(2) 交流电压(ACV)的测量：输入阻抗为 1MΩ/10MΩ，最小可测 100μVrms，最高测量电压 700Vrms。频率响应为 40～200Hz。

(3) 直流电流(DCA)的测量：最小可测 1μA，最大输入电流为 20A(不超过 10s)。

(4) 交流电流(ACA)的测量：最小可测 1μA，最大输入电流为 20A(不超过 10s)，频率响应为 40～400Hz。

(5) 电阻的测量：最大量程为 2000MΩ。

(6) 电容的测量：最小可测 1pF，最大量程为 200μF。

(7) 电感的测量：最小可测 10μH，最大量程为 20H。

(8) 频率的测量：最小可测 1Hz，最大量程为 10MHz。

(9) 温度的测量：－20～1000℃，分辨率为 1℃。

(10) 具备晶体管 h_{FE} 参数测试、二极管及通断测试功能。

2. 操作面板

9808 型数字万用表操作及显示面板如图 2.13 所示，各部件功能如下。

（1）液晶显示器：显示仪表测量的数值及单位。

（2）POWER 电源开关：开启及关闭电源。

（3）LIGHT 背光开关：开启及关闭背光灯。

（4）HOLD 保持开关：按下此功能键，仪表当前所测数值保持在液晶显示器上，再次按下，退出保持功能状态。

（5）电容(Cx)或电感(Lx)插座。

（6）h_{FE}测试插座：用于测量晶体管的 h_{FE}数值大小。

（7）旋钮开关：用于改变测量功能及量程。

（8）测量输入插座，包括电压、电阻、温度及频率插座，小于 2A 电流及温度测试插座，20A 电流测试插座、公共地。

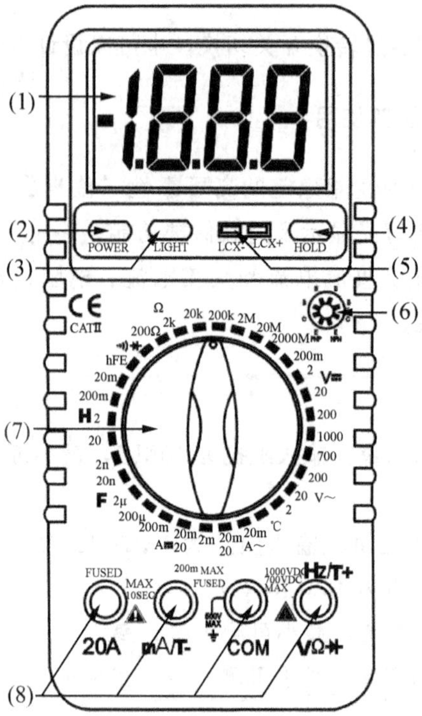

图 2.13　9808 型数字万用表操作及显示面板

3. 使用说明

该仪表有自动休眠功能，若停止使用约(20±10)min 后，会自动断电进入休眠状态。若重新启动电源，再按两次“POWER”键即可。

1）电阻测量

（1）将黑表笔插入“COM”插孔，红表笔插入“V/Ω/Hz”插孔。

（2）将所测开关转至相应的电阻量程上，将两表笔跨接在被测电阻上。电阻值显示在液晶屏上。

注意：不要在电阻量程输入电压。测量在线电阻时，要确认被测电路所有电源已关断且所有电容都已完全放电。

2）二极管及通断测试

（1）将黑表笔插入“COM”插孔，红表笔插入“V/Ω/Hz”插孔。

（2）将量程开关置“→|·)))”挡，并将表笔连接到待测试二极管，红表笔接二极管正极，读数为二极管正向导通电压的近似值。

（3）将表笔连接到待测线路的两点，如果内置蜂鸣器发声，若两点之间的电阻值低于(70±20)Ω，说明电路是连通的。可用此挡位判断导线的通断。

3）直流电压的测量

（1）将黑表笔插入“COM”插孔，红表笔插入“V/Ω/Hz”插孔。

（2）将量程开关转至相应的DCV量程上，然后将测试表笔跨接在被测电路上，红表笔所接的该点电压与极性显示在屏幕上。

注意：若测量时最高位显示“1”，其余位消隐，表明已超过量程范围，须将量程开关转至较高挡位上。

4）交流电压的测量

只需将量程开关转至相应的ACV量程上，其他与直流电压的测量相同。

5）直流电流的测量

（1）将黑表笔插入“COM”插孔，红表笔插入“mA”插孔中(最大为2A)，或红笔插入“20A”中(最大为20A)。

（2）将量程开关转至相应的DCA挡位上，然后将仪表串入被测电路中，被测电流值及红色表笔点的电流极性将同时显示在屏幕上。

注意：若LCD最高位显示“1”，其余位消隐，表明已超过量程范围，须将量程开关调高一挡。“20A”挡位没有保护，连续测量大电流将会使电路发热，影响测量精度，甚至损坏仪表。

6）交流电流的测量

只需将量程开关转至相应的ACA量程上，其他与直流电流的测量相同。

7）电容的测量

将量程开关置于相应的电容量程上，将测试电容插入“Cx”插孔。

若被测电容超过所选量程的最大值，显示器将只有最高位显示“1”，其余位消隐，此时应将开关转高一挡。

8）晶体管 h_{FE}

（1）将量程开关置于 h_{FE} 挡。

（2）确定所测晶体管为NPN型还是PNP型，将发射极、基极、集电极分别插入相应的插孔。

9）电感的测量

将量程开关置于相应的电感量程上，被测电感插入电感插口(使用 2mH 量程时，应先将表笔短路，测得引线电感值，然后在实测中减去该数值)。

4. 注意事项

(1) 不要测量高于 1000V 的直流电压或高于 700Vrms 的交流电压。当测量高压电路时，注意避免触及高压电路。

(2) 测量电流时，不要输入超过 20A 的电流。

(3) 不要在量程开关为 Ω 位置时，测量电压值。

(4) 当 LCD 显示“▭”符号时，应更换电池；若长时间不用仪表，应取出电池。

(5) 在更换电池或熔丝前，请将测试表笔从测试点移开，并关闭电源开关。

(6) 更换功能和量程时，表笔应离开测试点。

(7) 该仪表有全量程保护功能，但为安全起见，应选择正确的功能和量程，谨防误操作。

2.3 函数信号发生器

信号发生器是一种能产生测试信号的仪器，应用非常广泛。为了满足不同场合的需要，信号发生器有不同的类型。按输出波形可分为正弦信号发生器、脉冲信号发生器、函数信号发生器等；按输出频率范围可分为低频信号发生器、高频信号发生器、超高频信号发生器等。

信号发生器一般应满足以下要求：输出波形失真小，输出频率稳定且在一定范围内连续可调；输出电压稳定且在一定范围内连续可调；输出阻抗要低。

函数信号发生器因其输出信号的幅度与时间之间存在一定的函数关系而得名，它能产生正弦波、矩形波、三角波等波形，使用非常灵活，应用日益广泛。通常采用模拟电路或数字技术先产生原始振荡波形，再通过转换电路转换成各种需要的波形。函数信号发生器大都具有频率计和显示功能。

1. YB3020 函数信号发生器

YB3020 函数信号发生器采用直接数字合成(DDS)技术，输出频率稳定度极高，频率分辨率很高，能产生正弦波、三角波、方波、升斜坡、降斜坡、全波整流波、随机噪声等多种信号。

1）主要性能技术指标

(1) 输出频率范围：正弦波为 1μHz～20MHz，方波为 1μHz～10MHz，其他波形为 1μHz～1MHz。

(2) 频率分辨率：1μHz。

(3) 输出幅度范围：A 口(主通道)1mV_{PP}～20V_{PP}(高阻)，0.5mV_{PP}～10V_{PP}(50Ω 负载)；B 口(音频通道)200mV_{PP}～20V_{PP}(高阻)，100mV_{PP}～10V_{PP}(600Ω 负载)。

(4) 输出阻抗：A 口 50Ω，B 口 600Ω。

(5) 调制特性：AM、FM、PM，FSK、PSK、ASK。

(6) 频率测量范围：测频范围 1Hz～100MHz，灵敏度 100mV_{PP}。

2) 操作面板

图 2.14 是 YB3020 函数信号发生器的前面板。

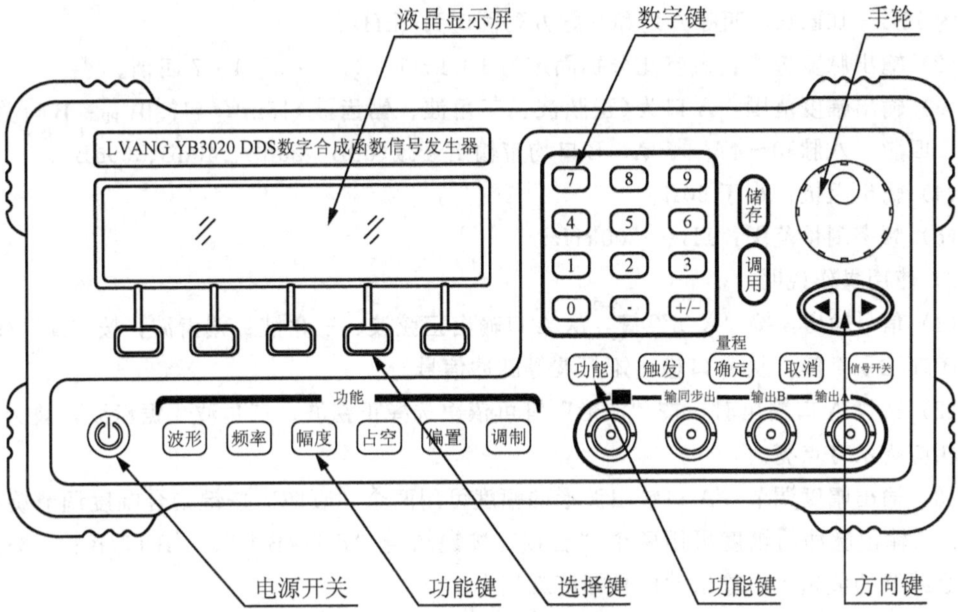

图 2.14 YB3020 函数信号发生器的前面板

3) 使用方法

(1) 连接电源，按下电源开关。

(2) 按“波形”功能键，用手轮旋钮结合液晶屏显示选择输出波形。

(3) 按“频率”功能键，用数字键设定输出频率的数值；再利用 LCD 下方的选择键，选定 LCD 下半区显示的频率单位，仪器即输出设定的频率。若需改变输出频率，只需输入新的数值，按“确定”键即可。

频率数值的改变也可以用转动手轮实现。

(4) 按“幅度”功能键，然后用与设定输出频率相同的方法设定输出幅度。

(5) 其他参数的设定视需要，根据 LCD 显示，用相应的功能键、选择键和数字键进行设定。

(6) 设定完毕从相应端口输出信号，A 口为主输出通道，B 口只输出音频信号。A 口和 B 口不能同时输出，可由功能键打开或关闭相应通道。

(7) 使用“频率计”测量外部信号频率，可按数字键下面的“功能”键，选中“频率计”功能；从前面板“外测频”端口输入信号，即可显示被测信号的频率。使用完毕后，按“退出”键关闭频率计。

2. 数控智能函数信号发生器(DGJ－1 型电工电子实验台配置)

DGJ－1 型电工电子实验台配置的信号发生器是一种以单片机为核心的数控式函数信号发生器，可输出正弦波、矩形波、三角波、四脉方列、八脉方列等信号波形，数码管直接显示输出频率、幅度及脉冲占空比等，还具有频率计的功能。

1) 主要技术指标

(1) 输出频率范围：正弦波为 1Hz～150kHz，矩形波为 1Hz～150kHz，三角波和锯齿波为 1Hz～10kHz，四脉方列和八脉方列固定为 1kHz。

(2) 输出脉宽选择：占空比分别固定为 1∶1，1∶3，1∶5，1∶7 四挡。

(3) 输出幅度范围：A 口为(正弦波、三角波、锯齿波)15mV～17.0V_{PP}；B 口为(矩形波、四脉、八脉)0～4 V_{PP}；A、B 口均带输出衰减(0dB、20dB、40dB、60dB)。

(4) 输出阻抗：小于 50Ω。

(5) 频率测量范围：1Hz～200kHz。

2) 使用操作说明

(1) 信号输出：按“A 口”键，从 A 口输出正弦波、三角波、锯齿波；按“B 口/B↑”或“B 口/B↓”健，从 B 口输出矩形波等脉冲信号。

(2) 选择 A 口输出时，按“波形”键可依次选择正弦波、三角波、锯齿波，被选中波形的相应指示灯点亮。

(3) 输出幅度调节：A 口输出波形的幅度可用两个“衰减”按键结合幅度调节旋钮控制，B 口输出脉冲的幅度可用两个“衰减”按键结合“B 口/B↑”、“B 口/B↓”按键调节。衰减器的值越大，输出的信号幅度就越小。

输出衰减分为 0dB、20dB、40dB、60dB 四挡，由两个“衰减”按键选择，如表 2－4 所示。

表 2－4　“衰减”按键

20dB 按键	40dB 按键	衰减值/dB
弹起	弹起	0
按下	弹起	20
弹起	按下	40
按下	按下	60

(4) 改变频率可用“粗”、“中”、“细” 3 个按键单步调节。

2.4　直流稳压电源

直流稳压电源是将交流电转变为稳定的直流电的设备，在电网电压或负载变化时能够自动调整并保持其输出电压基本不变。几乎所有的电子电路和电子设备都需要稳定的直流电源供电，直流稳压电源是电子电路或仪器、设备不可缺少的组成部分。

直流稳压电源可分为线性稳压电源和开关稳压电源两大类。线性稳压电源的输出稳定度高、纹波小、噪声小，但功率转换效率低，通常不超过50%；开关稳压电源的效率高(可达80%以上)、体积小、重量轻、输出电压范围宽，但高频开关脉冲对外干扰较大，需要严格屏蔽。在要求高的场合，通常采用线性稳压电源。

图2.15是线性直流稳压电源的原理框图。首先，由变压器将电网供给的220V/50Hz交流电压变换为幅度符合电路需要的交流电压，然后由整流电路将交流电压变换成方向不变、大小随时间变化的脉动电压，再用滤波电路滤去其交流分量，最后经稳压电路输出稳定的直流电压。

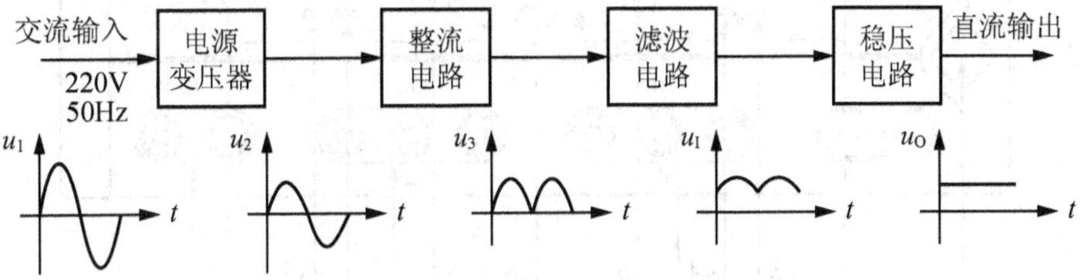

图2.15 线性直流稳压电源的原理框图

下面以实验室经常使用的YB1732型稳压电源为例，简述其性能指标和使用方法。

1. 主要性能指标

(1) 输出路数：3路。

(2) 输出电压：两路0～30V可调，一路固定+5V。

(3) 输出电流：0～5A可调。

(4) 纹波及噪声：$1mV_{rms}$。

(5) 输出调节分辨率：20mV。

(6) 电压稳定度：$1\times10^{-4}+2mV$。

(7) 负载稳定度：$5\times10^{-4}+0.5mV$。

2. 使用方法

YB1732型稳压电源的面板如图2.16所示。其各操作件的功能说明如表2-5所示。

使用时，输出电压由接线柱“+”、“-”间供出，地线“⊥”仅与机壳相连。

当需要超过30V的电压时，可将两路电源串联使用。在操作时，开关17、18需配合使用，即17按下、18弹出；同时，需将两路电源的电流调节旋钮5和11顺时针转到最大。调节主路的电压调节旋钮2时，从路的输出电压将跟踪主路电压变化，从路的电压调节旋钮9不起作用，输出电压最高为两路额定电压之和。

当开关17、18都按下时，两电源并联输出，总电流为两路电流之和。只需调节主路的电流调节旋钮5来改变总输出电流，从路的电流调节旋钮11不起作用。

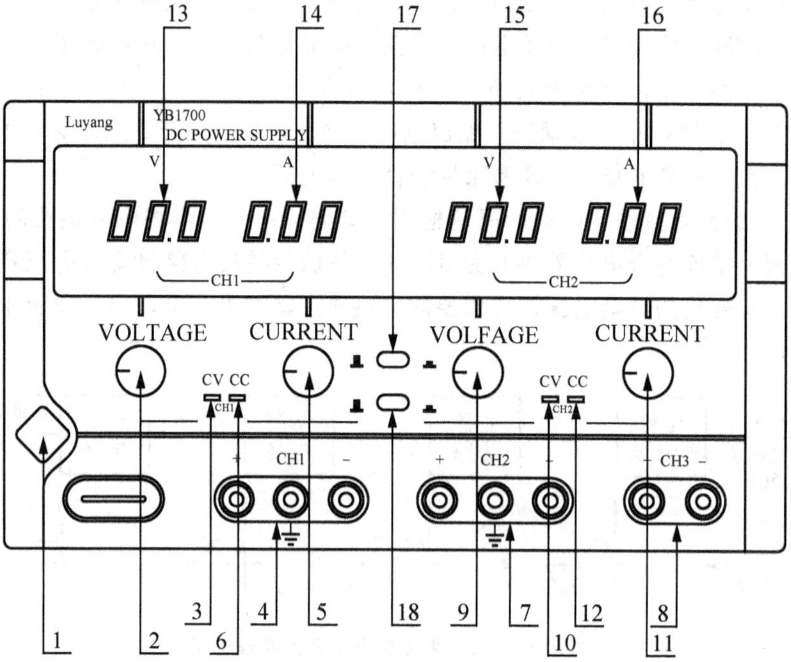

图 2.16 YB1732 型稳压电源的面板

表 2-5 YB1732 型稳压电源各操作件的功能说明

序号	操作件名称	功能说明
1	电源开关(POWER)	按下为“开”，弹出为“关”
2	电压调节旋钮(VOLTAGE)	主路(CH1)电压调节旋钮，顺时针调节，电压由小变大；逆时针调节，电压由大变小
3	恒压指示灯(CV)	主路(CH1)处于恒压状态时，CV 指示灯亮
4	输出端口(CH1)	主路(CH1)输出端口
5	电流调节旋钮(CURRENT)	主路(CH1)电流调节旋钮，顺时针调节，电流由小变大；逆时针调节，电流由大变小
6	恒流指示灯(CC)	主路(CH1)处于恒流状态时，CC 指示灯亮
7	输出端口(CH2)	从路(CH2)输出端口
8	输出端口(CH3)	固定＋5V 输出端口
9	电压调节旋钮(VOLTAGE)	从路(CH2)电压调节旋钮，顺时针调节，电压由小变大；逆时针调节，电压由大变小
10	恒压指示灯(CV)	从路(CH2)处于恒压状态时，CV 指示灯亮
11	电流调节旋钮(CURRENT)	从路(CH2)电流调节旋钮，顺时针调节，电流由小变大；逆时针调节，电流由大变小
12	恒流指示灯(CC)	从路(CH2)处于恒流状态时，CC 指示灯亮

续表

序号	操作件名称	功能说明
13	显示窗口	主路(CH1)电压显示窗口
14	显示窗口	主路(CH1)电流显示窗口
15	显示窗口	从路(CH2)电压显示窗口
16	显示窗口	从路(CH2)电流显示窗口
17	电源独立/组合控制开关	开关弹出时，CH1、CH2 输出完全独立；开关按下，两路电源组合使用
18	电源串联/并联组合选择开关	在开关“17”按下时有效。本开关弹出，两电源串联；本开关按下，两电源并联

第3章 模拟电子技术实验

3.1 常用电子仪器的使用

3.1.1 实验目的

(1) 学习电子电路实验中常用的示波器、函数信号发生器、直流稳压电源、交流毫伏表、数字频率计等仪器仪表的主要技术指标、性能特点，初步掌握它们的正确使用方法。

(2) 掌握用双踪示波器观察各种信号波形和测量波形参数的方法。

3.1.2 实验原理

在模拟电子电路实验中，经常使用的电子测量仪器有示波器、函数信号发生器、直流稳压电源、交流毫伏表和数字频率计等。利用它们和万用表，就可以完成对模拟电子电路的静态和动态工作情况的测试。

实验中要对各种电子仪器进行综合使用，可按照信号流向，以连线简捷、调节顺手、观测与读数方便等原则进行合理布局，模拟电子电路中常用电子仪器布局图如图 3.1 所示。为防止外界干扰，各仪器的公共接地端应连接在一起，称为“共地”。信号源和交流毫伏表的引线通常用屏蔽线或专用电缆线，示波器接线使用带探头的专用测试电缆。

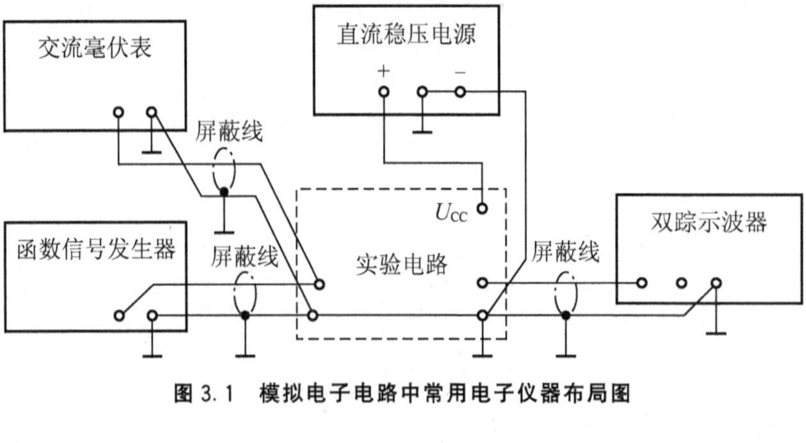

图 3.1 模拟电子电路中常用电子仪器布局图

1. 示波器

示波器既能直接显示电信号的波形，又能对电信号进行各种参数的测量。示波器的种类很多，本书以 YB43020B 型双踪示波器为例，介绍其使用中的注意事项。

1）寻找扫描基线

将示波器 Y 轴通道选择开关“CH1”或“CH2”按下，输入耦合方式置“接地”(GND)，开机预热后，荧光屏应该显示水平扫描基线或光点。

若显示屏上不出现光点或扫描基线，可按下列操作进行调整，使扫描基线出现。

(1) 调节亮度旋钮，增加亮度。

(2) 扫描方式开关置“自动”位。

(3) 适当调节垂直“位移”、水平“位移”旋钮。

2）选择输入通道

双踪示波器一般有 4 种通道模式，即“CH1”、“CH2”、“叠加”和“双踪”模式。双踪显示方式有“交替”、“断续”两种方式，通常采用“交替”显示方式，仅当观测几十赫兹以下的低频率信号时，才选用“断续”显示方式。

3）选择扫描方式

扫描方式开关通常先置于“自动”位，若显示的波形不稳定，可通过调节触发“电平”旋钮找到合适的触发电压，使波形稳定。也可以置扫描方式开关于“常态”位，通过调节触发“电平”旋钮，使被测试的波形稳定地显示在示波器屏幕上。

4）选择触发源

“触发方式选择”开关一般选择“常态”。为了显示稳定的被测信号波形，“触发源选择”开关一般选为“CH1(或 CH2)”，使扫描触发信号取自示波器内部的 Y 通道。单路输入时，选择对应的通道作为触发源；双路输入时，选择信号幅度大的一路作为触发源。

5）调节水平扫描速率

根据被测信号的频率，适当调节“水平扫描速率”旋钮式开关的挡位，使屏幕上显示 1～2 个周期的被测信号波形。

在测量周期时，应注意将“扫描微调”旋钮置于“校准”位置，即逆时针旋到底，且听到关的声音，同时指示灯熄灭。根据被测信号波形一个周期在屏幕坐标刻度水平方向上所占的格数(div)与“水平扫描速率”开关指示值(t/div)的乘积，即可算得信号周期的实测值。

6）调节垂直灵敏度

适当调节“Y 轴灵敏度”开关使屏幕上显示大小适宜的被测信号波形。

在测量幅值时，应注意将“灵敏度微调”旋钮置于“校准”位置，即逆时针旋到底，且听到关的声音，同时指示灯熄灭。根据被测波形在屏幕坐标刻度垂直方向上所占的格数(div)与“Y 轴灵敏度”开关指示值(V/div)的乘积，即可算得信号峰峰值或幅值的实测值。

2. 函数信号发生器

函数信号发生器的产品型号有很多，都能按需要输出正弦波、方波、三角波等多种信号的波形，输出电压和输出信号频率一般都可以连续调节。幅度调节通过输出衰减开关和幅度调节旋钮分别进行粗调和细调，调节分辨率为毫伏级。

函数信号发生器的输出频率可以通过频率分挡开关进行粗调，通过按键或旋钮进行频率细调，由面板上的 LCD 或 LED 显示器直接显示出频率的数值。

注意：函数信号发生器作为信号源时，其输出端不允许短路。

3. 交流毫伏表

交流毫伏表用于测量正弦波等交流信号的电压有效值，测量电压范围和测量电压的频率范围是其最重要的两个参数。YB2172B 型交流毫伏表的电压测量范围为 30μV～300V，测量电压的频率范围是 10Hz～2MHz。

交流毫伏表只能在工作频率范围内使用，超过这个范围，测量误差会显著增大。当输入电压过载或超过当前量程时，交流毫伏表一般会发出告警提示，YB2172B 型交流毫伏表发生过量程时，读数发生闪烁。为了防止过载而损坏，测量前一般先把量程开关置于量程较大的位置上，然后在测量中逐挡减小量程。

指针式毫伏表使用前需要进行调零，目前常用的数字式交流毫伏表使用时不需要调零。

3.1.3 实验设备与器件

(1) 函数信号发生器。
(2) 双踪示波器。
(3) 交流毫伏表。
(4) 直流稳压电源。
(5) 电阻 10kΩ、电容 0.01μF。

3.1.4 预习要求

(1) 认真阅读第 2.1 节的内容，了解示波器的工作原理和使用要点。
(2) 计算图 3.2 所示实验电路中 RC 移相网络的阻抗角 θ。

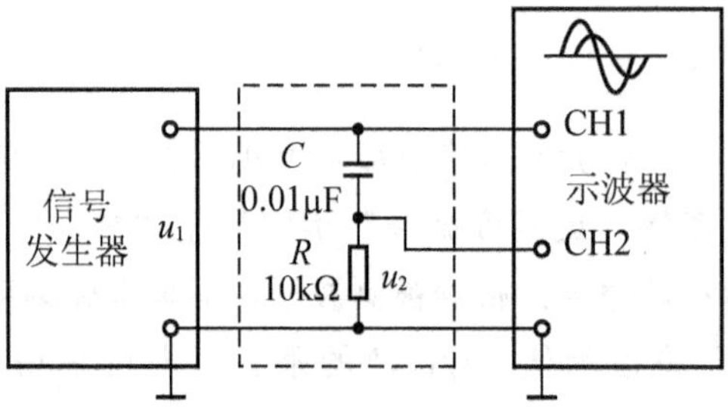

图 3.2 两波形的相位差测量

3.1.5 实验内容

1. 示波器的使用练习

1) 水平扫描基线的调节

将示波器的通道选择开关 CH1 或 CH2 键按下，输入耦合方式开关将“接地”键按下，扫描方式开关置于“自动”位。开启电源开关后，调节“辉度”、“聚焦”等旋钮，使荧光屏上显示一条亮度适中且清晰的水平扫描基线。然后调节水平“位移”和垂直“位移”旋钮，使扫描线位于屏幕中央。

待示波器水平扫描线显示正常后，务必将“接地”键弹出，否则，输入信号将被断开，示波器无法显示被测信号的波形。

2) 示波器的校准

将示波器的“校准信号”通过测试电缆线引入 CH1(或 CH2)，将 Y 轴输入耦合方式开关置于“AC”或“DC”位，触发方式选择开关置“常态”位，触发源选择开关置选定的测量输入通道。调节水平“扫描速率”开关(t/div)和“Y 轴灵敏度”开关(V/div)，使示波器显示屏上显示出一个或数个周期稳定的方波波形。

将 Y 轴“灵敏度微调”旋钮置“校准”位置，“Y 轴灵敏度”开关置适当位置，读取校准信号幅度，记入表 3-1 中。

将扫描速率“微调”旋钮置“校准”位置，“水平扫描速率”开关置适当位置，读取校准信号周期，转换成频率，记入表 3-1 中。

表 3-1 校准信号的测量

参数 \ 测量值	标准值	实测值
幅度 V_{PP}/V		
频率 f/kHz		

实测值与标准值差别不大，即完成示波器及其测试探头的幅度和频率测量校准。

2. 信号发生器、示波器和交流毫伏表的使用练习

参考图 3.1，将函数信号发生器、交流毫伏表和示波器相连。

(1) 调节函数信号发生器的有关旋钮，输出频率为 100Hz 的正弦波。

(2) 用交流毫伏表测量函数信号发生器的输出电压，同时调节信号发生器的输出旋钮，必要时调节其衰减器开关，使交流毫伏表的读数为 1V。

(3) 正确调节示波器，使它显示稳定的正弦波。将示波器灵敏度微调旋钮和扫描微调旋钮都逆时针转到底，使微调指示灯熄灭，调节示波器“水平扫描速率”开关及“Y 轴灵敏度”开关至适当位置，分别测量信号源输出电压的周期、频率及峰-峰值[参见式(2-1)和式(2-3)]，记入表 3-2 中。

表 3-2 示波器和交流毫伏表的测量对照

信号频率	毫伏表测量值/V	示波器测量值			
		周期/ms	频率/Hz	峰-峰值/V	有效值/V
100Hz					
1kHz					
10kHz					
100kHz					

(4) 改变信号发生器的输出频率分别为 1kHz、10kHz、100kHz，再重复上面的测量过程，将测量结果记入表 3-2 中。

3. 测量波形的相位差

(1) 把双踪显示方式开关置“交替”位，将 CH1 和 CH2 输入耦合方式开关“接地”键按下，调节 CH1、CH2 的垂直位移旋钮，使两条水平扫描基线重合。

(2) 将 CH1、CH2 输入耦合方式开关“接地”键弹出，置“AC”位，“触发方式选择”开关置于“常态”位，“触发源选择”开关选为“CH1”，按下扫描方式“自动”键。

(3) 按图 3.2 连接实验电路，将函数信号发生器的输出调为频率为 1kHz、最大值为 2V 的正弦波，经 *RC* 移相网络获得频率相同但相位不同的两路信号 u_1 和 u_2，分别加到双踪示波器的 CH1 和 CH2 输入端。

(4) 调节触发“电平”旋钮、“水平扫描速率”开关及 CH1、CH2 灵敏度开关的位置，使在荧屏上显示出易于观察的两个相位不同的正弦波形 u_1 和 u_2，如图 3.3 所示。为

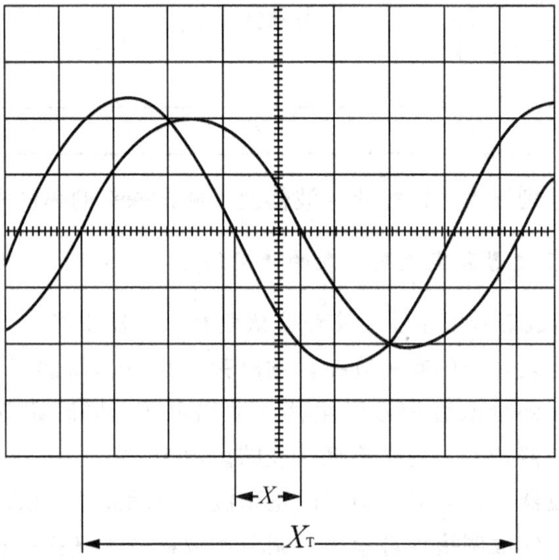

图 3.3 双踪示波器显示两相位不同的正弦波

使数读和计算方便，可适当调节水平扫描速率开关及微调旋钮，使波形的一个周期占整数格。

根据两个波形在水平方向的间隔 X 和信号周期 X_T，可求得两波形间的相位差如式(3－1)所示。将测量结果记入表 3－3 中。

$$\theta=\frac{X(\text{div})}{X_T(\text{div})}\times 360^{\circ} \tag{3-1}$$

式中，X_T为信号一个周期所占格数；X 为两波形在 X 轴方向间隔的格数。

表 3－3　相位差的测量

一个周期的格数	两波形在 X 轴方向间隔的格数	相位差	
		实测值	计算值
$X_T=$	$X=$		

3.1.6　故障现象及分析

故障现象及分析如表 3－4 所示。

表 3－4　故障现象及分析

故障现象	故障分析
示波器不显示扫描线	示波器辉度太小，或没设置扫描方式开关，或垂直、水平位移旋钮位置偏差太大
示波器不显示函数信号发生器输出的波形	函数信号发生器损坏或输出线不通，示波器测试线断开或示波器有关旋钮调节不当
示波器显示的波形不正常	正常显示的正弦波形应该如图 3.4 所示，若示波器探头的地线断开或地线没接，会出现如图 3.5 或图 3.6 所示的波形

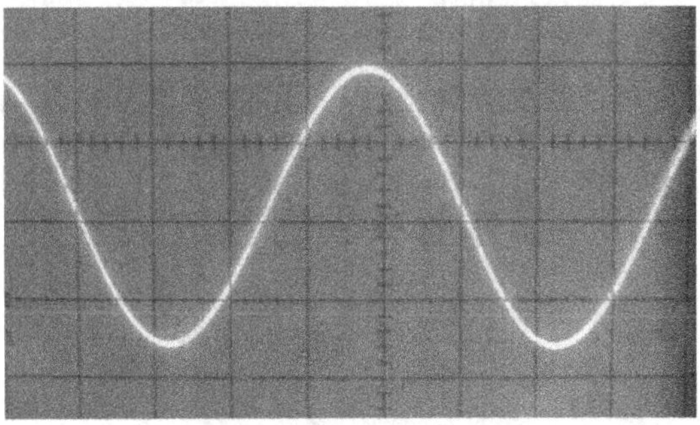

图 3.4　正弦波的正常波形

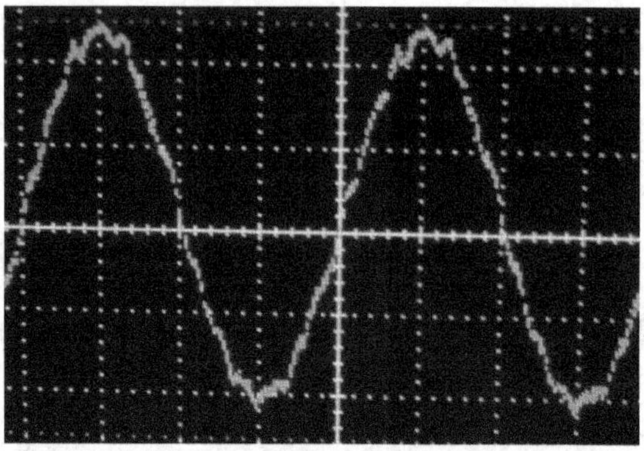

图 3.5　数字示波器测试线地线断开时所测的正弦波

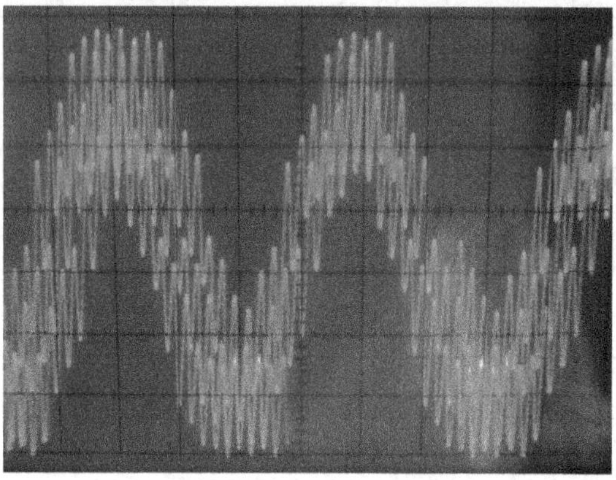

图 3.6　模拟示波器测试线地线断开时所测的正弦波

3.1.7　对实验报告的要求

（1）整理实验数据，并进行误差分析。

（2）思考并回答下列问题。

① 函数信号发生器有哪几种输出波形？它的输出端能否短接？如用屏蔽线作为输出引线，则屏蔽层一端应该接在哪个接线柱上？

② 交流毫伏表能测量非正弦交流电压吗？能否测量直流电压的大小？

3.2　晶体管共发射极放大电路

3.2.1　实验目的

（1）深入理解单级晶体管放大电路的基本工作原理和性能。

（2）掌握单级共射极放大电路静态工作点的测量与调整方法，分析静态工作点对放大器性能的影响。

（3）掌握放大器电压放大倍数、输入电阻、输出电阻及最大不失真输出电压等主要指标的测试方法。

（4）进一步熟悉常用电子仪器的使用方法。

3.2.2　实验原理

1. 实验电路

共射极单管放大电路如图 3.7 所示，其采用最常用的阻容耦合式共发射极单管放大器，直流偏置为电阻分压式电流负反馈偏置电路，能够自动稳定工作点。

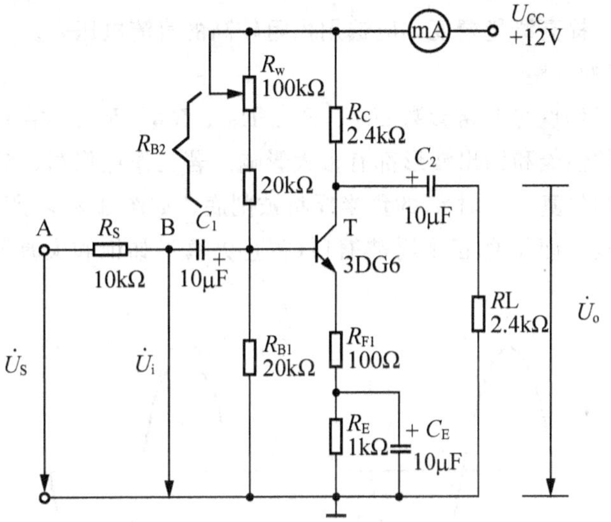

图 3.7　共射极单管放大电路

电路中 R_{B1} 和 R_{B2} 组成分压电路，它们和发射极电阻(R_E+R_{F1})共同组成直流偏置电路，为放大器提高稳定的静态工作点；电位器 R_W 用来调整静态工作点；R_{F1} 起负反馈作用；R_S 是为了测量放大器的输入电阻而专门引入的。

由于晶体管的电流放大作用，放大器输入信号 U_i 后，在输出端便可得到一个幅度被放大了的输出信号 U_o，且 U_o 与 U_i 相位相反。

2. 静态工作点

在图 3.7 所示电路中，当流过偏置电阻 R_{B1} 和 R_{B2} 的电流远大于晶体管 T 的基极电流 I_B 时(一般是 I_B 的 5～10 倍)，它的静态工作点可用下式估算。

$$U_B \approx \frac{R_{B1}}{R_{B1}+R_{B2}} U_{CC} \tag{3-2}$$

$$I_E \approx \frac{U_B - U_{BE}}{R_E + R_{F1}} \approx I_C \tag{3-3}$$

$$U_{CE} = U_{CC} - I_C (R_C + R_E + R_{F1}) \tag{3-4}$$

3. 静态工作点的测量与调整

1) 静态工作点的测量

测量放大器的静态工作点，应在输入信号 $u_i=0$ 的情况下进行，即将放大器输入端与地端短接，然后选用量程合适的直流毫安表和直流电压表，分别测量晶体管的集电极电流 I_C及各电极对地的电位 U_B、U_C和 U_E。在工程和实验中，一般不测量 I_B。同时，为了避免断开电路，通常采用测量电压 U_E或 U_C，然后计算出 I_C的方法。例如，只要测出 U_E，即可用 $I_C\approx I_E=\frac{U_E}{R_{E总}}$算出 I_C(也可根据 $I_C=\frac{U_{CC}-U_C}{R_C}$，由 U_C确定 I_C)，同时也能算出 $U_{BE}=U_B-U_E$，$U_{CE}=U_C-U_E$。

为了减小误差，提高测量精度，应选用内阻较高的直流电压表。

2) 静态工作点的调整

放大器的静态工作点与电路参数 U_{CC}、R_C、R_{B1}、R_{B2}、R_E、R_{F1}有关，静态工作点是否合适，对放大器的性能和输出波形都有很大影响。若工作点偏高，放大器在加入交流信号以后容易产生饱和失真，此时 u_o的负半周将被削底，如图 3.8(a)所示；若工作点偏低，则可能产生截止失真，即 u_o的正半周被缩顶(截止失真不如饱和失真明显)，如图 3.8(b)所示。

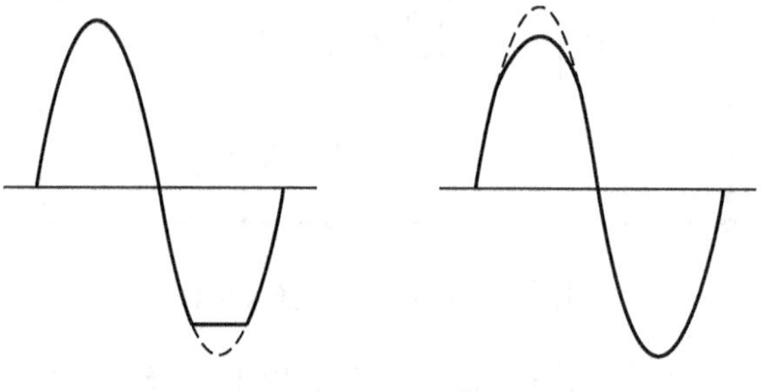

(a)　　(b)

图 3.8　静态工作点对 u_o 波形失真的影响

放大器要正常工作，既不能出现截止失真，也不允许出现饱和失真。所以在静态工作点选定以后还必须进行动态调试，即在放大器的输入端加入一定的输入电压 u_i，检查输出电压 u_o的大小和波形是否满足要求。如不满足，则应调节静态工作点的位置。

静态工作点的调整就是对晶体管集电极电流 I_C(或 U_{CE})的调整。改变 U_{CC}、R_C、R_{B1}、R_{B2}、R_E、R_{F1}等电路参数，都会引起静态工作点的变化，如图 3.9 所示。通常采用调节偏置电阻 R_{B2}的方法来改变静态工作点。实验中，调节图 3.7 电路中的 R_W即可使静态工作点改变。

工作点“偏高”或“偏低”是相对输入交流信号的幅度而言的，如果输入信号幅度很小，即使工作点较高或较低也不一定会出现失真。实际上，产生波形失真是信号幅度与静态工作点配合不当引起的。如果要满足较大信号幅度的要求，静态工作点应尽量靠近交流负载线的中点。

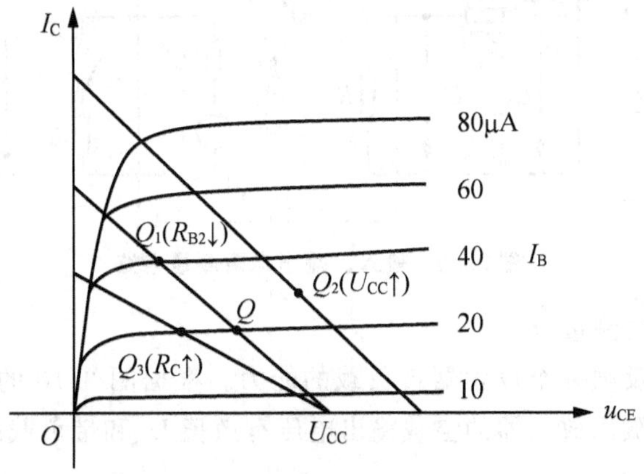

图 3.9 电路参数对静态工作点的影响

4. 放大器的动态指标

电压放大倍数为

$$A_V=-\beta\frac{R_C /\!/ R_L}{r_{be}+(1+\beta)R_{F1}} \tag{3-5}$$

输入电阻为

$$R_i=R_{B1} /\!/ R_{B2} /\!/ [r_{be}+(1+\beta)R_{F1}] \tag{3-6}$$

输出电阻为

$$R_o \approx R_C \tag{3-7}$$

5. 放大器动态指标的测量

放大器动态指标包括电压放大倍数、输入电阻、输出电阻、最大不失真输出电压和通频带等。

1）测量电压放大倍数 A_V

调整好静态工作点以后，在放大器的输入端加入交流电压 u_i，在输出电压 u_o不失真的情况下，用交流毫伏表测出 u_i和 u_o的有效值 U_i和 U_o，则可计算出电压幅度倍数为

$$A_V=\frac{U_o}{U_i} \tag{3-8}$$

2）输入电阻 R_i的测量

为了测量放大器的输入电阻，将放大器等效为图 3.10 所示的形式，在被测放大器的输入端与信号源之间串入已知电阻 R，在放大器正常工作的情况下，用交流毫伏表分别测出信号源电压有效值 U_S和输入电压有效值 U_i，可以计算出输入电阻为

$$R_i=\frac{U_i}{I_i}=\frac{U_i}{\frac{U_R}{R}}=\frac{U_i}{U_S-U_i}R \tag{3-9}$$

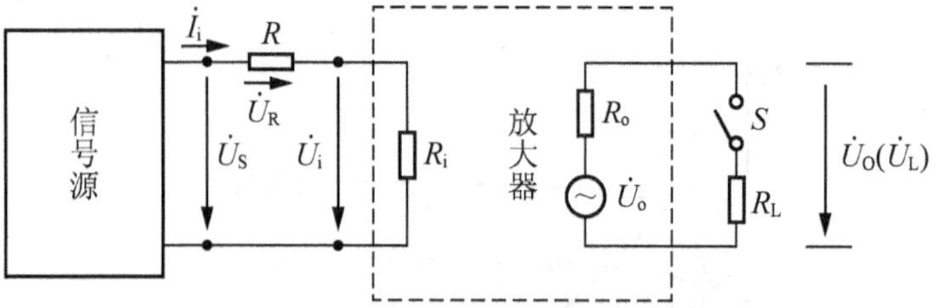

图 3.10　输入、输出电阻测量电路

3）输出电阻 R_o 的测量

输出电阻的大小反映一个放大器带负载的能力。根据图 3.10 的等效电路，在放大器正常工作的条件下，测出放大器的空载输出电压有效值 U_o 和带负载的输出电压 U_L，根据公式

$$U_L = \frac{R_L}{R_o + R_L} U_o \tag{3-10}$$

即可求出输出电阻为

$$R_o = \left(\frac{U_o}{U_L} - 1\right) R_L \tag{3-11}$$

在测试中，R_L 接入前后输入信号的大小必须保持不变。

4）最大不失真输出电压 U_{oPP}（最大动态范围）的测量

最大不失真输出电压是放大电路输出电压峰-峰值能够达到的最大限度，是衡量放大电路动态范围的主要指标。为了得到最大动态范围，应将静态工作点调在交流负载线的中点处。

测量方法是，在放大器正常工作的情况下，逐步增大输入信号的幅度，同时调节 R_W 以改变静态工作点。用示波器观察 u_o，当输出波形同时出现如图 3.11 所示的削底和缩顶现象时，说明静态工作点已调在交流负载线的中点处。然后反复调整输入信号，使波形输出幅度最大，且无明显失真。此时，可用示波器直接读出 U_{oPP}，也可用交流毫伏表测出输出电压的有效值，再换算出峰-峰值。

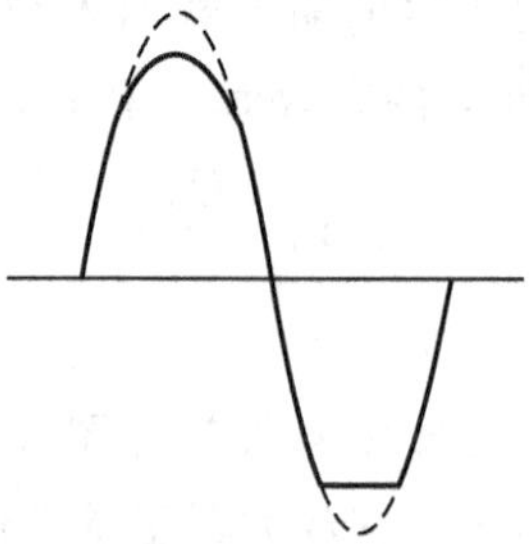

图 3.11　静态工作点最佳而输入信号太大引起的失真

5）放大器幅频特性的测量

放大器的幅频特性是指放大器的电压放大倍数 A_V 与输入信号频率 f 之间的关系曲线，

分为幅频特性和相频特性。

单管阻容耦合放大电路的幅频特性曲线如图 3.12 所示，A_{Vm}为中频电压放大倍数。通常规定，电压放大倍数随频率变化下降到 $0.707A_{Vm}$时所对应的频率分别为下限频率 f_L和上限频率 f_H，则通频带为

$$f_{BW}=f_H-f_L \tag{3-12}$$

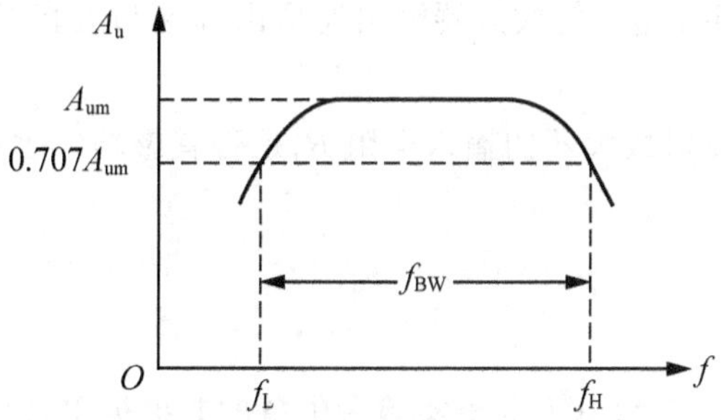

图 3.12 幅频特性曲线

测量放大电路的幅率特性就是测量不同频率信号时的电压放大倍数 A_V。可采用前述 A_V的测量方法，分别输入不同的信号频率，一一测量其相应的电压放大倍数。测量时选取的频率点要恰当，在低频段与高频段应多选取几点，中频段可以少测几点。而且应保证改变频率时，输入信号的幅度不能变，输出波形不能失真。

3.2.3 实验设备与器件

(1) +12V 直流稳压电源。
(2) 函数信号发生器。
(3) 双踪示波器。
(4) 交流毫伏表。
(5) 数字万用表。
(6) 数字频率计。
(7) 晶体管 3DG6×1(β=50～100)或 9011×1(管脚排列如图 3.13 所示)。
(8) 电阻器、电容器各若干。

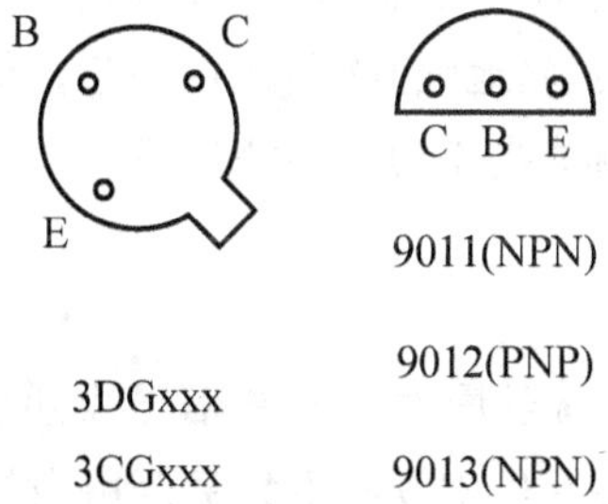

图 3.13 几种晶体管的管脚排列

3.2.4 预习要求

(1) 假设图 3.7 电路中 3DG6 的 $\beta=100$，$R_{B1}=20k\Omega$，$R_{B2}=60k\Omega$，$R_C=2.4k\Omega$，$R_L=2.4k\Omega$，估算放大器的静态工作点、电压放大倍数 A_V、输入电阻 R_i和输出电阻 R_o。

(2) 思考测量 R_{B2}阻值的方法。

(3) 当调节偏置电阻 R_{B2}，使放大器输出波形出现饱和失真或截止失真时，晶体管的管压降 U_{CE}会如何变化?

(4) 改变静态工作点对放大器的输入电阻 R_i是否有影响? 改变外接电阻 R_L对输出电阻 R_o是否有影响?

3.2.5 实验内容

图 3.14 所示为 DGJ－1 型电工电子实验台配备的共射极单管放大器与带有负反馈的两级放大器共用实验模块。如将 S_1、S_2断开，则前级(Ⅰ)为典型电阻分压式单管放大器；如将 S_1、S_2接通，则前级(Ⅰ)与后级(Ⅱ)接通，组成带有电压串联负反馈的两级放大器。

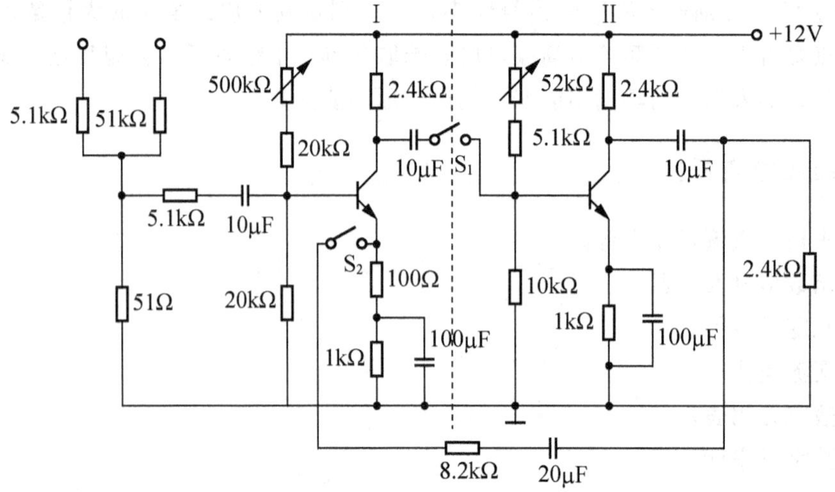

图 3.14 放大器共用实验模块

本实验可采用上述模块，电路参数如图 3.7 所示。各电子仪器按图 3.1 所示方式连接，为防止干扰，各仪器的公共端(地线)必须连在一起，信号发生器、交流毫伏表的引线尽量采用专用电缆，示波器的测试线使用专用测试线。

1. 调测静态工作点

接通直流电源前，先将 R_W调至最大，函数信号发生器电源关断。接通＋12V 电源、调节 R_W，使 $I_C=2.0mA$(即 $U_E=2.2V$)，用数字万用表的直流电压挡分别测量 U_B、U_E、U_C，用欧姆挡测量 R_{B2}，记入表 3－5 中。

表 3-5　静态工作点测试($I_C=2mA$)

测量值				计算值		
U_B/V	U_E/V	U_C/V	R_{B2}/kΩ	U_{BE}/V	U_{CE}/V	I_C/mA

2. 测量电压放大倍数

调节函数信号发生器，把其输出频率为 1kHz 的正弦信号 u_S，送到放大电路的 A 点，调节函数信号发生器的输出旋钮使放大电路的输入电压 $U_i \approx 10mV$，同时用示波器观测放大器输出电压 u_o的波形，保证其不失真。然后用交流毫伏表测量下述 3 种情况下的 U_o值，并用双踪示波器观察 u_o和 u_i的相位关系，记入表 3-6 中。

表 3-6　放大倍数测量($I_C=2.0mA$，$U_i=$____ mV)

R_C/kΩ	R_L/kΩ	U_o/V	A_V	记录一组 u_o和 u_i的波形
2.4	∞			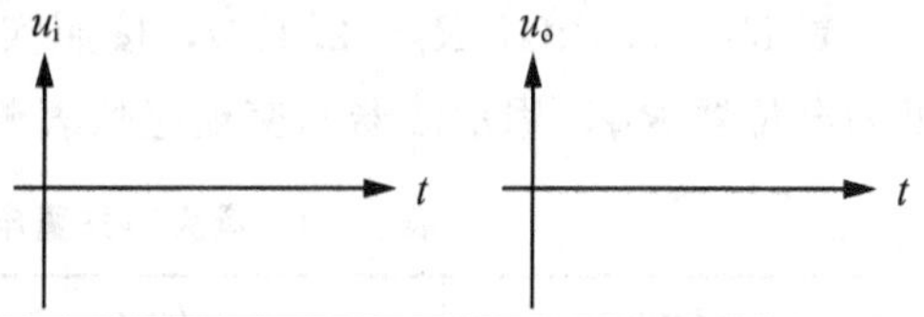
1.2	∞			
2.4	2.4			

3. 观测静态工作点对电压放大倍数的影响

将负载电阻 R_L开路，调节 R_W，用示波器监视输出电压的波形，在 u_o不失真的条件下，测量 U_i和数组 I_C和 U_o的值，记入表 3-7 中。

表 3-7　静态工作点对放大倍数的影响($R_C=2.4k\Omega$，$R_L=\infty$，$U_i=$____ mV)

I_C/mA			2.0		
U_o/V					
A_V					

表中，I_C为静态电流，每次测量 I_C时，都要先将信号源关断，使 $U_i=0$。

4. 观测静态工作点对输出波形失真的影响

将负载开路。首先调节 R_W使静态电流 $I_C=2.0mA$，测出 U_{CE}的值；其次输入信号 u_i，再逐步加大，使输出电压 u_o足够大但不失真；最后保持输入信号不变，分别增大和减小 R_W，使波形出现两种失真，绘出 u_o的波形，并分别测出两种失真情况下的 I_C和 U_{CE}值，记入表 3-8 中。注意，每次测 I_C和 U_{CE}的值时都要将信号源关断。

表 3-8　静态工作点对输出波形的影响($R_C=2.4k\Omega$，$R_L=\infty$，$U_i=$____ mV)

I_C/mA	U_{CE}/V	u_o的波形	失真情况
		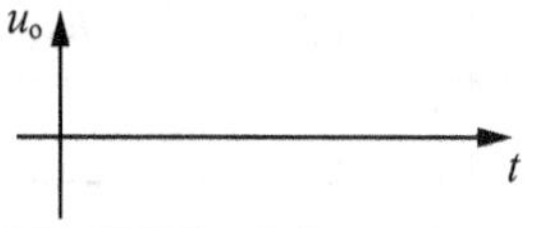	
2.0		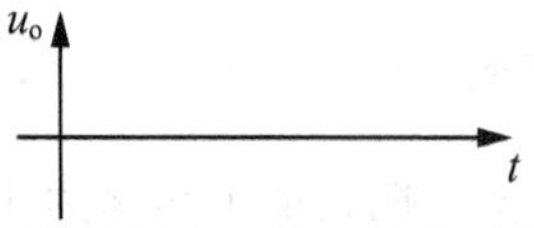	
		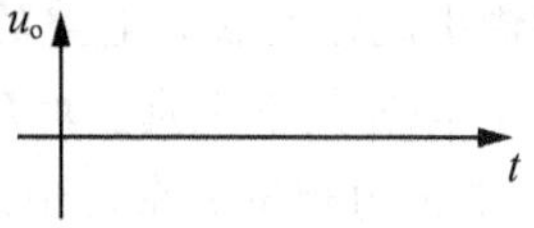	

5. 测量最大不失真输出电压

置$R_C=2.4k\Omega$，$R_L=2.4k\Omega$，按照实验原理中所述的方法，同时调节输入信号的幅度和电位器R_W，用示波器和交流毫伏表测量U_{oPP}及U_o的值，记入表 3-9 中。

表 3-9　最大不失真电压($R_C=2.4k\Omega$，$R_L=2.4k\Omega$)

I_C/mA	U_{im}/mV	U_{om}/V	U_{oPP}/V

*6. 测量输入电阻和输出电阻

置$R_C=2.4k\Omega$，$R_L=2.4k\Omega$，$I_C=2.0mA$。输入$f=1kHz$的正弦信号，在输出电压u_o不失真的情况下，用交流毫伏表测出U_S、U_i和U_L，记入表 3-10 中。

保持U_S不变，断开R_L，测量空载输出电压U_o，记入表 3-10 中。

表 3-10　输入电阻和输出电阻的测量($I_C=2mA$，$R_C=2.4k\Omega$，$R_L=2.4k\Omega$)

U_S/mV	U_i/mV	R_i/kΩ		U_L/V	U_o/V	R_o/kΩ	
		测量值	计算值			测量值	计算值

*7. 测量幅频特性曲线

调节静态电流$I_C=2.0mA$，置$R_C=2.4k\Omega$、$R_L=2.4k\Omega$。用示波器监视信号源的输出，保持输入信号u_i的幅度不变，改变信号源频率f，逐点测出相应的输出电压U_o，自拟表格记录。

说明：本实验内容较多，其中 6、7 项可作为选做内容。

3.2.6　故障现象及分析

本实验过程中可能出现的故障现象多种多样，大多由操作错误引起。故障现象及分析如表 3-11 所示。

表 3-11　故障现象及分析

故障现象	故障分析
静态工作点测不到(U_B、U_E、U_C都为零)	电路中的毫安表未接入，又没用短路线代替，或者电源的连接线断路，导致+12V 电源没有加到电路上
静态工作点调节不到要求的合适数值	晶体管损坏，更多的是测量方法不正确(测量晶体管的U_E应该使用万用表的直流电压挡)
偏置电阻R_{B2}的测量值与理论值相差太大	测量电阻时，带电测量；或者尽管已断电，但没有将R_{B2}从电路中断开，测得的是其与周围电路的并联电阻
信号输入后，示波器始终无波形显示	输入信号被断开(Y 通道输入耦合方式“接地”键已按下)，将“接地”键弹出即可；或者测试探头损坏
示波器波形不稳定	扫描方式或触发选择不正确，或触发电平调节不合适
放大器输出波形始终失真	电路的静态工作点调节不当，或输入的信号幅度太大，没按要求输入规定幅度的信号
放大器输出的波形不正常	正常的输出波形应该如图 3.4 所示，若示波器探头的地线断或地线没接，会出现如图 3.5 或图 3.6 所示的波形
放大倍数等实验数据不正确	测量点错误、读数错误或电路连接有误

3.2.7　对实验报告的要求

(1) 整理测量结果，并取一组实测的静态工作点、电压放大倍数、输入电阻、输出电阻数据与理论计算值进行比较，分析误差产生的原因。

(2) 总结R_C、R_L及静态工作点对放大器电压放大倍数、输入电阻、输出电阻的影响。

(3) 讨论静态工作点的变化对放大器输出波形的影响。

(4) 分析实验过程中出现的问题，说明解决办法。

3.3　射极输出器

3.3.1　实验目的

(1) 进一步学习放大器参数的测试方法。

(2) 掌握射极输出器的特性及测试方法。

(3) 了解射极输出器的应用。

3.3.2 实验原理

射极输出器是一个电压串联负反馈放大电路，其输出信号取自晶体管的发射极，具有输入电阻高、输出电阻低、输出电压能够在较大范围内跟随输入电压做线性变化，以及输入、输出信号同相位等特点。射极输出器的电压放大倍数接近于1，因而又称为射极跟随器。射极输出器的实验电路如图3.15所示。

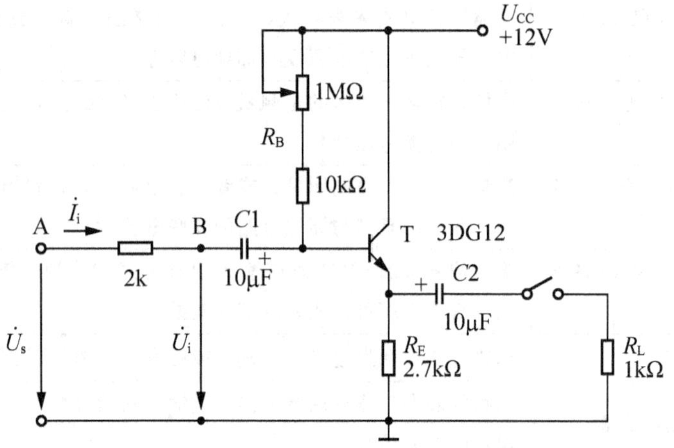

图3.15 射极输出器的实验电路

1. 静态工作点及其测量

在图3.15所示的电路中，静态工作点可用下列公式估算。

$$I_B \approx \frac{U_{CC}-U_{BE}}{R_B+(1+\beta)R_E} \tag{3-13}$$

$$I_E \approx I_C=(1+\beta)I_B \tag{3-14}$$

$$U_{CE}=U_{CC}-I_E R_E \tag{3-15}$$

在实验中，通常只测量射极输出器的 I_C 和 U_{CE}。可在静态时，用万用表测量晶体管各极的电压，然后用公式估算出 I_C 和 U_{CE}。

$$I_C \approx I_E=\frac{U_E}{R_E} \tag{3-16}$$

$$U_{CE}=U_C-U_E \tag{3-17}$$

2. 输入电阻 R_i 及其测量

考虑偏置电阻 R_B 和负载 R_L 的影响，实验电路的输入电阻为

$$R_i=R_B /\!/ [r_{be}+(1+\beta)(R_E /\!/ R_L)] \tag{3-18}$$

由式(3-18)可知，射极输出器的输入电阻 R_i 比共射极单管放大器的输入电阻 $R_i=R_B /\!/ r_{be}$ 要高得多，但由于偏置电阻 R_B 的分流作用，输入电阻难以进一步提高。

实验中，输入电阻的测试方法与共射极单管放大电路相同。只要测得 A、B 两点的对地电位即可计算出 R_i。

$$R_i=\frac{U_i}{I_i}=\frac{U_i}{U_s-U_i}R \tag{3-19}$$

3. 输出电阻 R_o 及其测量

考虑信号源内阻 R_S，输出电阻为

$$R_o=\frac{r_{be}+(R_S/\!/R_B)}{1+\beta}/\!/R_E\approx\frac{r_{be}+(R_S/\!/R_B)}{\beta} \tag{3-20}$$

由式(3-20)可知，射极输出器的输出电阻 R_o 比共射极单管放大器的输出电阻 $R_o\approx R_C$ 低得多。晶体管的 β 越高，则输出电阻越小。

输出电阻 R_o 的测试方法也与共射极单管放大电路相同。先测出空载输出电压 U_o，再测接入负载 R_L 后的输出电压 U_L，即可求出 R_o 为

$$R_o=(\frac{U_o}{U_L}-1)R_L \tag{3-21}$$

4. 电压放大倍数及其测量

该实验电路的电压放大倍数为

$$A_V=\frac{(1+\beta)(R_E/\!/R_L)}{r_{be}+(1+\beta)(R_E/\!/R_L)}\leqslant 1$$

显然，射极输出器的电压放大倍数接近于 1 但小于 1，输出电压与输入电压同相位，这是深度电压负反馈的结果。由于它的发射极电流仍比基极电流大(1+β)倍，所以它具有一定的电流和功率放大作用。

实验中，可通过测量射极输出器输入电压和输出电压的有效值，计算得到电压放大倍数。

5. 电压跟随范围

电压跟随范围是指射极输出器的输出电压 u_o 跟随输入电压 u_i 做线性变化的区域。当 u_i 超过一定范围时，u_o 便不能跟随 u_i 做线性变化，u_o 的波形就产生失真。为了充分利用电压跟随范围，射极输出器的静态工作点应选在交流负载线的中点。

测量时，可将输入电压由小逐渐增大，同时用示波器监视，在 u_o 的波形不失真的情况下，读取 u_o 的峰-峰值，即为电压跟随范围 U_{oPP}；也可用交流毫伏表读取 u_o 的有效值，再换算成峰-峰值 U_{oPP}。

3.3.3 实验设备与器件

(1) +12V 直流电源。

(2) 函数信号发生器。

（3）双踪示波器。

（4）交流毫伏表。

（5）数字万用表。

（6）数字频率计。

（7）晶体管 3DG12×1($\beta=50\sim100$)或 9013，电阻器、电容器各若干。

3.3.4 预习要求

（1）复习射极输出器的工作原理，掌握其性能特点。

（2）复习放大电路的静态工作点、放大倍数、输入电阻、输出电阻和最大不失真输出电压的测量方法。

3.3.5 实验内容

1. 静态工作点的调整

实验电路如图 3.15 所示。接通+12V 直流电源，在 A 点加入 $f=1\text{kHz}$ 正弦信号 u_o，输出端用示波器监视输出波形，反复调整 R_W 及信号源的输出幅度，使在示波器的屏幕上得到一个最大不失真输出波形，然后置 $u_i=0$(关断信号发生器，同时将射极输出器的输入端对地短路)，测量晶体管各极对地的电压，将测得数据记入表 3-12 中。

表 3-12　静态工作点的测量

U_E/V	U_B/V	U_C/V	I_E/mA	U_{CE}/V

在后面所有的测试过程中应保持 R_W 的值不变(即保持静工作点 I_E 不变)。

2. 测量电压放大倍数 A_V

接入负载 $R_L=1\text{k}\Omega$，并将射极输出器输入端短路线断开，在 A 点输入频率为 1kHz 正弦信号 u_S，调节信号发生器的幅度旋钮，用示波器观察输出波形 u_o，在输出最大且不失真的情况下，用交流毫伏表测量 B 点的 U_i 值及负载端 U_L 的值，记入表 3-13 中。

表 3-13　电压放大倍数的测量

U_i/V	U_L/V	A_V

3. 测量输出电阻 R_o

在 A 点加入 $f=1\text{kHz}$ 的正弦信号 u_S，用示波器监视输出波形，分别测量空载输出电

压 U_o 和有负载($R_L=1k\Omega$)时的输出电压 U_L，记入表 3－14 中，计算输出电阻。

表 3－14 输出电阻的测量

U_0/V	U_L/V	R_o/kΩ

4. 测量输入电阻 R_i

在 A 点加入 $f=1kHz$ 的正弦信号 u_S，用示波器监视输出波形，用交流毫伏表分别测出 A、B 点的电压有效值 U_S、U_i，记入表 3－15 中。

表 3－15 输入电阻的测量

U_S/V	U_i/V	R_i/kΩ

5. 测试跟随特性

接入负载 $R_L=1k\Omega$，在 A 点加入 $f=1kHz$ 的正弦信号 u_S，逐渐增大信号幅度，用示波器监视输出波形，直至输出波形达最大且不失真，测量 U_i 及对应的 U_L 值，记入表 3－16 中。

表 3－16 跟随特性的测试

U_i/V	
U_L/V	

6. 测试频率响应特性

保持输入信号 u_i 的幅度不变，改变信号源频率，用示波器监视输出波形，用交流毫伏表测量不同频率下的输出电压 U_L 值，记入表 3－17 中。

表 3－17 频率响应特性的测试

f/kHz	
U_L/V	

3.3.6 故障现象及分析

本实验过程中常见的故障现象及分析如表 3－18 所示。

表 3-18　射极输出器的实验故障现象及分析

故障现象	故障分析
静态工作点无法调整	电位器 R_W 损坏或晶体管损坏
信号输入后，示波器始终无波形显示	输入信号被断开(Y 通道输入耦合方式“接地”键已按下)，将“接地”键弹出即可；或者测试探头损坏
示波器波形不稳定	扫描方式或触发选择不正确，或触发“电平”调节不合适
放大倍数不正常	测量方法不正确，如用万用表的交流电压挡测量误差较大；或测量点错误
输出波形始终不失真	信号发生器输入到射极输出器的信号幅度太小
最大不失真信号幅度太小	电路的静态工作点调整不当，没有调节到交流负载线的中点
放大器输出的波形不干净	信号输入点错误，如从电路的 B 点输入信号，可能会引起电路高频自激，导致波形不正常

3.3.7　对实验报告的要求

(1) 整理实验数据，并画出 $U_L=f(U_i)$ 及 $U_L=f(f)$ 曲线。

(2) 分析射极输出器的性能和特点。

3.4　场效应管放大器

3.4.1　实验目的

(1) 掌握结型场效应管放大电路的特点。

(2) 掌握结型场效应管放大电路静态参数和动态参数的测试方法。

3.4.2　实验原理

场效应管按结构可分为结型和绝缘栅两种类型。场效应管是一种电压控制型器件，在其工作的放大区，漏极电流的大小受栅源电压的控制。由于场效应管栅源之间绝缘或反向偏置，栅极电流极小，所以输入电阻很高(一般可达上百兆欧)；又由于场效应管靠多数载流子导电，是单极型器件，因此噪声小、热稳定性好，加之制造工艺较简单，便于大规模集成，因此得到越来越广泛的应用。

1. 场效应管放大器实验电路

图 3.16 为结型场效应管共源极放大电路，是一种分压式自偏压放大电路。漏极电源 U_{DD} 经分压电阻 R_{g2}、R_{g1} 分压后，通过电阻 R_G 供给栅极电压 U_G，同时漏极电流在源极电阻 R_S 上产生压降 U_S，引起深度直流负反馈。因此，电路稳定性很好。

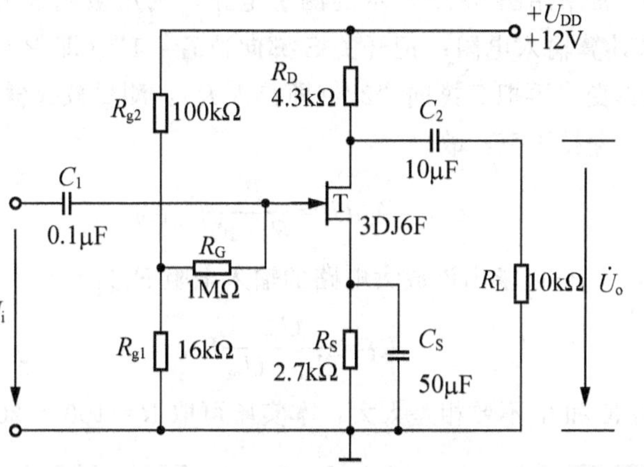

图 3.16 结型场效应管共源极放大器

2. 静态工作点及其测量

图 3.16 所示电路的静态工作点为

$$U_{GS}=U_G-U_S=\frac{R_{g1}}{R_{g1}+R_{g2}}U_{DD}-I_DR_S \tag{3-22}$$

$$I_D=I_{DSS}(1-\frac{U_{GS}}{U_P})^2 \tag{3-23}$$

实验中，可在静态($u_i=0$，电路输入端对地短路)时测量场效应管的各极对地电压，然后计算出静态工作点的各个参数。

$$U_{GS}=U_G-U_S \tag{3-24}$$

$$I_D=\frac{U_{DD}-U_D}{R_D} \tag{3-25}$$

$$U_{DS}=U_D-U_S \tag{3-26}$$

3. 放大电路的动态性能及测试

1) 电压放大倍数

电压放大倍数为

$$A_V=-g_mR_L'=-g_m(R_D/\!/R_L) \tag{3-27}$$

实验中可直接测量输出电压和输入电压的有效值，计算求出 A_V。

2) 输入电阻

输入电阻为

$$R_i=R_G+(R_{g1}/\!/R_{g2}) \tag{3-28}$$

实验中，可采用 3.2 和 3.3 节介绍的输入电阻测量方法，但由于场效应管的输入电阻很大，限于测量仪器的输入电阻有限，直接测量输入电压 U_S 和 U_i，必然会带来较大的误差。

为了减小误差，常采用图3.17所示的测量电路，利用被测放大器的隔离作用，通过测量输出电压U_o来计算输入电阻。把开关S掷向位置“1”（即$R=0$），测量放大器输出电压U_{o1}；保持U_S不变，再把S掷向“2”（即接入R），测量放大器的输出电压U_{o2}。由于两次测量中A_V和U_S保持不变，故

$$U_{o2}=A_V U_i=\frac{R_i}{R+R_i}U_S A_V \tag{3-29}$$

因为$U_{o1}=A_V U_S$，可以求出该放大电路的输入电阻R_i为

$$R_i=\frac{U_{o2}}{U_{o1}-U_{o2}}R \tag{3-30}$$

式(3-30)中的R和R_i不要相差太大，本实验可取$R=100\sim200\text{k}\Omega$。

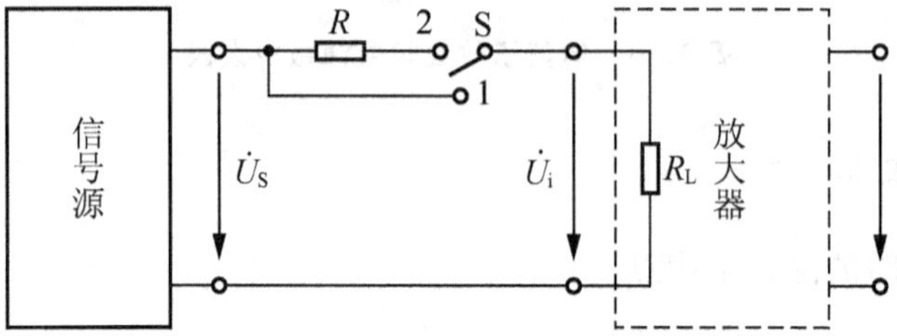

图3.17 输入电阻测量电路

3）输出电阻

该电路的输出电阻为$R_o \approx R_D$。

实验中，可参考3.2和3.3节关于输出电阻的测量方法，通过分别测量空载电压和有载电压的有效值，然后计算得到放大电路的输出电阻。

3.4.3 实验设备与器件

(1) +12V直流稳压电源。

(2) 函数信号发生器。

(3) 双踪示波器。

(4) 交流毫伏表。

(5) 数字万用表。

(6) 结型场效应管3DJ6F×1，电阻器、电容器若干。

3.4.4 预习要求

(1) 复习场效应管的工作原理。

(2) 思考问题：场效应管放大电路输入回路的电容C_1为什么可以取得小一些(可以取$C_1=0.1\mu\text{F}$)，而晶体管放大电路中的输入耦合电容却要大很多？

(3) 在测量场效应管放大电路静态工作电压U_{GS}时，能否用直流电压表直接并在G、S两端测量？测量场效应管放大电路输入电阻时为什么要用测量输出电压的方法？

3.4.5 实验内容

1. 静态工作点的调整与测量

按图 3.16 连接实验电路，接通＋12V 电源，在放大器的输入端加入 $f=1\text{kHz}$、$U_i=50\text{mV}$ 的正弦信号，用示波器观测输出电压 u_o的波形。如果输出波形不失真，或者出现失真，但波形底部和顶部失真程度相同，说明电路的静态工作点合适，否则，重新调整 R_{g2}，必要时还需要调整 R_S的元件值，使电路的静态工作点合适。

然后令 $u_i=0$，用万用表的直流电压挡测量静态参数 U_G、U_S和 U_D，把结果记入表 3－19 中，并进行必要的计算。

表 3－19 静态工作点的测量

测量值						计算值		
U_G/V	U_S/V	U_D/V	U_{DS}/V	U_{GS}/V	I_D/mA	U_{DS}/V	U_G/V	I_D/mA

2. 电压放大倍数 A_V、输入电阻 R_i和输出电阻 R_o的测量

1) A_V和 R_o的测量

在放大器的输入端加入 $f=1\text{kHz}$ 的正弦信号 U_i(≈50～100mV)，并用示波器监视输出电压 u_o的波形。在输出电压没有失真的条件下，用交流毫伏表分别测量 $R_L=\infty$和 $R_L=10\text{k}\Omega$ 时的输出电压 U_o(注意：保持 U_i的幅值不变)，记入表 3－20 中，计算电压放大倍数和输出电阻的值。用示波器同时观察 u_i和 u_o的波形，定性描绘出来并分析它们的相位关系。

表 3－20 放大倍数和输出电阻的测量

测量值					计算值		u_i和 u_o波形
	U_i /V	U_o /V	A_V	R_o /kΩ	A_V	R_o /kΩ	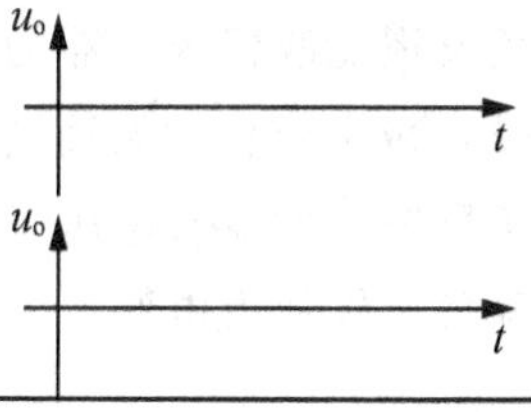
$R_L=\infty$							
$R_L=10\text{k}\Omega$							

2) R_i的测量

按图 3.17 改接实验电路，选择合适大小的输入电压 U_S(50～100mV)，将开关 S 掷向"1"，测出 $R=0$ 时的输出电压 U_{o1}，然后将开关掷向"2"(接入 R)，保持 U_S不变，再测出 U_{o2}，根据式(3－30)求出 R_i，记入表 3－21 中，与式(3－28)的理论计算值进行比较。

表 3-21 输入电阻的测量

测量值			理论计算值
U_{o1}/V	U_{o2}/V	R_i/kΩ	R_i/kΩ

3.4.6 对实验报告的要求

(1) 整理实验数据，将测得的 A_V、R_i、R_o和理论计算值进行比较。

(2) 将场效应管放大器与晶体管放大器进行比较，总结场效应管放大器的特点。

(3) 分析实验中出现的问题，总结实验收获。

3.5 负反馈放大器

3.5.1 实验目的

(1) 学习负反馈放大器性能指标的测试方法。

(2) 研究负反馈对放大器各项性能指标的影响。

(3) 加深对负反馈放大器工作原理的理解。

3.5.2 实验原理

1. 负反馈的概念

反馈是把电路输出量的部分或全部通过反馈网络，以一定的连接方式送回输入端，并与输入量进行比较，产生误差信号，以控制电路，使电路的某些性能得到改善。

反馈有正反馈和负反馈之分，正反馈一般用于振荡电路中，而负反馈常用于放大电路中。负反馈能改善放大器的多个动态指标，如稳定放大倍数，改变输入、输出电阻，展宽通频带，减小非线性失真等，但它也使放大器的放大倍数降低。

负反馈放大器有电压串联、电压并联、电流串联、电流并联 4 种组态。本实验研究电压串联负反馈放大电路。

2. 电压串联负反馈放大电路

图 3.18 为带有电压串联负反馈的两级阻容耦合式放大电路，两级电路均是电阻分压式共发射极放大电路，它们的静态工作点可分别由 R_{W1}、R_{W2}进行调整；R_f和 C_f构成反馈支路，把输出电压 u_o引回到输入端，加在晶体管 T_1的发射极上，在发射极电阻 R_{F1}上形成反馈电压 u_f。反馈类型为电压串联负反馈。

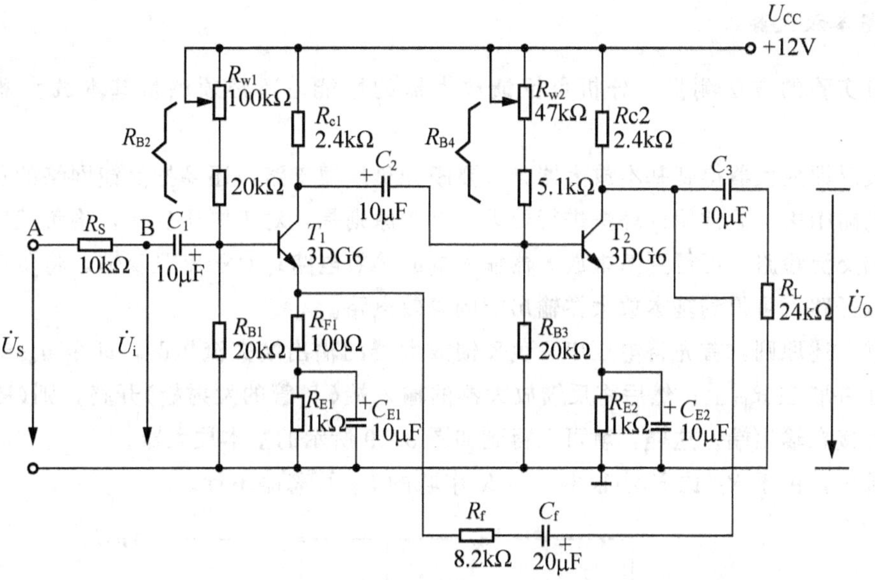

图 3.18 带有电压串联负反馈的两级阻容耦合式放大电路

电压串联负反馈会使放大电路的输入电阻增大，输出电阻减小。

1）闭环电压放大倍数

闭环电压放大倍数为

$$A_{Vf}=\frac{A_V}{1+A_VF_V} \tag{3-31}$$

式(3-31)中，$(1+A_VF_V)$是反馈深度，它的大小决定了负反馈对放大器性能改善的程度。$A_V=U_o/U_i$是无反馈的基本放大器的电压放大倍数，即开环电压放大倍数。

$F_V=\frac{R_{F1}}{R_f+R_{F1}}$，称为反馈系数。

由式(3-31)可见，负反馈的引入导致了放大器的电压放大倍数降低。

2）输入电阻

输入电阻为

$$R_{if}=(1+A_VF_V)R_i \tag{3-32}$$

式中，R_i为基本放大器的输入电阻。

由式(3-32)可见，负反馈的引入使放大电路的输入电阻增大。

3）输出电阻

输出电阻为

$$R_{of}=\frac{R_o}{1+A_{Vo}F_V} \tag{3-33}$$

式中，R_o为基本放大器的输出电阻；A_{Vo}为基本放大器空载($R_L=\infty$)时的电压放大倍数。

由式(3-33)可见，负反馈的引入使放大电路的输出电阻减小，提高了放大电路的带载能力。

3. 基本放大器

通过实验的方法测量、分析负反馈放大器的性能，还必须测量基本放大器的动态参数。

从负反馈放大器得到基本放大器，既要断开负反馈支路，还要把反馈网络的负载效应折合到电路中去，通常用拆环法进行处理。具体原则是，对于电压反馈，将负反馈放大器的输出端交流短路，可得到基本放大器输入端的等效电路；对于串联反馈，将负反馈放大器输入端开路，可得到基本放大器输出端的等效电路。

根据上述原则，首先将电压串联负反馈放大器的输出端交流短路，即令 $u_o=0$，此时 R_f相当于并联在 R_{F1}上；然后将反馈放大器的输入端(T_1管的发射极)开路，则(R_f+R_{F1})相当于并接在输出端。这样，就可以得到如图 3.19 所示的基本放大器。

实验中，由于 R_{F1}比 R_f小很多，与 R_f串联的 R_{F1}可忽略不计。

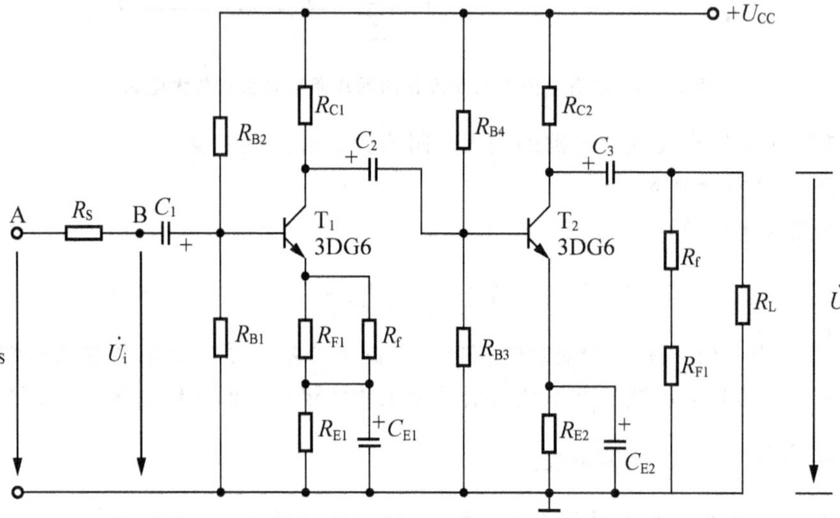

图 3.19　基本放大器

3.5.3　实验设备与器件

(1) +12V 直流电源。
(2) 函数信号发生器。
(3) 双踪示波器。
(4) 数字频率计。
(5) 交流毫伏表。
(6) 数字万用表。
(7) 晶体管 3DG6×2(β=50～100)或 9011×2，电阻器、电容器各若干。

3.5.4 预习要求

（1）复习负反馈放大器的工作原理。

（2）回顾放大电路的电压放大倍数、输入电阻、输出电阻等动态参数的测量方法。

3.5.5 实验内容

1. 调试并测量静态工作点

采用图 3.14 所示的实验模块，按图 3.18 配置电路参数，接通电源，置电路为静态。分别调节 R_{W1}、R_{W2}，使 I_{C1}约为 2mA、I_{C2}约为 2.5mA，用数字万用表直流电压挡分别测量两级放大器的静态工作点，记入表 3－22 中。

表 3－22 静态工作点的测量

	U_B/V	U_E/V	U_C/V	I_C/mA
第一级				
第二级				

2. 测试基本放大器的各项性能指标

将实验电路按图 3.19 改接，保持静态工作点的 R_{W1}、R_{W2}位置不变，把 R_f断开后分别并接在 R_{F1}和 R_L上，其他连接线路保持不动。

1）测量电压放大倍数 A_V、输入电阻 R_i和输出电阻 R。

（1）调节函数信号发生器，输出 f=1kHz、有效值U_S约 5mV 的正弦信号，送入基本放大器的 A 端。用示波器监视输出波形 u_o，在 u_o不失真的情况下，用交流毫伏表测量 U_S、U_i、U_L，分别记入表 3－23 中。

（2）保持 U_S不变，断开负载电阻 R_L，但 R_f不要断开。测量空载时的输出电压 U_o，记入表 3－23 中。

表 3－23 基本放大器和负反馈放大器的性能测试

基本放大器	U_S/mV	U_i/mV	U_L/V	U_O/V	A_V	R_i/kΩ	R_o/kΩ
负反馈放大器	U_S/mV	U_i/mV	U_L/V	U_o/V	A_{Vf}	R_{if}/kΩ	R_{of}/kΩ

参考 3.2 节和 3.3 节的相关内容，分别计算有载电压放大倍数($A_V=U_L/U_i$)、输入电阻和输出电阻。

2）测量通频带

以上述步骤(1)中测量的U_L为基准。接上负载电阻R_L，保持函数信号发生器的输出有效值U_S不变，然后分别增加和减小输入信号的频率，使基本放大器的输出电压有效值下降到$0.707U_L$，此时对应的信号频率分别是上限截止频率f_H和下限频率f_L，记入表3-24中。

3. 测试负反馈放大器的各项性能指标

将实验电路恢复为图3.18所示的负反馈放大电路。适当加大U_S的幅度(约10mV)，在输出波形不失真的条件下，用与基本放大器相同的方法测量负反馈放大器的U_S、U_i、U_L和U_o，计算有载时的$A_{Vf}(=U_L/U_i)$及R_{if}、R_{of}的值，记入表3-23中；然后测量f_{Hf}和f_{Lf}，记入表3-24中。

表3-24 通频带测量(kHz)

基本放大器	f_L	f_H	Δf
负反馈放大器	f_{Lf}	f_{Hf}	Δf_f

*4. 观测负反馈对非线性失真的改善

(1) 将实验电路改接成基本放大器形式，在输入端加入$f=1$kHz的正弦信号，输出端接示波器，逐渐增大输入信号的幅度，使输出波形开始出现失真，记下此时的波形和输出电压的幅度U_o。

(2) 将实验电路接成负反馈放大器形式，增大输入信号幅度，使输出电压的幅度与刚才基本放大器的U_o的测量值相同。比较有负反馈的条件下，输出波形失真的变化情况。

3.5.6 故障现象及分析

负反馈放大器的故障现象及分析如表3-25所示。

表3-25 负反馈放大器的故障现象及分析

故障现象	故障分析
第一级电路静态工作点测量不到(U_{B1}、U_{E1}、U_{C1}都为零)	第一级放大电路的电源没有加上，一般是电源连接线没接或断线，或实验模板的开关S_1断开
负载电阻上的电压波形太小	两级放大器之间的级联线断线或接触不良；或静态工作点调整不当，导致放大倍数太小
测量的基本放大器放大倍数太大	测量方法不正确，或计算有误(应该用U_L除以U_i得到)
信号输入后，示波器始终无波形显示	输入信号被断开(Y通道输入耦合方式“接地”键已按下)，将“接地”键弹出即可；或者测试探头损坏

续表

故障现象	故障分析
示波器波形不稳定	扫描方式或触发选择不正确，或触发电平调节不合适
输出波形失真	工作点调整不当；放大器输入的信号幅度太大，或信号输入点错误（应该从电路A点输入而不是B点）
示波器波形显示不正常	示波器测试线断开或探头地线断开，或系统没有共地

3.5.7 对实验报告的要求

（1）列表比较基本放大器和负反馈放大器动态参数的实测值，分析它们的关系是否符合理论。

（2）根据实验数据和结果，总结电压串联负反馈对放大器性能的影响。

3.5.8 思考题

（1）如果输入信号存在失真，能否用负反馈来改善？

（2）实验中如何判断放大器是否存在自激振荡？如何进行消振？

3.6 差动放大电路

3.6.1 实验目的

（1）加深对差动放大器性能及特点的理解。

（2）学会测量差动放大电路的差模电压增益、共模电压增益等主要性能指标的方法。

（3）了解典型差动放大电路与具有恒流源的差动放大电路的性能差别。

3.6.2 实验原理

差动放大器是一种能有效放大有用的差模信号，抑制共模信号和零点漂移的放大电路，在电子设备中应用广泛。集成运算放大器的输入级几乎都采用差动放大器。

1. 实验电路

图3.20是本实验采用的实验电路。它由两个元件参数相同的基本共射放大电路组成。当开关S拨向“a”侧时，构成典型的差动放大器。调零电位器R_P用来调节T_1、T_2管的静态工作点，使得当输入信号$U_i=0$时，双端输出电压$U_o=0$。R_E为两管共用的发射极电阻，它对差模信号无负反馈作用，因而不影响差模电压放大倍数，但对共模信号有较强的负反馈作用，可以有效地抑制零点漂移，稳定静态工作点。R_E越大，共模抑制比K_{CMR}越

高。差分对管 T_1、T_2是两个特性完全相同的晶体管。

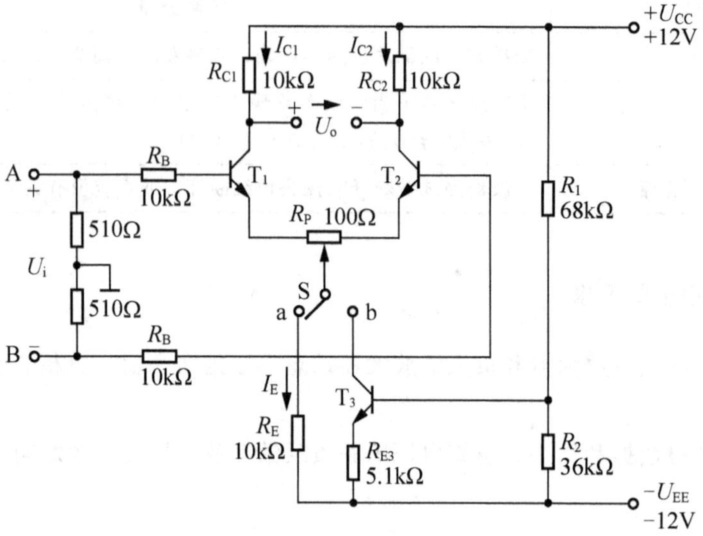

图 3.20 差动放大器的实验电路

当开关 S 拨向“b”侧时，构成具有恒流源的差动放大器。它用晶体管恒流源代替发射极电阻 R_E，可以进一步提高差动放大电路对共模信号的抑制能力。

2. 静态工作点的估算与测量

S 拨向“a”侧时，构成典型差动放大器，静态工作点主要由电流 I_E决定。

$$I_E \approx \frac{|U_{EE}|-U_{BE}}{R_E}(\text{前提是 } U_{B1}=U_{B2}\approx 0) \tag{3-34}$$

$$I_{C1}=I_{C2}=\frac{1}{2}I_E \tag{3-35}$$

S 拨向“b”侧时，构成恒流源差动放大器，静态工作点主要由电流 I_{C3}决定。

$$I_{C3}\approx I_{E3}\approx\frac{\dfrac{R_2}{R_1+R_2}(U_{CC}+|U_{EE}|)-U_{BE3}}{R_{E3}} \tag{3-36}$$

$$I_{C1}=I_{C2}=\frac{1}{2}I_{C3} \tag{3-37}$$

实验中，可在输入信号端 A、B 都接地的静态情况下，测量晶体管 T_1、T_2的各极对地电压，然后利用下述公式计算出静态工作点的各参数。

$$U_{BE}=U_B-U_E \tag{3-38}$$

$$U_{CE}=U_C-U_E \tag{3-39}$$

$$I_C=\frac{U_{CC}-U_C}{R_C} \tag{3-40}$$

$$I_{RE}=\frac{U_{RE}}{R_E}(\text{典型差动放大器}) \tag{3-41}$$

$$I_{C3} \approx I_{E3} = \frac{U_{RE3}}{R_{E3}}\text{(恒流源差动放大器)} \tag{3-42}$$

3. 差模电压放大倍数和共模电压放大倍数

1）差模电压放大倍数 A_d

当差分放大器 A、B 端输入大小相等极性相反的信号时，称为差模输入。对于恒流源差动放大器，或者当典型差动放大器的射极电阻 R_E足够大时，它们的差模电压放大倍数 A_d由输出端方式决定，而与输入方式无关。

考虑 $R_E = \infty$、R_P在中心位置时的情况，对于双端输出方式，有

$$A_d = \frac{u_o}{u_i} = -\frac{\beta R_C}{R_B + r_{be} + \frac{1}{2}(1+\beta)R_P} \tag{3-43}$$

对于单端输出，有

$$A_{d1} = \frac{u_{C1}}{u_i} = \frac{1}{2}A_d \tag{3-44}$$

$$A_{d2} = \frac{u_{C2}}{u_i} = -\frac{1}{2}A_d \tag{3-45}$$

2）共模电压放大倍数 A_C

当差动放大器 A、B 端输入大小相等极性相同的信号时，称为共模输入。若为单端输出，其共模电压放大倍数为

$$A_{C1} = A_{C2} = \frac{u_{C1}}{u_i} = \frac{-\beta R_C}{R_B + r_{be} + (1+\beta)\left(\frac{1}{2}R_P + 2R_E\right)} \approx -\frac{R_C}{2R_E} \tag{3-46}$$

若为双端输出，在理想情况下的共模电压放大倍数 $A_C = \frac{u_o}{u_i} = 0$。实际上由于元件特性不可能完全对称，因此 A_C不会绝对等于零。

4. 共模抑制比

对于差动放大器来说，差模信号是有用信号，而干扰和由于温度变化等因素引起的零点漂移都属于共模信号。在实际应用中，通常用共模抑制比 K_{CMR}来综合衡量差动放大器对有用信号的放大作用和对无用信号的抑制能力。

$$K_{CMR} = \left|\frac{A_d}{A_C}\right| \tag{3-47}$$

也可以表示出对数形式：

$$K_{CMR} = 20\log\left|\frac{A_d}{A_C}\right| \text{(dB)} \tag{3-48}$$

3.6.3 实验设备与器件

（1）±12V 直流电源。

(2) 函数信号发生器。
(3) 双踪示波器。
(4) 交流毫伏表。
(5) 数字万用表。
(6) 晶体管 3DG6×3(或 9011×3)，要求 T_1、T_2管特性参数一致。
(7) 电阻器、电容器各若干。

3.6.4 预习要求

(1) 复习差动放大器的有关内容，理解图 3.20 实验电路的工作原理。
(2) 思考实验中如何获得双端和单端输入差模信号，如何获得共模信号。

3.6.5 实验内容

1. 典型差动放大器的性能测试

按图 3.20 连接实验电路，开关 S 拨向“a”侧构成典型差动放大电路。

1) 静态工作点的调测

(1) 调节差动放大电路的零点。信号源不接入，将放大器输入端 A、B 对地短接，接通±12V 直流电源，用万用表直流电压挡测量输出电压 U_o，仔细调节调零电位器 R_P，使 $U_o=0$。

(2) 测量静态工作点。零点调好以后，用万用表直流电压挡测量 T_1、T_2管各极对地的电压及发射极电阻 R_E两端电压 U_{RE}，针对测量数据，利用式(3-38)～式(3-41)计算各静态参数，记入表 3-26 中。

表 3-26 差动放大电路静态工作点

测量值	U_{C1}/V	U_{B1}/V	U_{E1}/V	U_{C2}/V	U_{B2}/V	U_{E2}/V	U_{RE}/V
计算值	I_{C1}/mA	U_{BE1}/V	U_{CE1}/V	I_{C2}/mA	U_{BE2}/V	U_{CE2}/V	I_{RE}/mA

2) 测量差模电压放大倍数(只考虑单端输入形式)

断开差分放大器和函数信号发生器的电源，将差分放大器 B 输入端接地，改成单端输入方式；然后将函数信号发生器的输出端接到放大器的 A 输入端，信号发生器与实验电路共地。

接通仪器和实验电路的电源，调节函数信号发生器，输出频率 $f=1$kHz 的正弦信号，使信号发生器的输出幅度从零开始，并用示波器监视差动放大器的单端输出端(即晶体管 T_1或 T_2的集电极与地之间)；逐渐增大输入电压 U_i(至约 100mV)，在输出波形无失真的情况下，用交流毫伏表测 U_i、U_{C1}、U_{C2}的值，记入表 3-27 中，并观察 u_i、u_{C1}、u_{C2}之间的相位关系，以及 U_{RE}随 U_i改变而变化的情况。

3）测量共模电压放大倍数

将差分放大器输入端 A、B 短接，信号发生器的输出端接 A 端，信号发生器与差分放大器共地，构成共模输入方式。

调节函数信号发生器，输出频率为 1kHz 的正弦信号，用示波器监视晶体管 T_1或 T_2的集电极与地之间的单端输出信号波形，在输出波形无失真的情况下，用交流毫伏表测 U_i、U_{C1}、U_{C2}的值，记入表 3-27 中，并观察 u_i、u_{C1}、u_{C2}之间的相位关系，以及 U_{RE}随 U_i改变而变化的情况。

表 3-27　差模电压放大倍数、共模电压放大倍数测量

	典型差动放大器		恒流源差动放大器	
	单端输入	共模输入	单端输入	共模输入
U_i	100mV	1V	100mV	1V
U_{C1}/V				
U_{C2}/V				
$A_{d1}=\frac{U_{C1}}{U_i}$		/		/
$A_d=\frac{U_o}{U_i}$		/		/
$A_{C1}=\frac{U_{C1}}{U_i}$	/		/	
$A_C=\frac{U_o}{U_i}$	/		/	
$K_{CMR}=\left\|\frac{A_{d1}}{A_{C1}}\right\|$				

2. 恒流源差动放大器性能测试

将图 3.20 电路中的开关 S 拨向“b”侧，构成恒流源差动放大电路。参考典型差动放大器的测量方法，测量恒流源差动放大器的差模电压放大倍数和共模电压放大倍数，测量数据记入表 3-27 中，进行相关计算。

3.6.6　对实验报告的要求

（1）简述实验电路的工作原理。

（2）列表整理实验数据，比较实验结果和理论估算值，分析误差原因。

（3）根据实验结果，总结电阻 R_E和恒流源的作用。

3.7 集成运算放大器的基本应用

3.7.1 实验目的

(1) 加深理解集成运算放大器的性能和特点。

(2) 熟悉由集成运算放大器组成的比例、加法、减法和积分等基本运算电路的功能。

(3) 学习并掌握集成运算放大器的正确使用方法。

3.7.2 实验原理

1. 集成运算放大器的特点及应用

1) 集成运算放大器的特点与电路分析原则

集成运算放大器是一种具有高电压放大倍数的模拟集成电路，其内部由多级放大电路直接耦合级联而成，具有高增益、高输入阻抗、低输出阻抗等特点。在它的输出端和输入端之间加上不同的反馈网络，可以实现不同的电路功能。若反馈网络为线性电路，可实现比例、加法、减法、积分、微分等模拟运算功能；若反馈网络为非线性电路，可实现对数、反对数、乘法、除法等模拟运算功能。其也可以接成正反馈形式，组成正弦波、三角波、脉冲波等波形产生电路。

分析集成运算放大器的应用电路时，通常将运算放大器视为理想运算放大器。所谓理想运算放大器，就是将运算放大器的各项技术指标理想化，即无穷大的开环差模电压增益、无穷大的输入阻抗及零输出阻抗等。

集成运算放大器电路工作时，可以归结为理想运算放大器工作在线性区和非线性区两种情况。分析理想运算放大器工作在线性区时，要遵循“虚短路”和“虚断路”两个原则。“虚短路”即同相输入端电压与反相输入端电压相等($u_+=u_-$)；“虚断路”即流进运算放大器两个输入端的电流均为零($i_+=i_-=0$)。

理想运算放大器工作在非线性区时，仍满足“虚断路”特点，但输出电压与输入电压不再是线性关系，输出电压要么等于运算放大器的正向最大输出电压(接近正电源电压)，要么等于运算放大器的负向最大输出电压(接近负电源电压或零)。

2) 集成运算放大器的使用

图 3.21 是运算放大器的原理图图形符号，实际应用中，运算放大器的直流电源端通常不画出来，这属于一种约定俗成的画法，但不等于没有电源。图 3.22、图 3.23 分别是实验中常用的单运算放大器 μA741 和双运算放大器 TL072 的引脚排列。

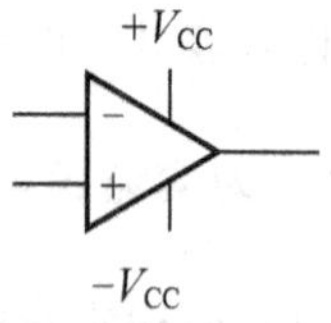

图 3.21 运算放大器的原理图图形符号

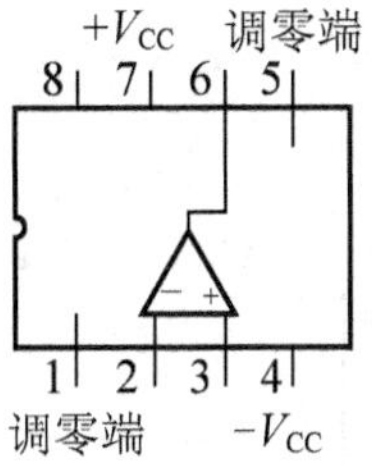

图 3.22 μA741 的引脚排列图

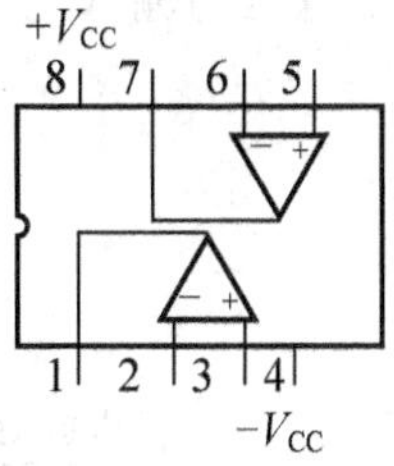

图 3.23 TL072 的引脚排列图

集成运算放大器在使用中，首先要正确连接电源。集成运算放大器都有两个电源连接端，大多数集成运算放大器要采用正、负双电源供电，也有少数可以使用单电源工作(如 LM324、LM358、MC3458、CA3140 等)，因此一定要从其技术手册中查明。

其次要进行调零，保证输出端的直流工作点合适(采用双电源工作时，输出端直流工作点的电压为 0V；单电源工作时，输出直流工作点电压为电源电压的一半)。图 3.24 就是单运算放大器 μA741 的调零电路。

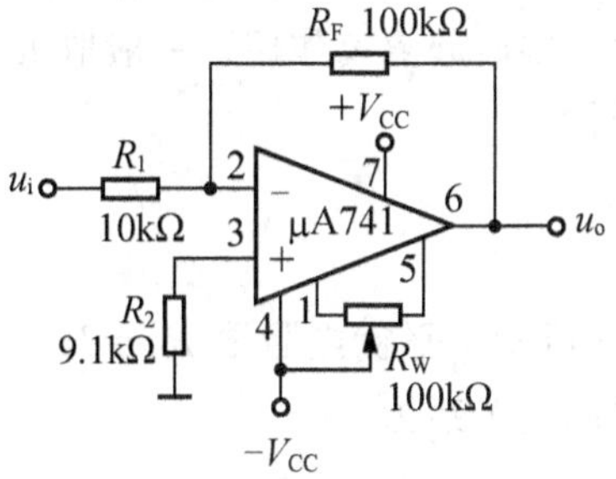

图 3.24 单运算放大器 μA741 的调零电路

通常单运算放大器集成电路会设有调零端子，但双运算放大器、四运算放大器一般不设调零端子，如图 3.22 和图 3.23 所示。不设调零端子的运算放大器其内部通常含有自动调零电路，一般不需要使用者再进行外部调零。

2. 反相比例放大器

图 3.24 所示电路是由运算放大器 μA741 构成的反相比例放大器。R_W 为调零电位器；R_2 是平衡电阻，用于减小输入级偏置电流引起的运算误差，其取值一般按照 $R_2 = R_1 /\!/ R_F$ 的原则选择。电路可以输入直流电压，也可以输入交流电压。

对于理想运算放大器，该电路的输出电压与输入电压之间的关系为

$$u_o = -\frac{R_F}{R_1} u_i \tag{3-49}$$

如果取 $R_F = R_1$，则电路成为放大倍数为 −1 的极性转换电路。

3. 同相比例放大器

图 3.25 是同相比例放大器，信号从运算放大器的同相端输入。R_2 是平衡电阻，一般

$R_2=R_1/\!/R_F$。其输出电压与输入电压之间的关系为

$$u_o=(1+\frac{R_F}{R_1})u_i \tag{3-50}$$

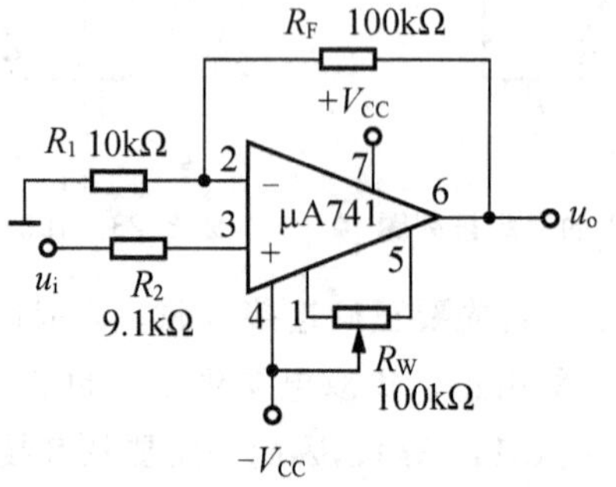

图 3.25 同相比例放大器

若将 R_1 开路，输出电压与输入电压相等。此时的同相比例放大器变为电压跟随器。由运算放大器构成的电压跟随器性能优于晶体管射极输出器，常设置在两级电路的中间，用于提高前级电路的带载能力，同时起隔离作用。一般取 $R_2=R_F=10\text{k}\Omega$，R_F 太小起不到隔离作用，太大则会影响跟随性。

4. 反相加法器

反相加法器电路如图 3.26 所示，平衡电阻取 $R_3=R_1/\!/R_2/\!/R_F$。根据电路中的元件参数，输出电压与输入电压之间的关系为

$$u_o=-(u_{i1}+u_{i2}) \tag{3-51}$$

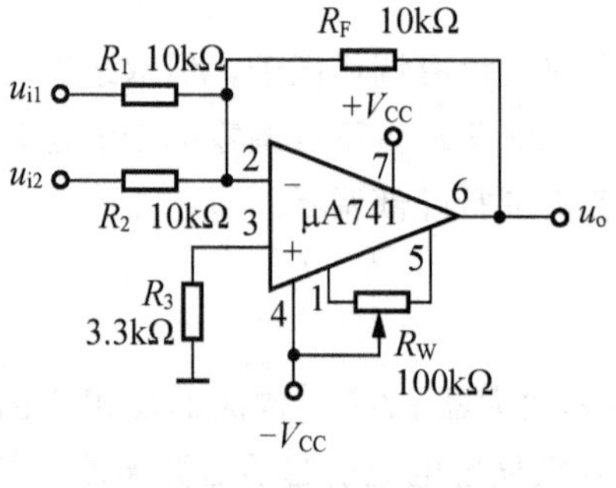

图 3.26 反相加法器电路

5. 减法器

对反相加法器电路稍做改动，把 u_{i2} 从运算放大器的同相端输入，就可得到图 3.27 所示的减法器电路，又称差动放大器。当 $R_1=R_2=R_3=R_F$ 时，根据“虚短路”和“虚断路”两个原则，可以推出如下关系式。

$$u_o=u_{i2}-u_{i1} \tag{3-52}$$

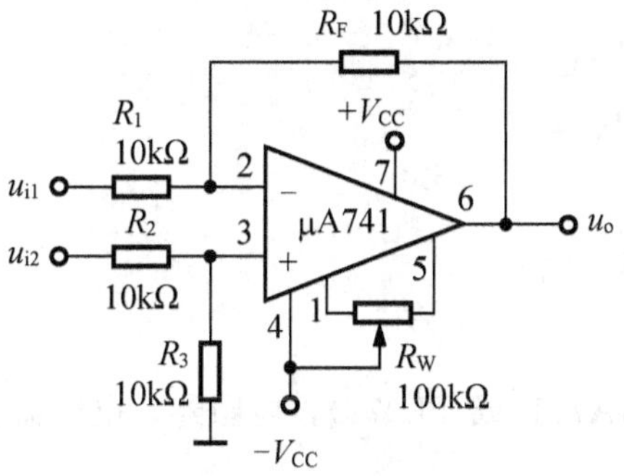

图 3.27 减法器电路

6. 积分电路

基本积分电路如图 3.28 所示。在理想化条件下，输出电压 u_o等于

$$u_o(t) = -\frac{1}{R_1C}\int_0^t u_i\mathrm{d}t + u_C(0) \tag{3-53}$$

式中，R_1C 为积分时间常数；$u_C(0)$是 $t=0$ 时电容 C 两端的电压值。若电容两端的初始电压为零，即电容已经放电完毕，则输出电压 u_o与输入电压 u_i的关系为

$$u_o(t) = -\frac{1}{R_1C}\int_0^t u_i(t)\mathrm{d}t \tag{3-54}$$

显然，输出电压 u_o与输入电压 u_i满足一种积分关系。

实验电路常采用图 3.29 所示的积分电路。进行积分变换之前，首先应对运算放大器调零。将开关 S_1 闭合，通过电阻 R_F的直流负反馈作用，帮助实现调零。完成调零后，将 S_1 打开，以免因 R_F的接入造成积分误差。S_2 的设置为给积分电容放电提供通路，以实现电容初始电压 $u_C(0)=0$；同时，可控制积分起始点，在加入信号 u_i后，只要 S_2 一打开，电容 C 就被充电，电路也就开始进行积分运算。

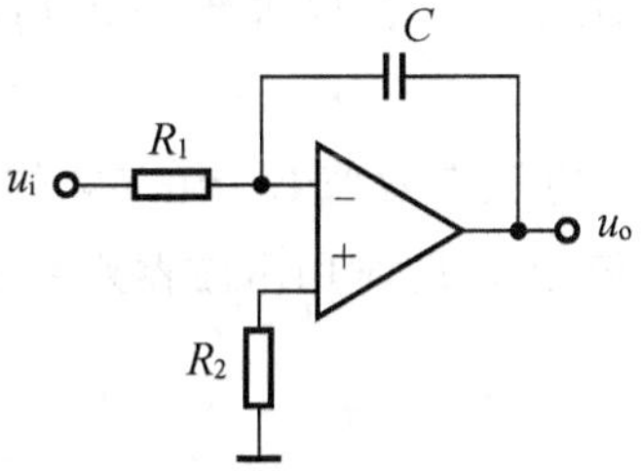

图 3.28 基本积分电路

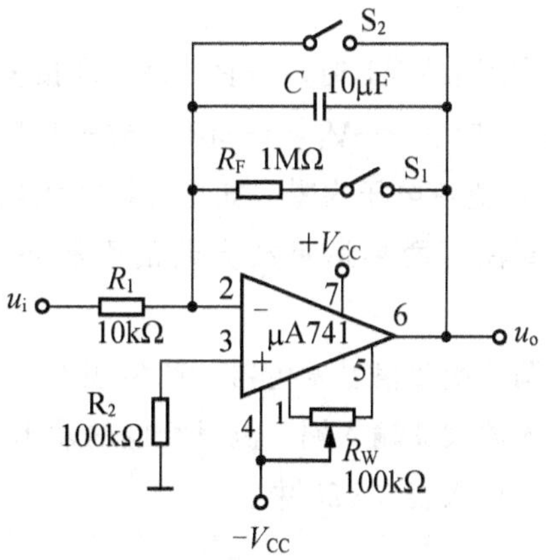

图 3.29 积分运算实验电路

3.7.3 实验设备与器件

(1) ±12V 直流电源。

(2) 函数信号发生器。

(3) 交流毫伏表。

(4) 数字万用表。

(5) 集成运算放大器 μA741(或 TL072)，电阻器、电容器各若干。

3.7.4 预习要求

(1) 复习集成运算放大器的工作原理，根据实验电路的参数计算各电路输出电压的理论值。

(2) 查阅集成电路手册，了解集成运算放大器 μA741 和 TL072 的性能参数，避免实验过程中因错误使用而损坏器件。

(3) 思考工作在线性范围内的集成运算放大器两个输入端的电位差是否可视为零？为什么？

(4) 思考若在积分电路输入端送入一方波信号，输出应是什么信号？画出相应的波形图。

3.7.5 实验内容

注意： 实验前要看清运算放大器集成电路各管脚的位置；切忌正、负电源极性接反，避免输出端短路，否则将会损坏集成块。实验过程中，实验电路、函数信号发生器、直流电源和示波器始终要“共地”。

1. 反相比例放大器

(1) 使用 μA741 时，按图 3.24 连接实验电路，采用正、负双电源供电，$+V_{CC}=+12V$(或+15V)，$-V_{CC}=-12V$(或-15V)，接通±12V 电源，输入端对地短路，调节 R_W 使输出端直流电压为零。如果运算放大器用 TL072 搭建电路，则不需要连接调零电位器，而且要注意两种运算放大器的引脚不同。完成调零后，将放大器输入端的短路线断开。

(2) 调节函数信号发生器，产生频率 $f=100Hz$、电压有效值 $U_i=0.5V$ 的正弦交流信号，送入放大器输入端，测量相应的输出电压有效值 U_o，同时用示波器观察 u_o 和 u_i 的相位关系，记入表 3-28 中。

表 3-28 反相比例放大器的测量($U_i=0.5V$，$f=100Hz$)

U_i/V	U_o/V	u_i的波形	u_o的波形	A_V	
				实测值	计算值

2. 同相比例放大器

按图 3.25 连接实验电路。实验步骤与反相比例放大器相同，将测量结果记入表 3-29 中。

表 3-29 同相比例放大器的测量($U_i=0.5V$，$f=100Hz$)

U_i/V	U_o/V	u_i的波形	u_o的波形	A_V	
				实测值	计算值

3. 反相加法器

(1) 按图 3.26 连接实验电路，首先进行调零，如果发生自激振荡，要检查电路，设法消除。

(2) 输入信号采用直流电压信号，可用图 3.30 所示的电路实现。实验时选择合适的直流电压幅度以确保运算放大器工作在线性区。用数字万用表直流电压挡测量输入电压 U_{i1}、U_{i2}及输出电压 U_o，记入表 3-30 中。分析是否符合理论。

表 3-30 反相加法器的测量

U_{i1}/V					
U_{i2}/V					
U_o/V					

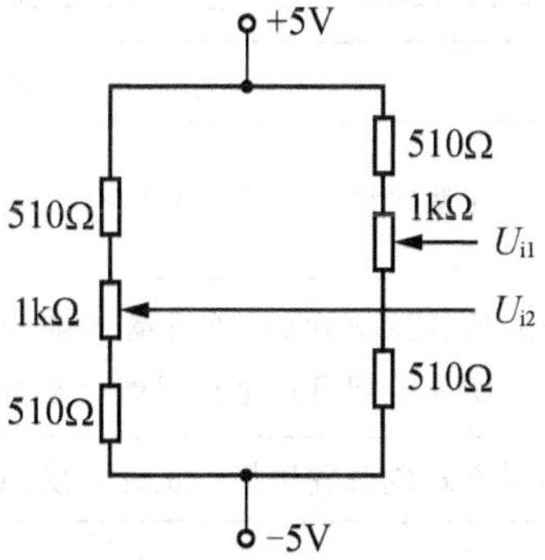

图 3.30 简易可调直流信号源

4. 减法器电路

(1) 按图 3.27 连接实验电路，首先进行调零，如果发生自激振荡，要检查电路，设法消除。

(2) 输入信号采用直流电压信号，测量方法和实验步骤与反相加法器相同，将测量结果记入表 3-31 中。

表 3-31 减法器电路的测量

U_{i1}/V					
U_{i2}/V					
U_o/V					

5. 积分电路

实验电路如图 3.29 所示。

(1) 打开 S_2，闭合 S_1，对运算放大器的输出进行调零。

(2) 调零完成后，再打开 S_1，闭合 S_2，给电容放电，使 $u_C(0)=0$。

(3) 预先调好直流输入电压 $U_i=0.5V$，接入实验电路，再打开 S_2，然后用数字万用表直流电压挡测量输出电压 U_o，每隔 5 秒读一次 U_o的值，记入表 3-32 中，直到 U_o不继续明显增大为止。

表 3-32 积分电路的测量

t/s	0	5	10	15	20	25	30	…
U_o/V								

3.7.6 故障现象及分析

集成运算放大器的基本应用故障现象及分析如表 3-33 所示。

表 3-33 集成运算放大器的基本应用故障现象及分析

故障现象	故障分析
反相电路或同相电路，运算放大器 μA741 无法调零	电路连接错误，或连接导线有断线，或运算放大器损坏
信号输入后，示波器始终无波形显示	输入信号被断开(Y 通道输入耦合方式“接地”键已按下)，将“接地”键弹出即可；也有可能示波器测试探头损坏
示波器波形不稳定	扫描方式或触发选择不正确，或触发电平调节不合适

续表

故障现象	故障分析
放大倍数与理论值不符	搭建电路时，用错元件参数值
放大器输出波形为方波	放大器输入的信号幅度太大；更有可能是反馈电阻开路或连接反馈电阻的导线断线使放大器成为开环工作，放大倍数很大
示波器波形显示不正常	示波器测试线断开或探头地线断开，或信号发生器、实验电路、示波器三者没有共地

3.7.7 对实验报告的要求

(1) 整理实验数据，画出波形图(注意波形间的相位关系)。

(2) 将理论计算结果和实测数据相比较，分析产生误差的原因。

(3) 分析讨论实验中出现的异常现象，说明解决的办法。

3.8 集成运算放大器的综合应用

3.8.1 实验目的

(1) 掌握电压比较器的电路构成及工作原理，学会测试比较器的方法。

(2) 学习用集成运算放大器构成方波和三角波信号发生器，初步掌握波形发生器的调整和主要指标的测试方法。

(3) 学会用运算放大器和阻容元件组成有源低通滤波器，熟悉有源滤波器幅频特性的测量方法。

3.8.2 实验原理

1. 电压比较器

电压比较器是一种常见的信号幅度处理电路，其基本功能是将一个模拟量电压信号和一个参考电压进行比较，输出高电平或低电平。由于集成运算放大器有高增益和非线性传输的特点，因此可以用来组成各类电压比较器。电压比较器在越限告警、波形变换、信号产生、A/D转换等领域都有广泛的应用。电压比较器的种类很多，常用的有过零比较器、滞回比较器、窗口比较器等。

集成运算放大器构成的电压比较器，是运算放大器的非线性应用，运算放大器的输出只有最大输出电压的正极限 U_{OH} 和负极限 U_{OL} 两个电压。U_{OH} 和 U_{OL} 分别接近于正、负电源电压。

图 3.31 所示电路是一种输出加限幅电路的过零比较器，信号从运算放大器的反相输

入端输入，同相端接地，即参考电压为零。R_2为限流电阻，用于保护运算放大器和二极管；D_Z为双向稳压二极管，其稳压值的大小为U_Z。

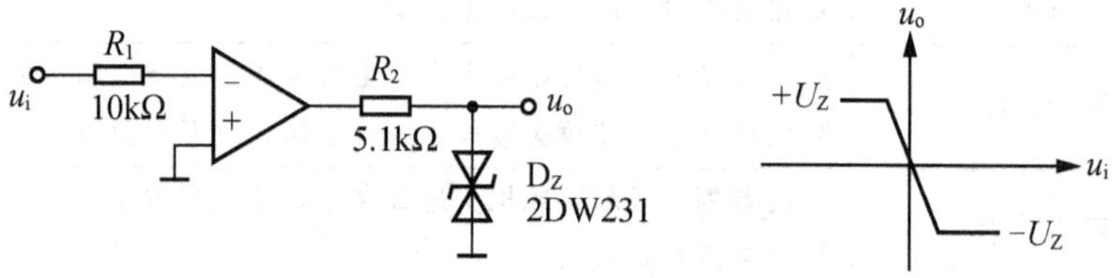

(a) 过零比较器　　(b) 电压传输特性

图 3.31　过零比较器

实验中，双向稳压二极管采用 2DW231，其稳压范围为 5.8～6.6V。

当$u_i>0$时，$u_o=-U_Z$，当$u_i<0$时，$u_o=+U_Z$。比较器的电压传输特性如图 3.31(b)所示。过零比较器结构简单，灵敏度高，但抗干扰能力比较差。

2. 方波发生器

由集成运算放大器构成的方波发生器和三角波发生器，一般均包括比较器和 RC 积分器两大部分。图 3.32 所示为由滞回比较器及简单 RC 积分电路组成的方波-三角波发生器。它的特点是线路简单，但三角波的线性度较差，主要用于产生方波，或对三角波要求不高的场合。

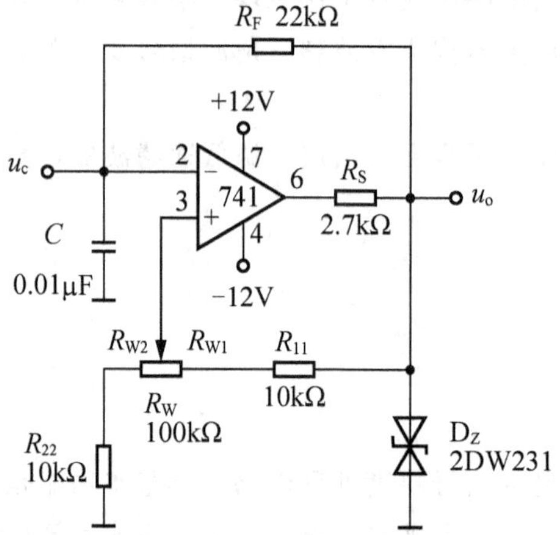

图 3.32　方波-三角波发生器

电路中，R_S为限流电阻，比较器的输出u_o经过双向稳压二极管D_Z限幅，然后通过电阻R_{11}、R_{22}和电位器R_W分压，作为参考电压输入运算放大器的同相端；u_o端输出方波，u_c端输出三角波。电路振荡频率为

$$f_o=\frac{1}{2CR_F\ln\left(1+\dfrac{2R_2}{R_1}\right)} \tag{3-35}$$

式中，$R_1=R_{11}+R_{W1}$，$R_2=R_{22}+R_{W2}$。

方波的输出幅值为

$$U_{om}=\pm U_Z \tag{3-56}$$

三角波的输出幅值为

$$U_{cm}=\frac{R_2}{R_1+R_2}U_Z \tag{3-57}$$

实验中，可通过改变 R_F(或 C)的值来改变振荡频率，也可以通过调节电位器 R_W(即改变 R_2/R_1)来改变振荡频率，但同时三角波的幅值也随之变化。

3. 有源滤波器

滤波器是一种选频电路，其功能是让一定频率范围内的信号通过，而对此频率范围以外的信号有较大的衰减和抑制，可广泛用于通信技术、测控技术等领域。根据通过它的信号频率可分为低通、高通、带通和带阻 4 种滤波器，分别简称为 LPF、HPF、BPF 和 BEF。根据滤波器的构成元件，可分为有源滤波器和无源滤波器，其中由 *RC*、*RL*、*RLC* 或晶体等元件构成的滤波器称为无源滤波器，而由有源器件(如晶体管或运算放大器)和阻容元件构成的滤波器为有源滤波器。有源滤波器的特点是：通带内的信号不仅没有衰减，而且还可以放大；负载效应不明显；通过级联很容易构成高阶滤波器；但受运算放大器的工作带宽限制，只能用于低频滤波器。

通常滤波器的阶数越高，幅频特性衰减的速率越快。但 *RC* 网络的环节数越多，元件参数计算越烦琐，电路调试越困难。高阶滤波器可以用较低的二阶 *RC* 有滤波器通过级联实现。

图 3.33(a)所示电路为一典型的二阶有源低通滤波器。它由两级 *RC* 滤波环节与同相比例放大器组成，其中第一级电容 *C* 接至输出端，引入适量的正反馈，以改善幅频特性。图 3.33(b)为二阶有源低通滤波器的幅频特性曲线。

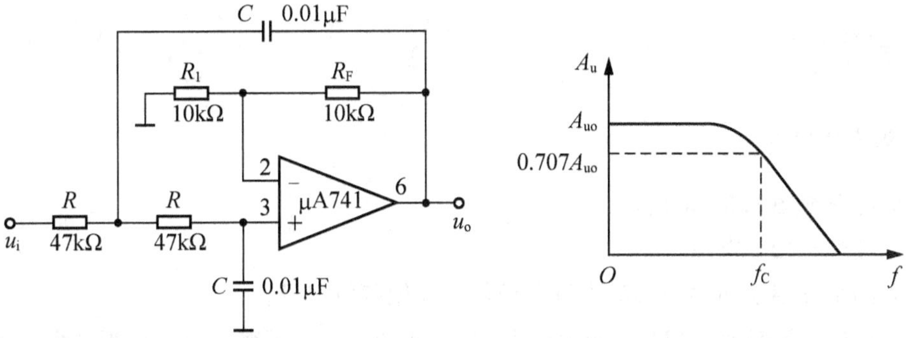

(a) 实验电路　　(b) 幅频特性曲线

图 3.33 二阶有源低通滤波器

该二阶有源低通滤波器的通带增益为

$$A_{uo}=1+\frac{R_F}{R_1} \tag{3-58}$$

截止频率为

$$f_C=\frac{1}{2\pi RC} \tag{3-59}$$

品质因数为

$$Q=\frac{1}{3-A_{uo}} \tag{3-60}$$

截止频率是二阶低通滤波器的通带与阻带的界限频率，品质因数的大小影响低通滤波器在截止频率处幅频特性的形状。

3.8.3 实验设备与器件

(1) ±12V 直流电源。
(2) 函数信号发生器。
(3) 双踪示波器。
(4) 交流毫伏表。
(5) 数字频率计。
(6) 数字万用表。
(7) 运算放大器 μA741×1，稳压管 2DW231×1，电阻器、电容器各若干。

3.8.4 预习要求

(1) 复习滤波器、比较器、波形发生器等的工作原理。
(2) 分析图 3.33 所示有源低通滤波器电路，写出增益特性表达式，计算其截止频率。
(3) 画出过零比较器的传输特性曲线。

3.8.5 实验内容

1. 过零比较器

实验电路如图 3.31(a)所示。
(1) 接通±12V 电源。
(2) 测量 u_i悬空时输出端的直流电压值，并做相应记录。
(3) u_i输入频率为 500Hz、最大值为 2V 的正弦信号，观察 $u_i \to u_o$波形并做好记录。
(4) 改变 u_i的幅值，测量电压传输特性曲线。

2. 方波发生器

按图 3.32 连接实验电路。

(1) 将电位器R_W调至中心位置，用双踪示波器观察并描绘方波u_o及三角波u_c的波形(注意对应关系)，测量它们的幅度和频率，并做相应记录。

(2) 改变R_W动点的位置，观察u_o、u_c的幅度及频率变化情况。把动点调至最上端和最下端，测出频率范围，并做相应记录。

3. 二阶低通滤波器

按图3.33(a)连接电路，然后进行下面的操作。

(1) 定性观测滤波器的低通特性。接通±12V电源，u_i接函数信号发生器，调节函数信号发生器输出电压有效值为$U_i=1V$的正弦波信号，用示波器的CH1通道监视U_i的幅值，如有变化，需调节信号发生器幅度微调旋钮，确保滤波器的输入信号幅值不变。在滤波器截止频率附近改变输入信号频率，用示波器或交流毫伏表观察输出电压幅度的变化是否具备低通特性。如不是低通特性，说明电路存在故障，排除电路故障后，再行测试。

(2) 在输出波形不失真的条件下，选取适当幅度的正弦输入信号，维持输入信号幅度不变，逐点改变输入信号频率(至少10个频点)，分别测量输出电压，记入表3-34中，描绘幅频特性曲线。

表3-34 二阶低通滤波器频率特性测试

f/Hz											
U_o/V											

3.8.6 故障现象及分析

集成运算放大器综合应用故障现象及分析如表3-35所示。

表3-35 集成运算放大器综合应用故障现象及分析

故障现象	故障分析
低通滤波器输出波形很小，且低通特性不明显	电容等元件连接错误，或连接导线有断线，或运算放大器损坏
低通滤波器通道内增益与理论值不符	元件R_1或R_F参数值用错
低通滤波器输出波形始终为方波，无低通特性	反馈电阻R_F本身或连接该电阻的导线断线，使放大器成为开环工作，放大倍数很大
比较器无输出	运算放大器的电源连接不正常，或运算放大器芯片损坏

3.8.7 对实验报告的要求

(1) 整理实验数据，绘制过零比较器的传输特性曲线。

(2) 总结几种比较器的特点。

(3) 列表整理实验数据，在同一坐标纸上，按比例画出方波和三角波的波形图(标出时间和电压幅值)。

(4) 针对方波发生器实验，分析 R_W 变化时，对 u_o 波形的幅值及频率的影响。

(5) 整理实验数据，画出二阶低通电路实测的幅频特性。根据实验曲线，计算截止频率及带宽。

3.9 RC 正弦波振荡器

3.9.1 实验目的

(1) 加深理解 RC 正弦波振荡器的工作原理。

(2) 学会测量、调试振荡器。

3.9.2 实验原理

正弦波振荡电路通常由放大器和选频网络两部分组成，根据选频网络的构成，一般可分为 LC 振荡器、RC 振荡器和石英晶体振荡器 3 类。LC 振荡器和石英晶体振荡器适宜产生中、高频率信号，RC 振荡器一般用来产生 1Hz～1MHz 的低频信号。

常用的 RC 振荡器电路结构有移相式、文氏电桥式和双 T 选频网络振荡器，RC 移相振荡器电路结构简便，但选频性能差，振幅不稳，频率调节不方便，已经很少采用。

1. RC 串并联网络(文氏电桥式)振荡器

其电路结构如图 3.34 所示，A 为放大器，可以是晶体管放大器，也可以采用运算放大器。其电路特点是可方便地连续改变振荡频率，便于加负反馈稳幅，容易得到良好的振荡波形。

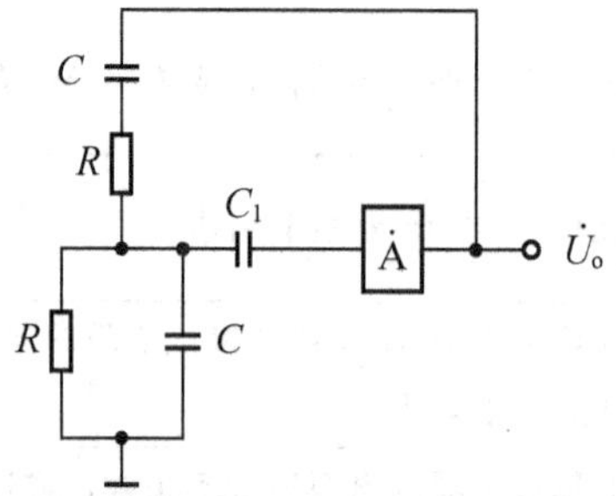

图 3.34 RC 串并联网络振荡器电路结构图

振荡频率为

$$f_o=\frac{1}{2\pi RC} \tag{3-61}$$

起振条件是 $|\dot{A}|>3$。

2. 双 T 选频网络振荡器

电路结构如图 3.35 所示，其电路特点是选频特性好、调频困难，适用于产生单一频率的振荡。

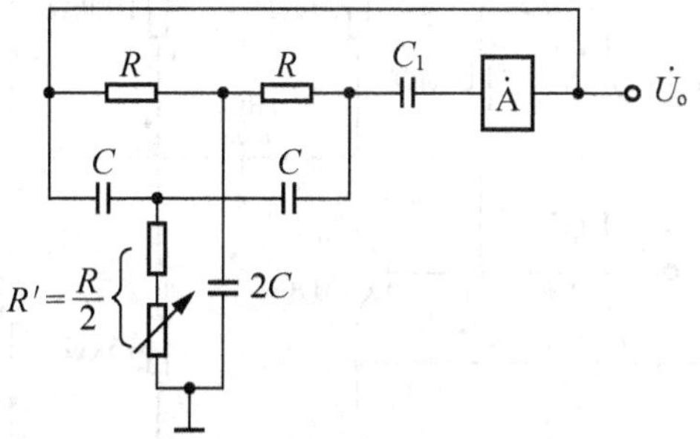

图 3.35 双 T 选频网络振荡器电路结构图

振荡频率为

$$f_o=\frac{1}{5RC} \tag{3-62}$$

起振条件是 $R'<\frac{R}{2}$，$|\dot{A}\dot{F}|>1$。

3.9.3 实验设备与器件

(1) +12V 直流电源。
(2) 函数信号发生器。
(3) 双踪示波器。
(4) 数字频率计。
(5) 数字万用表。
(6) 晶体管 3DG12×2(或 9013×2)，电阻、电容、电位器等各若干。

3.9.4 预习要求

(1) 复习 *RC* 振荡器的结构与工作原理等内容。
(2) 根据两种给定的实验电路，计算它们的振荡频率。
(3) 思考如何用示波器来测量振荡电路的振荡频率。

3.9.5 实验内容

1. *RC* 串并联选频网络振荡器

(1) 放大器选用分立元件构成的两级共发射极放大器，按图 3.36 连接电路。

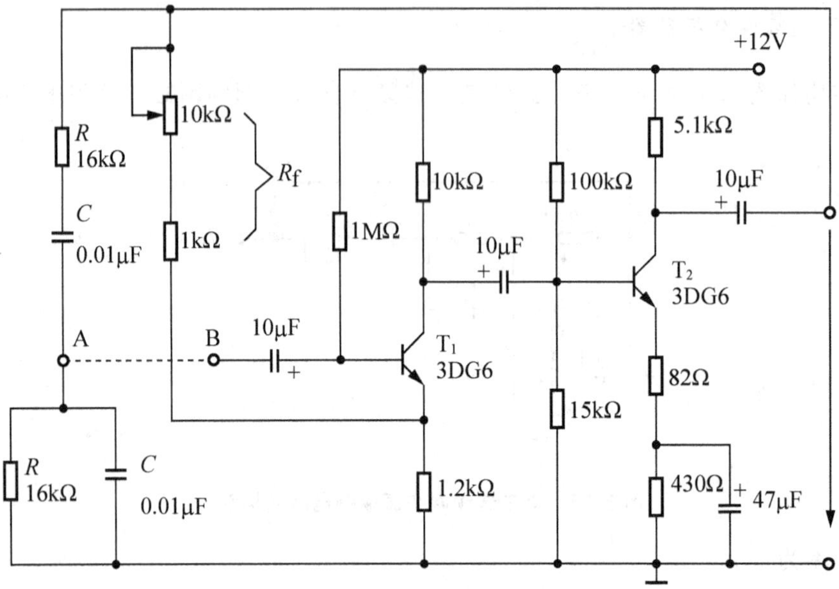

图 3.36　*RC* 串并联选频网络振荡器

（2）短路 A、B 两点，将 *RC* 串并联网络接入电路，并使电路起振，用示波器观测输出电压 u_o的波形，调节 R_f至获得满意的正弦信号，记录波形及其参数；用数字频率计测量电路的振荡频率，并与计算值进行比较。

（3）断开 *RC* 串并联网络，测量放大器的静态工作点。然后从电路 B 点加入与振荡频率相近频率的正弦交流信号，在输出端信号不失真的情况下，测量放大器的电压放大倍数。

（4）改变 *R* 或 *C* 的值，观察振荡频率变化的情况。

（5）*RC* 串并联网络幅频特性的观测。将 *RC* 串并联网络与放大器断开，把函数信号发生器的正弦信号注入 *RC* 串并联网络，保持输入信号的幅值不变(约 3V)，频率由低到高变化，从 A 点测量 *RC* 串并联网络输出幅值将随之变化，当信号源输入某一频率时，*RC* 串并联网络的输出将达最大值(约 1V)，且输入、输出同相位，此时信号源频率为 $f=f_o=\dfrac{1}{2\pi RC}$。

2. 双 T 选频网络振荡器

（1）按图 3.37 连接实验电路。

（2）断开双 T 网络，参考 3.2 节的内容，改变 R_{W2}，调试 T_1管的静态工作点，使 U_{C1}为 6～7V。

（3）接入双 T 网络，用示波器观察输出波形。若不起振，调节 R_{W1}，使电路起振。

（4）用数字频率计测量电路的振荡频率，并与理论计算值进行比较。

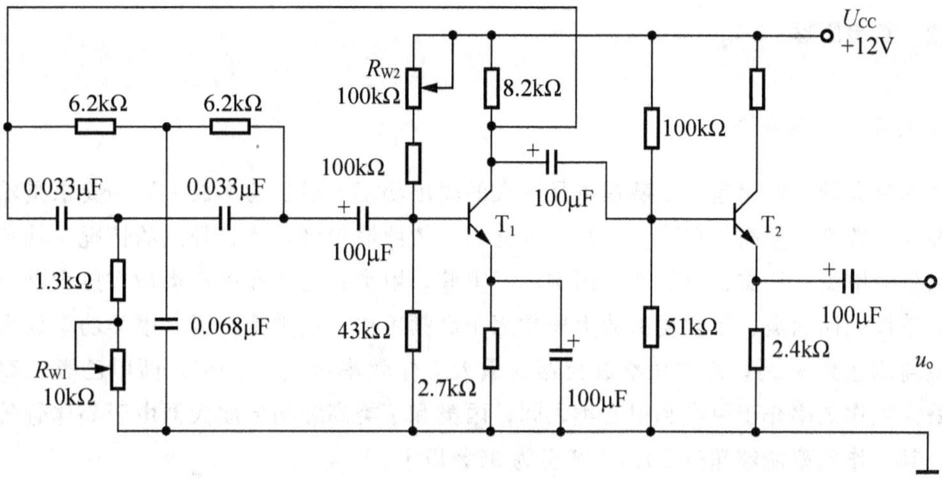

图 3.37 双 T 选频网络振荡器

3.9.6 故障现象及分析

RC 正弦波振荡器故障现象及分析如表 3 - 36 所示。

表 3 - 36 *RC* 正弦波振荡器故障现象及分析

故障现象	故障分析
RC 串并联选频网络振荡器输出波形不是正弦波	R_f 调节不当，电路元件的参数有误；或晶体管静态工作点不合适，可以通过改变上偏置电阻适当调整
振荡器始终无输出	两级放大器之间的耦合电容开路，也有可能是晶体管损坏或极性连接错误。后者的情况下，静态工作点必定不正常

3.9.7 对实验报告的要求

(1) 由给定电路参数计算振荡频率，并与实测值比较，分析误差产生的原因。

(2) 总结两类 *RC* 振荡器的特点。

3.10 OTL 功率放大器

3.10.1 实验目的

(1) 进一步理解由分立元件组成的 OTL 功率放大器的工作原理。

(2) 学会 OTL 电路的调试及主要性能指标的测试方法。

3.10.2 实验原理

1. 功率放大器简介

功率放大器的作用是为负载提供足够大的输出功率，对于功率放大器的要求是输出功率足够大、效率尽量高、非线性失真尽可能小。按照输出级晶体管导通的情况，功率放大器可以分为甲类、乙类、甲乙类、丙类、丁类等，甲类、乙类和甲乙类功率放大器一般用于低频工作，而丙类、丁类功率放大器常用于高频工作。从理论上说，甲类功率放大器的效率最高能达到 50%，乙类功率放大器的最大工作效率可达 78.5%，而甲乙类功率放大器的最大工作效率介于甲类和甲乙类之间；丙类和丁类高频功率放大器由于晶体管的导通角小，其工作效率能够超过 80%，甚至为 95%以上。

低频功率放大器的输出级通常采用性质互补的两只晶体管构成推挽式发射极输出形式，以提高带载能力。目前，常用的推挽式功率放大器主要有无输出变压器(Output Transfomer Less，OTL)和无输出电容(Output Capacitor Less，OCL)的功率放大器两种。

2. 实验电路

图 3.38 所示为 OTL 低频功率放大器实验电路。其中由晶体管 T_1组成推动级(也称前置放大级)，T_2、T_3是一对参数对称的 NPN 和 PNP 型晶体管，它们组成互补推挽 OTL 功率放大器电路。T_2、T_3都接成射极输出器形式，因此具有输出电阻低、负载能力强的优点，适合于做功率输出级。C_o是输出耦合电容，将交流信号输出耦合给负载 R_L。

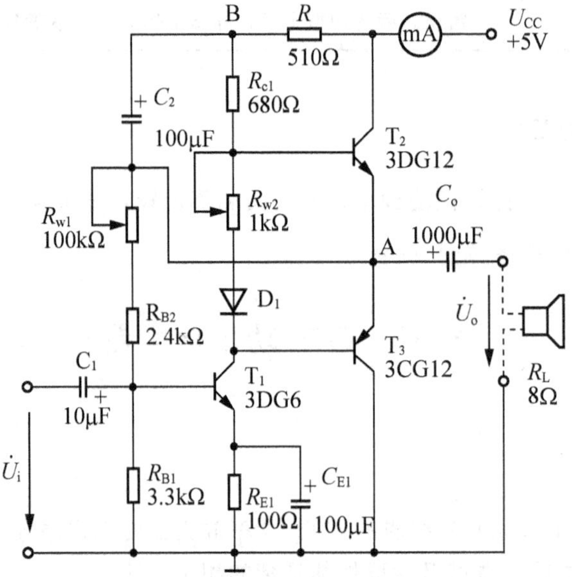

图 3.38 OTL 低频功率放大器实验电路

T_1管接成共发射极形式，工作于甲类状态，它的集电极电流I_{C1}可通过电位器R_{W2}进行调节。I_{C1}流经电位器R_{W2}及二极管D1，分出一部分给T_2、T_3提供偏压。调节R_{W2}，可以使静态时，T_2、T_3得到合适的电流而处于微导通状态，工作于甲乙类状态，以克服交越失真。R_{C1}的大小会影响前置级的电压增益。静态时要求功率放大器输出端中点A的电位$U_A=\frac{1}{2}U_{CC}$，可以通过调节R_{W1}来实现。同时，由于R_{W1}的一端接在A点，因此在电路中引入交、直流电压并联负反馈，有助于稳定放大器的静态工作点，还能改善非线性失真。

当电路输入正弦交流信号u_i时，经T_1放大并倒相后，同时作用于T_2、T_3的基极。u_i的负半周使T_2管导通、T_3管截止，电流由电源经T_2的集电极、发射极通过C_o流向负载R_L，同时向电容C_o充电，形成输出电压u_o的正半周波形；在输入信号u_i的正半周，T_3导通、T_2截止，已充好电的电容器C_o起着电源的作用，通过T_3和负载R_L放电，形成输出电压u_o的负半周波形。这样，输入信号变化一周时，在负载R_L上就得到完整的正弦波。

C_2和R构成自举电路，用于提高输出电压的最大峰值幅度，以得到大的动态输出范围。由于C_2和R的值选择足够大，C_2两端的电压U_{C2}基本上为常数，这样B点的电位$U_B=U_{C2}+U_A$将随着A点的电位升高而自动升高。所以，即使输出电压幅度升得很高，B点的电位也会保证有足够的电流流进T_2的基极，使T_2充分导通。这种工作方式称为自举，即电路本身把U_B提高了。

3. OTL电路的主要性能指标及测量

1）最大不失真输出功率P_{om}

理想情况下的最大不失真输出功率为

$$P_{om}=\frac{U_{CC}^2}{8R_L} \tag{3-63}$$

实验中，可通过测量R_L两端的电压有效值，然后用式(3-64)来求得实际的最大不失真输出功率。

$$P_{om}=\frac{U_o^2}{R_L} \tag{3-64}$$

2）效率η

OTL功率放大器效率的定义为

$$\eta=\frac{P_{om}}{P_E}\times 100\% \tag{3-65}$$

式中，P_E为直流电源供给的平均功率。

在理想情况下，OTL功率放大器的最高效率为78.5%，实验中，可通过测量求得。首先测量电源供给的平均电流I_{dC}，求得$P_E=U_{CC}\cdot I_{dC}$，而负载上的交流功率已经通过测量并由式(3-64)求出，这样就可以用式(3-65)来计算功率放大器的实际效率。

3.10.3 实验设备与器件

（1）＋5V 直流电源。

（2）函数信号发生器。

（3）双踪示波器。

（4）交流毫伏表。

（5）数字万用表。

（6）直流毫安表。

（7）晶体管 3DG6(9013)、3DG12(或 8050)、3CG12(或 8550)，二极管 IN4007，8Ω 扬声器，电阻器、电容器各若干。

3.10.4 预习要求

（1）复习 OTL 功率放大器的工作原理。

（2）思考图 3.38 所示的实验电路中，如果电位器 R_{W2} 开路或短路，对电路工作有何影响？

（3）为了不损坏输出管，调试中应注意什么问题？

3.10.5 实验内容

1. 静态工作点的测试

按图 3.38 连接实验电路，输入端不接信号，在电源进线中串入直流毫安表，电位器 R_{W2} 置最小值(顺时针旋转到底)，R_{W1} 置中间位置。接通＋5V 电源，观察毫安表的指示，同时用手触摸输出管，若电流过大，或输出管温升显著，应立即断开电源检查原因(如 R_{W2} 开路、电路自激或输出管 T_2、T_3 性能不良等)。如无异常现象，可开始调试。

1）调节输出端中点电位 U_A

调节电位器 R_{W1}，用数字万用表的直流电压挡测量 A 点的电位，使 $U_A=\frac{1}{2}U_{CC}=2.5V$。

2）调整输出级静态电流并测试各级静态工作点

（1）静态调试法。调节 R_{W2}，使 T_2、T_3 管的 $I_{C2}=I_{C3}=5\sim10mA$。从减小交越失真角度而言，应适当加大输出级静态电流，但该电流过大，会使效率降低，所以一般以 5～10mA 为宜。由于毫安表串联在电源进线中，毫安表测得的是整个放大器的电流。但一般 T_1 的集电极电流 I_{C1} 较小，从而可以把测得的总电流近似当作末级的静态电流。如果要准确得到末级的静态电流，则需要从总电流中减去 I_{C1} 的值。

（2）动态调试法。先调整 R_{W2}，使其阻值为零，在功率放大器输入端接入 $f=1kHz$ 的正弦信号 u_i，用示波器观察负载电阻 R_L 两端的波形。逐步增大输入信号的幅值，直到输出波形出现交越失真(但不应有饱和失真和截止失真)，然后缓慢增大 R_{W2}，当交越失真刚好消失时，停止调节 R_{W2}，恢复 $u_i=0$，此时 A 点的直流电压可能有些变化，需重新调节 R_{W1}，使 A 点的电位为 2.5V。再微调 R_{W2}，使电阻 R_L两端波形没有交越失真现象。这时，直流毫安表的读数即为输出级静态电流。一般数值应在 5～10mA，如过大，则要检查电路。

在调整 R_{W2}时，要注意旋转方向，不要调得过大，更不能开路，以免损坏输出管。

输出级静态电流调好以后，测量各级静态工作点，记入表 3－37 中。

表 3－37　静态工作点的测量($I_{C2}=I_{C3}=$____mA，$U_A=2.5V$)

晶体管 / 电压	T_1	T_2	T_3
U_B/V			
U_C/V			
U_E/V			

2. 最大输出功率 P_{om}和效率 η 的测试

1）测量 P_{om}

负载电阻保持不变，输入端接入 $f=1kHz$ 的正弦信号 u_i，用示波器观察输出电压 u_o的波形。逐渐增大 u_i，使输出电压达到最大且不失真，用交流毫伏表测量负载 R_L上的电压 U_{om}，做好记录，并用式(3－64)计算出 P_{om}。

2）测量 η

当输出电压为最大不失真输出时，读出直流毫安表中的电流值，此电流可认为是直流电源供给的平均电流 I_{dC}(有一定误差)，由此可近似求得 $P_E=U_{CC}\cdot I_{dC}$，再根据上面测得的 P_{om}，利用式(3－65)即可求出 η。

3. 研究自举电路的作用

(1) 针对图 3.38 所示带有自举电路的实验电路，输入 $f=1kHz$ 的正弦信号 u_i，在 $P_o=P_{om}$时，测量电路的电压增益 $A_V=\frac{U_{om}}{U_i}$。

(2) 去掉自举电路，即将 C_2开路、R 短路。输入端接入 $f=1kHz$ 的正弦信号 u_i，用示波器观察输出电压 u_o的波形。逐渐增大 u_i，使输出电压达到最大且不失真，用交流毫伏表测量负载 R_L上的电压 U_{om}，计算此时的 A_V，并观测示波器显示波形与有自举时的不同，比较两种情况下的测量结果，分析、研究自举电路的作用。

4. 噪声电压的测试

将功率放大器输入端对地短路($u_i=0$)，用示波器观察输出噪声的波形，并用交流毫伏表测量输出电压，即为噪声电压 U_N。本电路若 $U_N<15mV$，即满足要求。

5. 试听

输入信号改用录音机线路输出信号，功率放大器输出端接试听音箱及示波器。开机试听，并观察语言和音乐信号的输出波形。

3.10.6 对实验报告的要求

（1）整理实验数据，计算静态工作点、最大不失真输出功率 P_{om}、效率 η 等，并与理论值进行比较。

（2）分析自举电路的作用。

（3）分析实验中遇到的现象、发生的问题及相应的解决办法。

3.11 直流稳压电源

3.11.1 实验目的

（1）加深对桥式整流电路、电容滤波电路的原理和特性的理解。

（2）了解集成三端稳压器的特点和性能指标的测试方法。

（3）掌握集成稳压器的使用方法。

3.11.2 实验原理

1. 直流稳压电源的基本组成

电子设备几乎都采用直流稳压电源供电。直流稳压电源由电源变压器、整流电路、滤波和稳压电路 4 部分组成，其原理框图如图 3.39 所示。

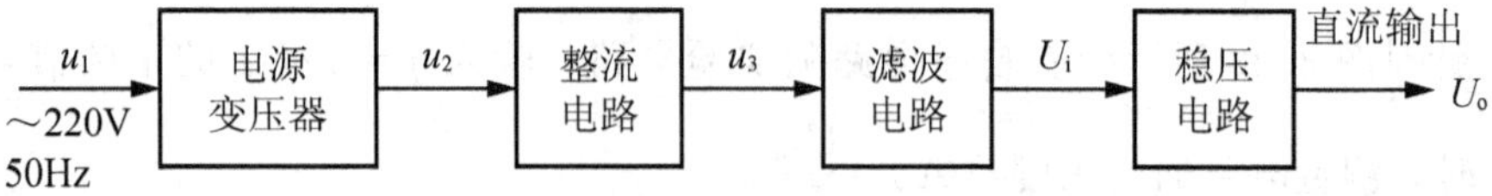

图 3.39 直流稳压电源的原理框图

电源变压器的作用是将电网供给的 220V/50Hz 交流电压 u_1 变换成整流电路需要的交流电压 u_2。

整流电路利用二极管的单向导电性，将交流电压 u_2 变换成方向不变、大小随时间变化的脉动直流电压 u_3。常用的整流电路有半波整流电路、全波整流电路和桥式整流电路。相对于半波整流和全波整流而言，桥式整流电路的电源变压器利用效率高、总体性能高，在实际中应用广泛。

滤波器滤去整流输出电压 u_3 中的纹波，得到比较平滑的直流电压 U_i。滤波电路通常由电感、电容元件组成，利用电感、电容交流、直流阻抗的不同，实现滤波。

没有经过稳压的直流电压，如 U_i，会随交流电网电压的波动或负载的变动而变化。在一些对直流供电要求较高的场合，还需要使用稳压电路，以保证输出直流电压 U_o 更加稳定。

稳压电路可以采用简单的稳压二极管或集成稳压器实现。由于集成稳压器具有体积小、外接线路简单、使用方便、工作可靠和通用性强等优点，在各种电子设备中应用十分普遍，基本上取代了由分立元件构成的稳压电路。集成稳压器的种类很多，应根据设备对直流电源的要求来进行选择。对于大多数电子设备和电路来说，通常选用串联线性集成稳压器。而在这种类型的器件中，又以三端式稳压器应用最为广泛。

2. 集成稳压器及其应用

三端式集成稳压器有固定输出电压和可调输出电压之分。

国产三端式固定电压集成稳压器型号有 CW78××和 CW79××系列，它们的后两位数字××代表固定稳压输出值，如 CW7812 代表稳压输出为+12V。CW78××系列三端式稳压器输出正极性电压，一般有 5V、6V、9V、12V、15V、18V、24V 七个档次，输出电流最大可达 1.5A(加散热片)。同类型 78M××系列稳压器的输出电流为 0.5A，78L××系列稳压器的输出电流为 0.1A。CW79××系列稳压器输出负极性电压，如 7912 的输出稳压值为−12V。

三端式稳压器内部具有过电流、过热和安全工作区保护电路，一般不会因过载而损坏。但一般 U_i 要比 U_o 大 3～5V，才能保证集成稳压器工作在线性区，起到较好的稳压作用。

图 3.40 为 CW78××系列引脚图，图 3.41 为 CW79××系列引脚图。它们有输入端、输出端和接地端(或称为“公共端”)三个端子。

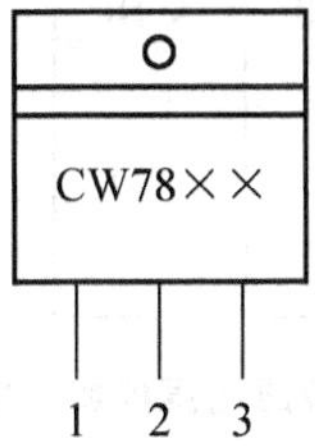

图 3.40　CW78××系列引脚图

1—输入端；2—接地端；3—输出端

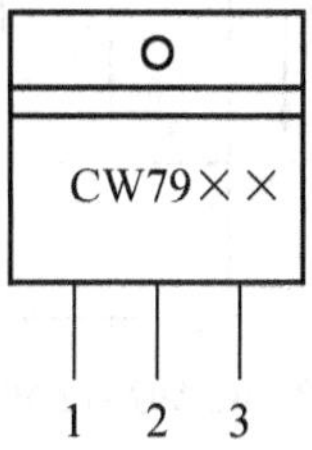

图 3.41　CW79××系列引脚图

1—接地端；2—输入端；3—输出端

可调式三端稳压器能在一定范围内输出连续可调的直流电压，可通过外接元件对输出电压进行调整，以适应不同的需要。常用产品有 CW117、CW317、CW137、CW337 等，其中 CW117 和 CW317 输出正电压，而 CW137 和 CW337 输出负电压。

图 3.42 为可调输出正电压三端式稳压器 CW317 的引脚及典型连接图。CW317 的最大输入电压 $U_{Im}=40V$，输出电压范围 $U_o=1.2\sim37V$，其输出电压计算公式为

$$U_o \approx 1.25\left(1+\frac{R_2}{R_1}\right) \tag{3-66}$$

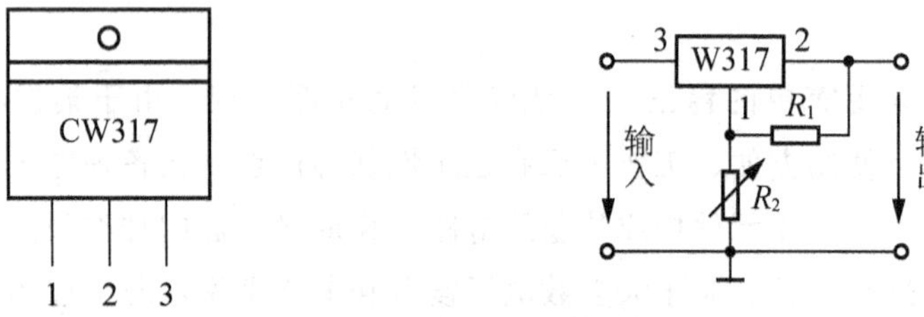

图 3.42 CW317 的引脚及典型连接图

1—调整端；2—输出端；3—输入端

本实验所用集成稳压器为三端固定正稳压器 W7812，与国产的 CW7812 完全通用。它的主要参数有：输出直流电压 $U_o=+12V$；L 系列输出电流为 0.1A，M 系列输出电流为 0.5A；电压调整率为 10mV/V；输出电阻 $R_o=0.15\Omega$；输入电压 U_i 的范围要求为 15～17V。

图 3.43 是用三端式稳压器 W7812 构成的单电源正电压输出串联型稳压电源的实验电路图。其中整流部分采用了由 4 个二极管组成的桥式整流器。滤波电容 C_1、C_2 一般选取几百～几千微法的电解电容；C_3、C_4 容量较小，用以防止产生自激振荡，滤除高频噪声。

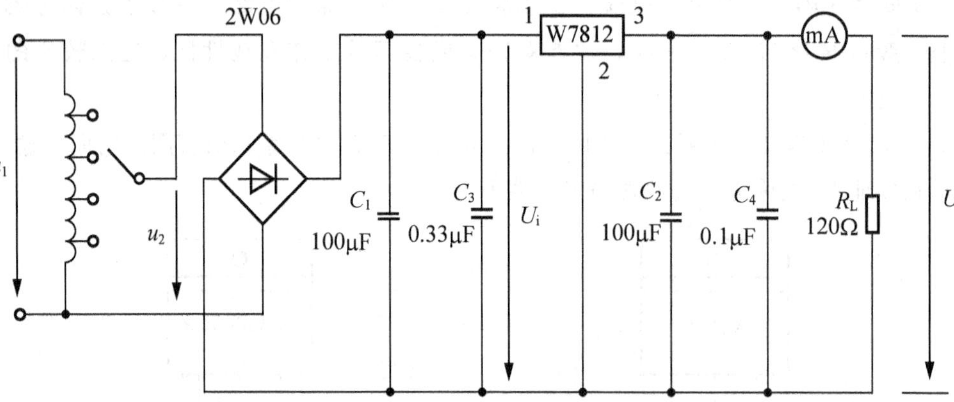

图 3.43 由 W7812 构成的单电源正电压输出串联型稳压电源的实验电路图

实验中，连接线路时，组成整流桥的 4 只二极管、W7812 的引脚都不能接错，否则会损坏器件。滤波电容 C_1、C_2 的极性一定不要接反，一旦极性接反，电解电容损坏时会发出很大的爆裂声，引起不必要的恐慌。

图 3.44 为正、负双电压输出电路，如果需要 $U_{o1}=+15V$，$U_{o2}=-15V$，则可选用 W7815 和 W7915 三端式稳压器，这时的 U_i 应为单电压输出时的两倍。

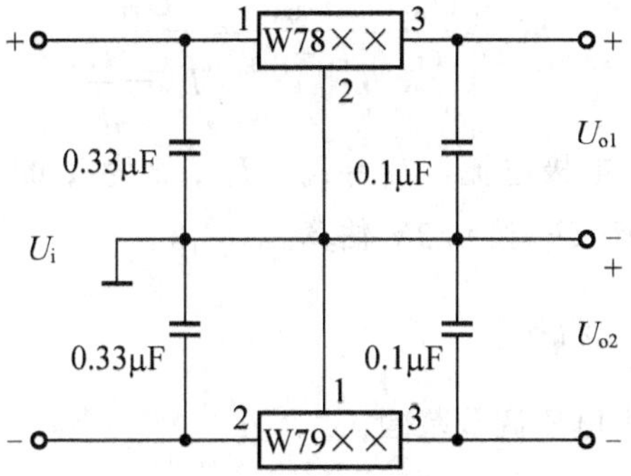

图 3.44　正、负双电压输出电路

当集成稳压器本身的输出电压或输出电流不能满足要求时，可通过外接电路来进行性能扩展。图 3.45 是一种简单的输出电压扩展电路。因为 W7812 稳压器的 3、2 端间输出电压为 12V，因此只要适当选择 R 的值，使稳压管 D_W工作在稳压区，则输出电压 $U_o=12+U_z$，可以高于三端式稳压器本身的输出电压。

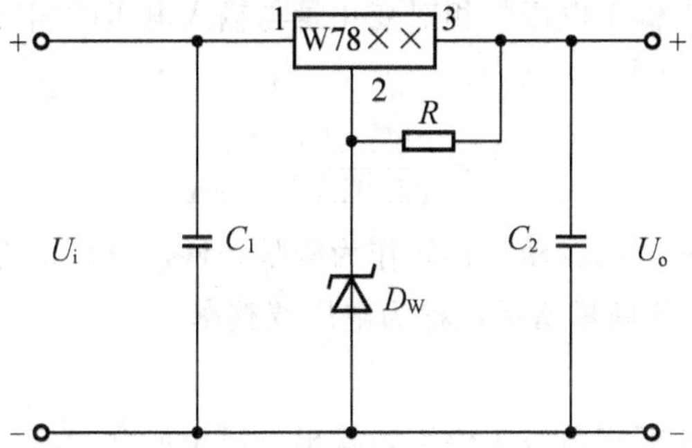

图 3.45　输出电压扩展电路

图 3.46 是通过外接晶体管 T 及电阻 R_1来进行电流扩展的电路。电阻 R_1的阻值由外接晶体管的发射结导通电压 U_{BE}、三端式稳压器的输入电流 I_i(近似等于三端式稳压器的输出电流 I_{o1})和 T 的基极电流 I_B来决定，即

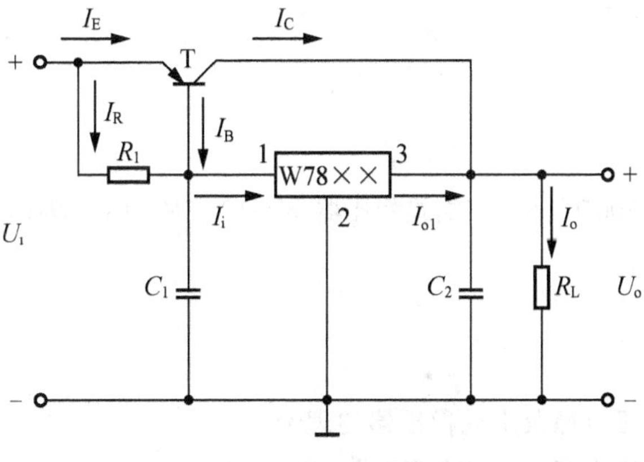

图 3.46　输出电流扩展电路

$$R_1=\frac{U_{BE}}{I_R}=\frac{U_{BE}}{I_i-I_B}=\frac{U_{BE}}{I_{o1}-\frac{I_C}{\beta}} \tag{3-67}$$

式中，I_C为晶体管 T 的集电极电流，$I_C=I_o-I_{o1}$；β 为 T 的电流放大倍数；对于硅管，U_{BE}按 0.7V 估算，对于锗管 U_{BE}按 0.3V 估算。

3. 稳压电源的主要性能指标

1）输出电压 U_o和输出电压调节范围

2）输出电阻 R_o

输出电阻 R_o是指稳压器的输入电压 U_i保持不变时，由于负载变化而引起的输出电压变化量与输出电流变化量之比，即

$$R_o=\left.\frac{\Delta U_o}{\Delta I_o}\right|_{U_i=\text{常数}} \tag{3-68}$$

3）稳压系数 S（或电压调整率）

当负载保持不变时，输出电压的相对变化量与输入电压的相对变化量之比称为稳压系数，即

$$S=\left.\frac{\Delta U_o/U_o}{\Delta U_i/U_i}\right|_{R_L=\text{常数}} \tag{3-69}$$

由于工程上常把电网电压波动±10%作为极限条件，也可以将此时输出电压的相对变化 $\Delta U_o/U_o$作为稳压电源的衡量指标，称为电压调整率。

4）纹波电压

输出纹波电压是指在额定负载条件下，输出电压中所含交流分量的有效值或峰值，一般用峰-峰值表示。

3.11.3 实验设备与器件

（1）可调工频电源。

（2）双踪示波器。

（3）交流毫伏表。

（4）数字万用表。

（5）直流毫安表。

（6）滑线变阻器 300Ω/1A，三端式稳压器 W7812、W7815、W7915，二极管 IN4007×4，电阻器、电容器若干。

3.11.4 预习要求

（1）复习直流稳压电源及集成稳压器的理论。

（2）列出实验内容中所要求的各种表格。

(3) 思考在测量稳压系数 S 和内阻 R_o时，应如何选择测试仪表。

(4) 思考在桥式整流电路实验中，能否用双踪示波器的两个通道同时观察 u_2和 u_o的波形。

3.11.5 实验内容

1. 整流滤波电路测试

实验电路如图 3.47 所示。取可调工频电源电压为 14V，作为整流电路的输入电压 u_2。

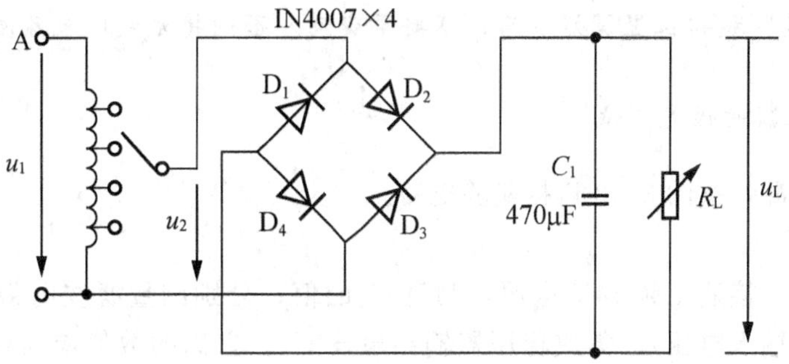

图 3.47 整流滤波电路

(1) 取 $R_L=240\Omega$，不加滤波电容，用数字万用表的直流电压挡测量直流输出电压 U_L，将示波器置“AC”位耦合测量纹波电压 $\tilde{U}_L$ 的峰-峰值，并用示波器分别观测 u_2和 u_L的波形，记入表 3－38 中。

(2) 取 $R_L=240\Omega$、$C_1=470\mu F$，重复步骤(1)的内容，记入表 3－38 中。

(3) 取 $R_L=120\Omega$、$C_1=470\mu F$，重复步骤(1)的内容，记入表 3－38 中。

表 3－38 整流滤波电路的测试($U_2=14V$)

电路形式		U_L/V	$\tilde{U}_L$/V	u_L的波形
$R_L=240\Omega$	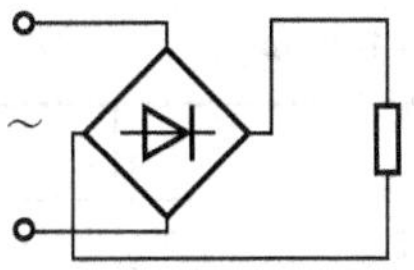			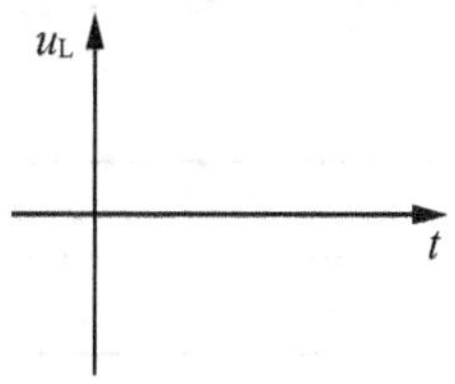
$R_L=240\Omega$ $C=470\mu F$	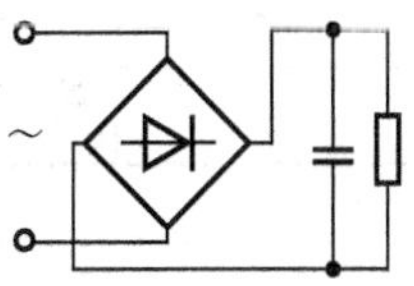			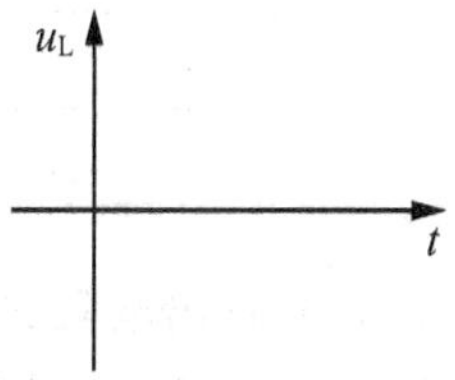

续表

电 路 形 式		U_L/V	$\tilde{U}_L$/V	u_L的波形
$R_L=120\Omega$ $C=470\mu F$	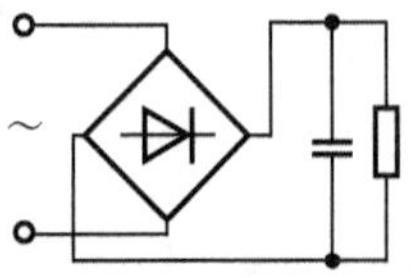			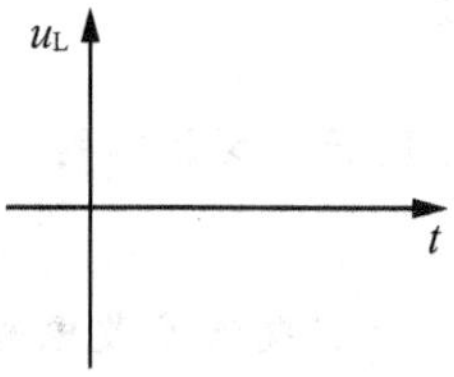

注意：① 每次改接电路时，必须切断工频电源。② 在观测输出电压 u_L 波形的过程中，"Y 轴灵敏度"旋钮位置调好以后，不要再变动，否则将无法比较各波形的脉动情况。

2. 集成稳压器的性能测试

断开工频电源，按图 3.43 连接实验电路。

1）初测

将负载开路，接通工频 14V 电源，测量 U_2 的值；分别测量滤波电路输出电压 U_I（即三端式稳压器的输入电压）、集成稳压器输出电压 U_o。它们的数值应与理论值大致符合，否则说明电路连接有问题，或元器件有故障。应设法查找故障并加以排除。

电路经初测进入正常工作状态后，才能进行各项指标的测试。

2）各项性能指标的测试

（1）输出电压 U_o。

分别取负载电阻 R_L 为 240Ω 和 120Ω，测量相应情况下稳压器的输出电压 U_o 的值。

两种负载下，U_o 的值应大致相等（≈12V），若相差较大，则一般是集成块性能不良。

（2）稳压系数 S 的测量。

在输出端接负载电阻 $R_L=120\Omega$，模拟电网电压波动的效果，按表 3-39 改变整流电路输入电压 U_2，分别用万用表直流挡测出相应的稳压器输入电压 U_i 及输出直流电压 U_o，记入表 3-39 中，按式(3-69)计算稳压系数。

表 3-39　稳压系数的测量（$I_o=100mA$）

测试值/V			计算值
U_2	U_I	U_o	S
14			$S_{12}=$
16			
18			$S_{23}=$

（3）输出电阻 R_o 的测量。

取 $U_2=16V$，用滑线变阻器作为负载电阻 R_L，改变滑线变阻器的抽头位置，使 I_o 为 0、50mA 和 100mA 三种情况，测量相应的 U_o 值，记入表 3-40 中。

表 3-40　输出电阻的测量($U_2=16V$)

<table>
<tr><th colspan="2">测试值</th><th>计算值</th></tr>
<tr><td>I_o/mA</td><td>U_o/V</td><td>R_o/Ω</td></tr>
<tr><td>空载</td><td></td><td rowspan="2">$R_{o12}=$</td></tr>
<tr><td>50</td><td></td></tr>
<tr><td>100</td><td></td><td>$R_{o23}=$</td></tr>
</table>

(4) 输出纹波电压的测量。

取 $U_2=16V$，调节负载电阻 R_L 使 $U_o=12V$，用示波器测量输出纹波电压的峰-峰值，并做相应记录。

3.11.6　故障现象及分析

直流稳压电源故障现象及分析如表 3-41 所示。

表 3-41　直流稳压电源故障现象及分析

故障现象	故障分析
整流桥输出直流电压为零	滤波电解电容接反导致被击穿短路；或整流桥中二极管损坏；也有可能变压器二次侧电压无输出
输出电压减半	整流桥中某只二极管短路，或用示波器两个探头同时观测 u_2 和 u_o 的波形，将一只二极管短路，使桥式整流变为半波整流
输出电压纹波太大	滤波电容开路或性能不良
三端式稳压器不起稳压作用	变压器二次侧电压太低；或滤波的电解电容极性接反，但还没有损坏

3.11.7　对实验报告的要求

(1) 对表 3-38 所测结果进行全面分析，总结桥式整流、电容滤波电路的特点。

(2) 整理实验数据，计算三端式稳压器电路的 S 和 R_o 等参数。

(3) 分析讨论实验中发生的现象和问题。

第4章

数字电子技术实验

4.1 TTL门电路的参数测试及应用

4.1.1 实验目的

(1) 掌握TTL集成与非门的逻辑功能和主要参数的测试方法。

(2) 掌握TTL器件的使用规则。

(3) 熟悉数字电路实验装置的结构、基本功能和使用方法。

4.1.2 实验原理

本实验采用四输入双与非门74LS20和二输入四与非门74LS00。四输入双与非门是在一块集成块内含有两个互相独立的与非门，每个与非门有四个输入端。74LS20的逻辑符号及引脚排列如图4.1(a)和(b)所示。74LS00的引脚排列图参看附录B。

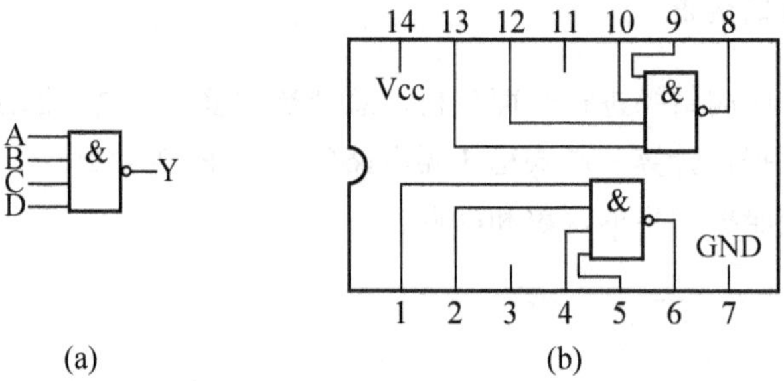

图4.1 74LS20的逻辑符号及引脚排列

1. 与非门的逻辑功能

与非门的逻辑功能是，当输入端中有一个或一个以上为低电平时，输出端为高电平；只有当输入端全部为高电平时，输出端才是低电平(即有“0”得“1”，全“1”得“0”)。其逻辑表达式为

$$Y=\overline{AB\cdots} \qquad (4-1)$$

2. TTL 与非门的主要参数

1）电源电压

TTL 电路对电源电压要求较严，电源电压 V_{CC} 只允许在 $+5\times(1\pm10\%)$V 的范围内工作，超过 5.5V 将损坏器件，低于 4.5V 时，器件的逻辑功能将不正常。

2）低电平输入电流 I_{iL} 和高电平输入电流 I_{iH}

I_{iL} 是指被测输入端接地，其余输入端悬空，输出端空载时，由被测输入端流出的电流值。在多级门电路中，I_{iL} 相当于前级门输出低电平时，后级向前级门灌入的电流，因此它关系到前级门的灌电流负载能力，即直接影响前级门电路带负载的个数，因此希望 I_{iL} 小些。

I_{iH} 是指被测输入端接高电平，其余输入端接地，输出端空载时，流入被测输入端的电流值。在多级门电路中，它相当于前级门输出高电平时，前级门的拉电流负载，其大小关系到前级门的拉电流负载能力，因此希望 I_{iH} 小些。由于 I_{iH} 很小，不易测量，一般免于测试。

I_{iL} 与 I_{iH} 的测试电路如图 4.2(a)和(b)所示。

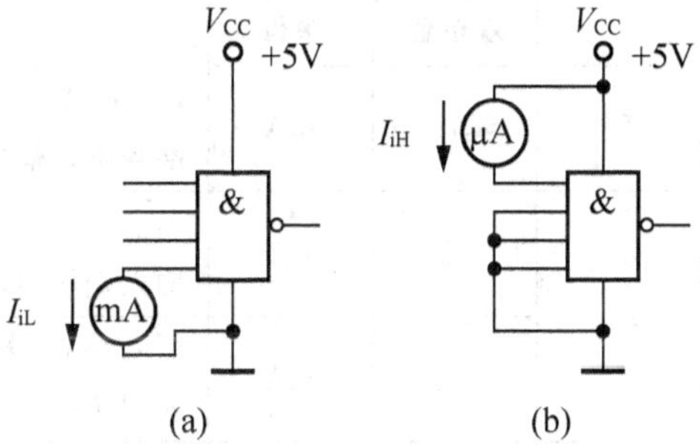

图 4.2 I_{iL} 与 I_{iH} 的测试电路

3）扇出系数 N_O

扇出系数 N_O 是指门电路能驱动同类门的个数，它是衡量门电路带负载能力的一个参数。TTL 有两种扇出系数，即低电平扇出系数 N_{OL} 和高电平扇出系数 N_{OH}。通常 $I_{iH}<I_{iL}$，则 $N_{OH}>N_{OL}$，故常以 N_{OL} 作为门的扇出系数。

N_{OL} 的测试电路如图 4.3 所示，门的输入端全部悬空，输出端接灌电流负载 R_L，调节 R_L 使 I_{OL} 增大，V_{OL} 随之增高，当 V_{OL} 达到 V_{OLm}（手册中规定低电平规范值 0.4V）时的 I_{OL} 就是允许灌入的最大负载电流，则

$$N_{OL}=\frac{I_{OL}}{I_{iL}} \qquad (4-2)$$

4）电压传输特性

逻辑门的输出电压 V_o 随输入电压 V_i 变化的曲线 $V_o=f(V_i)$ 称为其电压传输特性，通过它可以得到输出高电平 V_{OH}、输出低电平 V_{OL}、关门电平 V_{Off}、开门电平 V_{ON}、阈值电平 V_T 及抗干扰容限 V_{NL}、V_{NH} 等重要参数值。传输特性测试电路如图 4.4 所示，采用逐点测试法，调节 R_W，逐点测得 V_i 及 V_o，然后绘成曲线。

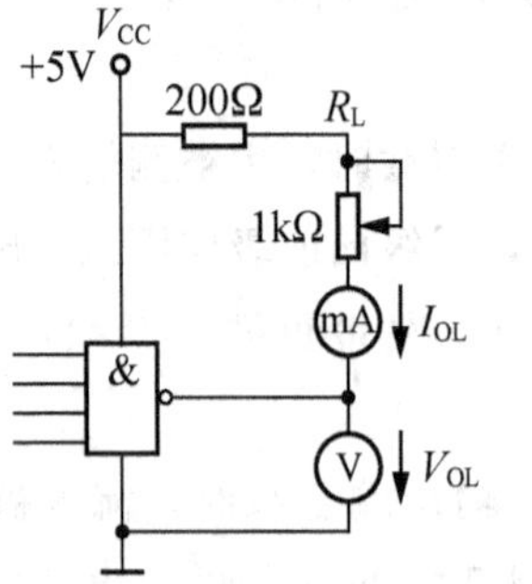

图 4.3 N_{OL} 的测试电路

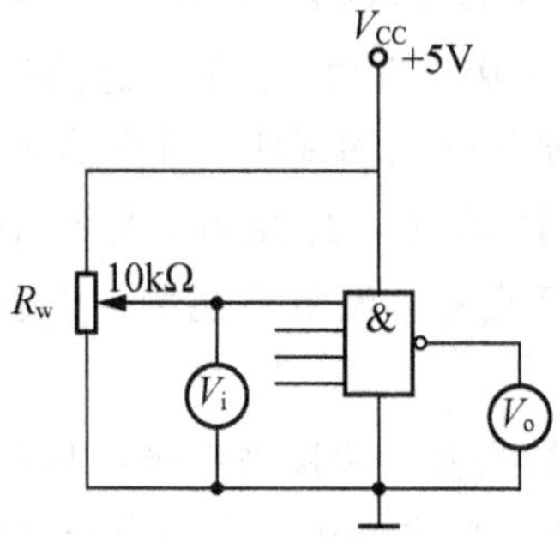

图 4.4 传输特性测试电路

74LS20 的主要电参数规范如表 4－1 所示。

表 4－1 74LS20 的主要电参数规范

参数名称和符号			规范值	单位	测试条件
直流参数	低电平输入电流	I_{iL}	≤1.4	mA	$V_{CC}=5V$，被测输入端接地，其他输入端悬空，输出端空载
	高电平输入电流	I_{iH}	<50	μA	$V_{CC}=5V$，被测输入端 $V_{in}=2.4V$，其他输入端接地，输出端空载
			<1	mA	$V_{CC}=5V$，被测输入端 $V_{in}=5V$，其他输入端接地，输出端空载
	输出高电平	V_{OH}	≥3.4	V	$V_{CC}=5V$，被测输入端 $V_{in}=0.8V$，其他输入端悬空，$I_{OH}=400\mu A$
	输出低电平	V_{OL}	<0.3	V	$V_{CC}=5V$，输入端 $V_{in}=2.0V$，$I_{OL}=12.8mA$
	扇出系数	N_O	4～8		同 V_{OH} 和 V_{OL}
交流参数	平均传输延迟时间	t_{pd}	≤20	ns	$V_{CC}=5V$，被测输入端输入信号为 $V_{in}=3.0V$，$f=2MHz$

4.1.3 实验设备与器件

（1）＋5V 直流电源。

（2）逻辑电平开关。

（3）逻辑电平显示器。

(4) 数字万用表。

(5) 74LS20×2、74LS00、1kΩ 电位器、10kΩ 电位器、200Ω 电阻器(0.5W)。

4.1.4　预习要求

(1) 认真阅读关于 TTL 门电路工作原理的内容。

(2) 预习 TTL 门电路的使用规则。

4.1.5　实验内容

1. 验证 TTL 集成与非门 74LS20 的逻辑功能

在实验箱(台)合适的位置选取一个 14P 插座，按定位标记插好 74LS20 集成块。按图 4.5 连接线路，门的 4 个输入端接逻辑开关输出插口，以提供“0”与“1”电平信号，开关向上，输出逻辑“1”，向下为逻辑“0”。门的输出端接由 LED 组成的逻辑电平显示器(又称 0-1 指示器)的显示插口，LED 亮为逻辑“1”，不亮为逻辑“0”。按表 4-2 分别测试集成块中两个与非门的逻辑功能。74LS20 有 4 个输入端，有 16 个最小项，在实际测试时，只要对输入 1111、0111、1011、1101、1110 进行检测就可判断其逻辑功能是否正常。

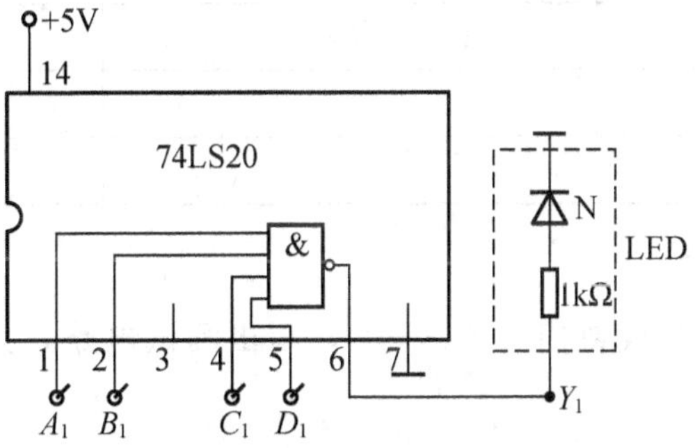

图 4.5　与非门逻辑功能测试电路

表 4-2　74LS20 逻辑功能测试

输入				输出	
A_n	B_n	C_n	D_n	Y_1	Y_2
1	1	1	1		
0	1	1	1		
1	0	1	1		
1	1	0	1		
1	1	1	0		

2. 测试 74LS20 的电压传输特性

接图 4.4 连接线路，调节电位器 R_W，使 V_i从 0V 向高电平变化，逐点测量 V_i和 V_o的对应值，记入表 4-3 中。

表 4-3　74LS20 的电压传输特性

V_i/V	0	0.2	0.4	0.6	0.8	1.0	1.5	2.0	2.5	3.0	3.5	4.0	4.5	5.0
V_o/V														

3. 利用与非门组成其他门电路

1) 组成与门电路

用与非门 74LS00 组成与门 $Z=A\cdot B$，画出测试电路，并注明芯片的引线端口，测试逻辑功能，完成表 4-4。

表 4-4　与门逻辑测试

输入状态		输出状态
A	B	Z
0	0	
0	1	
1	0	
1	1	

2) 组成或门电路

用与非门 74LS00 组成或门 $Z=A+B$，画出测试电路，并测试逻辑功能，完成表 4-5。

表 4-5　或门逻辑测试

输入状态		输出状态
A	B	Z
0	0	
0	1	
1	0	
1	1	

3) 组成或非门电路

用与非门 74LS00 组成或非门 $Z=\overline{A+B}$，画出测试电路，并测试逻辑功能，完成表 4-6。

表 4-6 或非门逻辑测试

输入状态		输出状态
A	*B*	*Z*
0	0	
0	1	
1	0	
1	1	

4）组成异或门电路

用 74LS00 和 74LS20 分别按照图 4.6(a)和图 4.6(b)组成异或门电路，测试其逻辑功能，填入表 4-7 中。

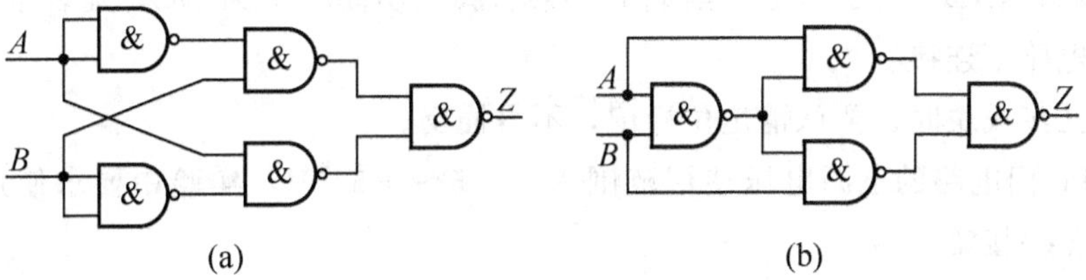

图 4.6 与非门构成的异或门

表 4-7 异或门逻辑测试

输入状态		输出状态
A	*B*	*Z*
0	0	
0	1	
1	0	
1	1	

4.1.6 故障现象及分析

故障现象及原因分析如表 4-8 所示。

表 4-8 故障现象及原因分析

故障现象	故障分析
部分逻辑功能错误	电路连接错误，或连接导线断，或芯片损坏
门电路输出始终为低电平	芯片电源没有加上，可测 14 引脚到 7 引脚电压是否为+5V

4.1.7 对实验报告的要求

（1）画出实测的电压传输特性曲线，并从中读出各有关参数值。

（2）画出必要的逻辑图，并注明集成电路的引线端口。

（3）记录、整理实验结果，并对结果进行分析。

4.1.8 注意事项

（1）数字电路实验中所用到的集成芯片都是双列直插式的。识别方法是：正对集成电路型号(如 74LS20)或看标记(左边的缺口或小圆点标记)，从左下角开始按逆时针方向以1，2，3，…依次排列到最后一脚(在左上角)。在标准型 TTL 集成电路中，电源端 V_{CC} 一般排在左上端，接地端 GND 一般排在右下端。如 74LS20 为 14 脚芯片，其第 14 脚为 V_{CC}、第 7 脚为 GND。若手册上，集成电路某引脚的功能标记为 NC，则表示该引脚为空脚，与内部电路不连接。

（2）插接集成块时，要认清定位标记，不得插反。

（3）TTL 门电路的电源电压使用范围为＋4.5～＋5.5V，实验中要求使用＋5V。电源极性一定不要接错。

（4）TTL 门电路闲置输入端处理方法。

① 悬空时，相当于逻辑“1”，实验时允许悬空处理，但易受外界干扰，导致电路的逻辑功能不可靠。因此，实际应用时输入端必须按逻辑要求接入电路，一般不悬空。

② 直接接电源电压 V_{CC}(也可以串入一只 1～10kΩ 的固定电阻)或接至某一固定电压(＋2.4≤V≤4.5V)的电源上。

（5）输入端通过电阻接地，电阻值的大小将直接影响电路所处的状态。当 R≤680Ω 时，输入端相当于逻辑“0”；当 R≥4.7kΩ 时，输入端相当于逻辑“1”。对于不同系列的器件，要求的阻值不同。

（6）除集电极开路门(OC 门)和三态输出门以外，数字集成电路的输出端不允许并联使用，否则不仅会使电路逻辑功能混乱，还会导致器件损坏。

（7）输出端不允许直接接地或直接接＋5V 电源，否则将损坏器件。

4.2 译码器及其应用

4.2.1 实验目的

（1）掌握 74LS138 型 3 线—8 线译码器的逻辑功能和使用方法。

（2）掌握 BCD－7 段译码器的逻辑功能。

（3）熟悉 LED 数码管的使用。

4.2.2 实验原理

译码器是一种多输入、多输出的组合逻辑电路。其作用是把给定的代码“翻译”成相应的状态，使输出通道中相应的一路有信号输出。常用的译码器可分为通用译码器和显示译码器两大类，通用译码器又分为变量译码器和代码变换译码器两种。

1. 变量译码器

变量译码器又称二进制译码器，能将输入的二进制代码翻译成对应的高低电平输出，有 2 线—4 线、3 线—8 线和 4 线—16 线译码器等几种。变量译码器的输出可能是高电平有效，也可能是低电平有效。

1）74LS138 的逻辑功能

74LS138 型 3 线—8 线译码器应用最为广泛，它是一种低电平有效的变量译码器，图 4.7 为其引脚排列，表 4－9 为 74LS138 译码器的功能表。

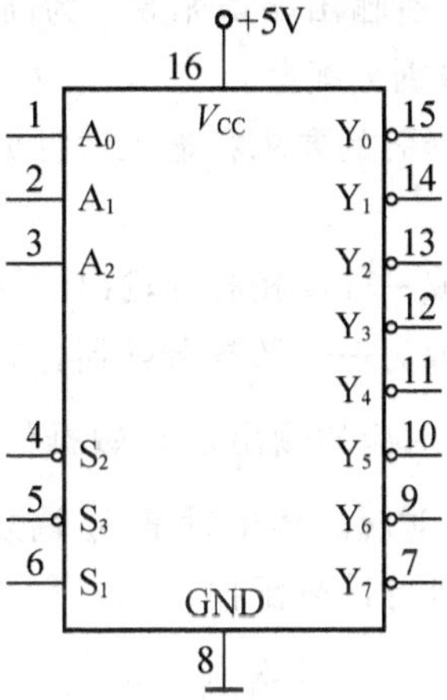

图 4.7　74LS138 引脚排列

表 4－9　74LS138 译码器的功能表

输入					输出							
S_1	$\overline{S}_2+\overline{S}_3$	A_2	A_1	A_0	$\overline{Y}_0$	$\overline{Y}_1$	$\overline{Y}_2$	$\overline{Y}_3$	$\overline{Y}_4$	$\overline{Y}_5$	$\overline{Y}_6$	$\overline{Y}_7$
1	0	0	0	0	0	1	1	1	1	1	1	1
1	0	0	0	1	1	0	1	1	1	1	1	1
1	0	0	1	0	1	1	0	1	1	1	1	1
1	0	0	1	1	1	1	1	0	1	1	1	1
1	0	1	0	0	1	1	1	1	0	1	1	1
1	0	1	0	1	1	1	1	1	1	0	1	1

续表

输入					输出							
S_1	$\bar{S}_2+\bar{S}_3$	A_2	A_1	A_0	$\bar{Y}_0$	$\bar{Y}_1$	$\bar{Y}_2$	$\bar{Y}_3$	$\bar{Y}_4$	$\bar{Y}_5$	$\bar{Y}_6$	$\bar{Y}_7$
1	0	1	1	0	1	1	1	1	1	1	0	1
1	0	1	1	1	1	1	1	1	1	1	1	0
0	×	×	×	×	1	1	1	1	1	1	1	1
×	1	×	×	×	1	1	1	1	1	1	1	1

注：×表示任意态，全书同。

A_2、A_1、A_0为地址输入端，$\bar{Y}_0$～$\bar{Y}_7$为译码输出端，S_1、$\bar{S}_2$、$\bar{S}_3$为使能端。

当$S_1=1$，$\bar{S}_2+\bar{S}_3=0$时，器件使能，地址码所指定的输出端有信号输出(低电平)，其他所有输出端均无信号输出(全为高电平)。当$S_1=0$、$(\bar{S}_2+\bar{S}_3)$为任意时，或S_1任意、$\bar{S}_2+\bar{S}_3=1$时，译码器被禁止，所有输出端都无效，为高电平。

2）用74LS138译码器实现数据分配器

数据分配器能够根据地址选择码的要求将输入数据分配给多路输出中的某一路，其功能可以由译码器实现。

74LS138译码器也可以理解成一种反相脉冲输出的脉冲分配器，可以利用使能端中的一个输入端输入数据信息，使其成为一个数据分配器，如图4.8所示。若在S_1输入端输入数据信息，$\bar{S}_2=\bar{S}_3=0$，地址码所对应的输出是S_1数据信息的反码；若从$\bar{S}_2$端输入数据信息，令$S_1=1$、$\bar{S}_3=0$，地址码所对应的输出就是$\bar{S}_2$端数据信息的原码。若数据信息是时钟脉冲，则数据分配器便成为时钟脉冲分配器。

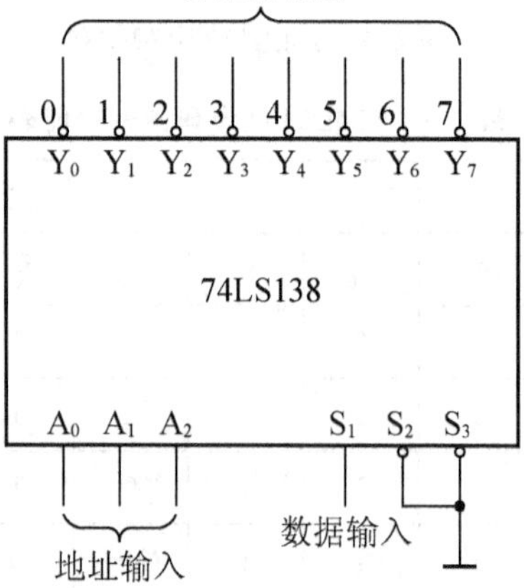

图4.8 译码器做数据分配器

3）74LS138译码器的其他扩展应用

可以利用74LS138译码器实现逻辑函数，如图4.9所示。实现的逻辑函数为

$$Z=\bar{A}\bar{B}\bar{C}+\bar{A}B\bar{C}+A\bar{B}\bar{C}+ABC$$

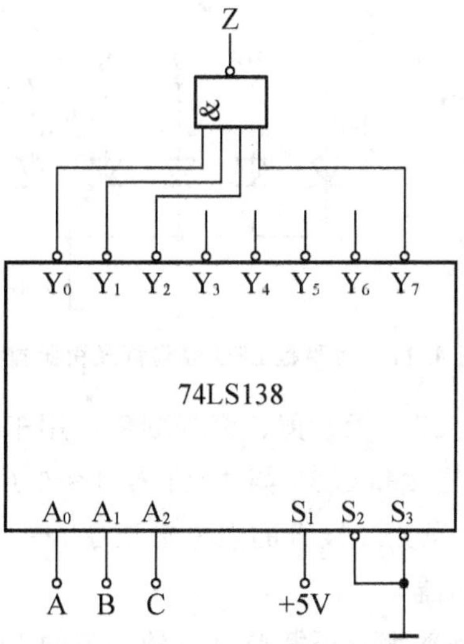

图 4.9　译码器实现逻辑函数

还可以利用使能端将两个 3 线—8 线译码器扩展成一个 4 线—16 线译码器，如图 4.10 所示。

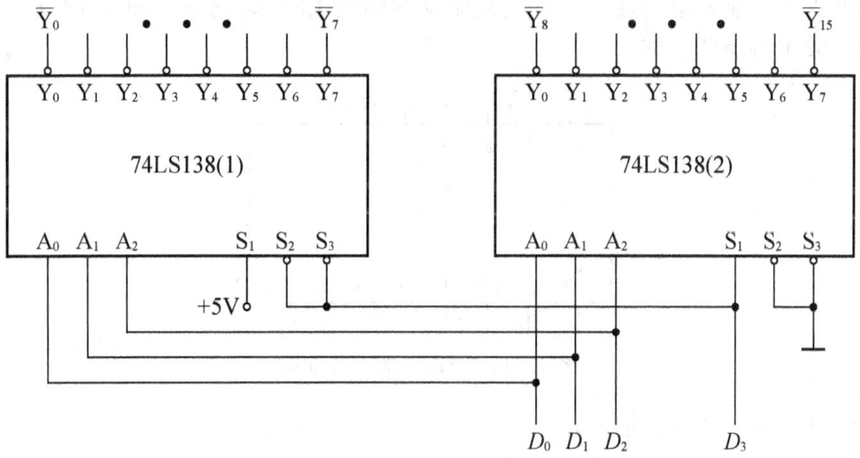

图 4.10　两片 74LS138 组合成 4 线—16 线译码器

2. 显示译码器

1）七段发光二极管数码管

七段数码管是一种常用的数字显示器，其每一个字段都是一个发光二极管，可分为共阴极 LED 和共阳极 LED 两种结构。图 4.11 所示为共阴极(又称共 C 极或共 K 极)LED 外观及引脚排列图。共阴管需要高电平驱动，而共阳管需要低电平驱动。使用时，必须外接限流电阻以保护发光二极管。对于共阴极数码管来说，公共阴极接地，a～g 各段和小数点字段 DP 经过限流电阻接驱动器的输出端，当驱动器输出高电平时，对应的字段被点亮。

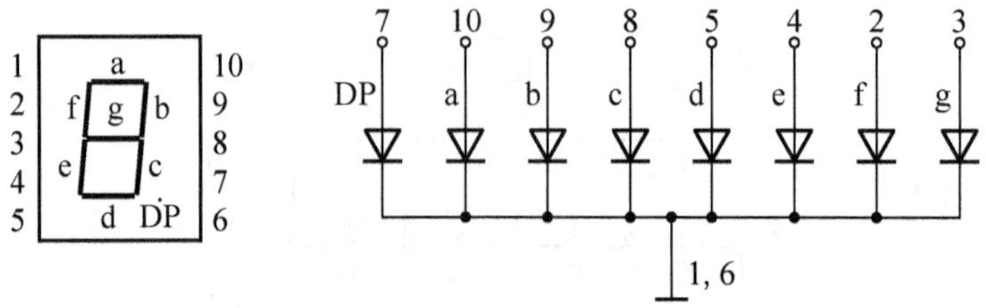

图 4.11 共阴极 LED 数码管及引脚排列

LED 数码管的显示颜色有红、绿、黄、橙等颜色，用来显示 0～9 十进制数和一个小数点(DP)。小型数码管(0.5 英寸和 0.36 英寸)(1 英寸≈0.025 米)每段发光二极管的正向压降，通常为 2～2.5V，每个发光二极管的点亮电流在 5～10mA。

2）BCD 码-七段译码驱动器

LED 数码管要显示十进制数字，还需要有一种专门的 BCD 码-七段译码驱动器，用于将 BCD 码翻译成 LED 可直接显示的七段代码。此类译码器有 74LS46(共阳)、74LS47(共阳)、74LS48(共阴)、74LS49(共阴)和 CC4511(共阴)等型号。

本实验中采用 CMOS 工艺的 CC4511 BCD 码锁存/七段译码/驱动器，其内部输出级采用反相器形式，驱动能力较强，可直接驱动共阴极 LED 数码管。图 4.12 为 CC4511 的引脚排列，其引脚功能如下。

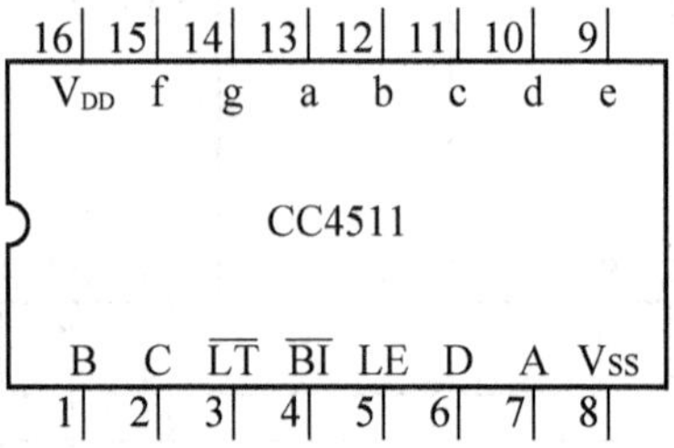

图 4.12 CC4511 的引脚排列

A、B、C、D：BCD 码输入端。

a、b、c、d、e、f、g：七段译码输出，输出“1”有效。

$\overline{LT}$：测试输入端，$\overline{LT}$=0 时，译码输出全为“1”，LED 七段全亮，显示“8”。

$\overline{BI}$：消隐输入端，$\overline{BI}$=0 时，译码输出全为“0”。

LE：锁定端，LE=1 时，译码器处于锁定(保持)状态，LE=0 时为正常译码。

表 4-10 为 CC4511 的功能表。CC4511 内接上拉电阻，只需在输出端与数码管笔段之间串入限流电阻即可工作。该译码器还有拒伪码功能，当输入码超过 1001 时，输出全为“0”，数码管熄灭。

在 DGJ-1 型电工电子实验装置上都已完成了译码器 CC4511 和 BS202 型数码管之间的连接。实验时，只需接通+5V 电源，并将十进制数的 BCD 码接至译码器的相应输入端 A、B、C、D 即可显示 0～9 的数字。CC4511 与 LED 数码管的实际连接如图 4.13 所示。

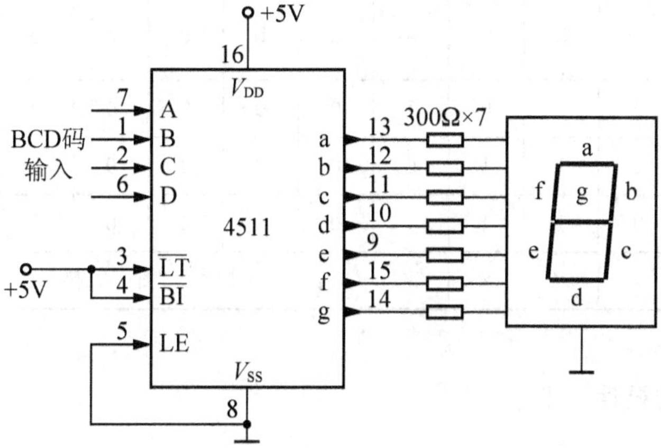

图 4.13　CC4511 与 LED 数码管的实际连接

表 4-10　CC4511 的功能表

输　入							输　出							
LE	$\overline{BI}$	$\overline{LT}$	D	C	B	A	a	b	c	d	e	f	g	显示字形
×	×	0	×	×	×	×	1	1	1	1	1	1	1	8
×	0	1	×	×	×	×	0	0	0	0	0	0	0	消隐
0	1	1	0	0	0	0	1	1	1	1	1	1	0	0
0	1	1	0	0	0	1	0	1	1	0	0	0	0	1
0	1	1	0	0	1	0	1	1	0	1	1	0	1	2
0	1	1	0	0	1	1	1	1	1	1	0	0	1	3
0	1	1	0	1	0	0	0	1	1	0	0	1	1	4
0	1	1	0	1	0	1	1	0	1	1	0	1	1	5
0	1	1	0	1	1	0	0	0	1	1	1	1	1	6
0	1	1	0	1	1	1	1	1	1	0	0	0	0	7
0	1	1	1	0	0	0	1	1	1	1	1	1	1	8
0	1	1	1	0	0	1	1	1	1	0	0	1	1	9
0	1	1	1	0	1	0	0	0	0	0	0	0	0	消隐
0	1	1	1	0	1	1	0	0	0	0	0	0	0	消隐
0	1	1	1	1	0	0	0	0	0	0	0	0	0	消隐

续表

输入							输出							
LE	$\overline{BI}$	$\overline{LT}$	D	C	B	A	a	b	c	d	e	f	g	显示字形
0	1	1	1	1	0	1	0	0	0	0	0	0	0	消隐
0	1	1	1	1	1	0	0	0	0	0	0	0	0	消隐
0	1	1	1	1	1	1	0	0	0	0	0	0	0	消隐
1	1	1	×	×	×	×	锁存							锁存

4.2.3 实验设备与器件

(1) +5V 直流电源。
(2) 双踪示波器。
(3) 连续脉冲源。
(4) 数字万用表。
(5) 逻辑电平开关。
(6) 逻辑电平显示器。
(7) 拨码开关组。
(8) 译码显示器。
(9) 74LS138(×2)和 CC4511 译码器。

4.2.4 预习要求

(1) 复习译码器的内容。
(2) 熟悉 74LS138、CC4511 等集成电路的逻辑功能和应用特点。
(3) 了解 LED 数码管的显示原理和使用方法。

4.2.5 实验内容

1. 数据拨码开关的使用

将实验装置上的 4 组拨码开关的输出 A_i、B_i、C_i、D_i 分别接至 4 组显示译码/驱动器 CC4511 的对应输入口，LE、$\overline{BI}$、$\overline{LT}$ 接至 3 个逻辑开关的输出插口，接上+5V 显示器的电源(将虚线连接的两个+5V 端子用导线连接)，然后根据表 4-10 设置与 LE、$\overline{BI}$、$\overline{LT}$ 对应的 3 个逻辑开关，揿动 4 个数码的增减键(“+”与“−”键)，观测拨码盘上的四位数与 LED 数码管显示的对应数字是否一致，判断译码显示是否正常。

2. 74LS138 译码器的逻辑功能测试

将译码器使能端 S_1、$\bar{S}_2$、$\bar{S}_3$ 及地址端 A_2、A_1、A_0 分别接至逻辑电平开关输出口，8 个输出端 $\bar{Y}_0 \cdots \bar{Y}_7$ 依次连接在逻辑电平显示器的 8 个输入口上，拨动逻辑电平开关，按表 4-9 逐项测试 74LS138 的逻辑功能。

3. 用 74LS138 构成时序脉冲分配器

参照图 4.8 和实验原理说明，时钟脉冲 CP 频率约为 100Hz，变换地址码，要求分配器输出端 $\bar{Y}_0 \cdots \bar{Y}_7$ 的信号与 CP 输入脉冲信号同相。

画出分配器的实验电路，用示波器观察在地址端 A_2、A_1、A_0 分别取 000～111 等 8 种不同状态时 $\bar{Y}_0 \cdots \bar{Y}_7$ 端的输出波形，注意输出波形与 CP 输入波形之间的相位关系，做好记录。

4. 74LS138 扩展成 4 线—16 线译码器

用两片 74LS138 扩展成一个 4 线—16 线译码器，连接实验电路，并验证逻辑功能。

4.2.6 故障现象及分析

故障现象及分析如表 4-11 所示。

表 4-11 故障现象及分析

故障现象	故障分析
LED 显示数字与拨码盘上的数字不一致	4511 芯片电源没加上，或连接导线有断线；极少可能为 4511 损坏或数码管损坏
时序脉冲分配器输出与输入时钟反相	实验电路有误，最大的可能是时钟输入译码器的引脚错误
时序脉冲分配器无输出	示波器使用不当导致无波形显示，或译码器地址与输出不对应

4.2.7 对实验报告的要求

(1) 画出实验线路，把观察到的波形画在坐标纸上，并标上对应的地址码。

(2) 对实验结果进行分析、总结。

4.3 数据选择器的功能测试及应用

4.3.1 实验目的

(1) 掌握集成数据选择器的逻辑功能及使用方法。

(2) 初步掌握数据选择器的功能扩展方法。

4.3.2 实验原理

数据选择器又称“多路开关”，是逻辑电路设计中被广泛应用的部件。数据选择器的功能与数据分配器相反，它是在地址码的控制下，从多路数据输入中选择一路输出。其功能类似一个单刀多掷开关，如图 4.14 所示。图中有 4 路输入数据 $D_0 \sim D_3$，通过地址码 A_1、A_0控制从 4 路数据中选中某一路数据送至输出端 Q。数据选择器的用途很多，除了进行数据选择外，还可以用于多通道传输、数码比较、并串转换及实现逻辑函数等。

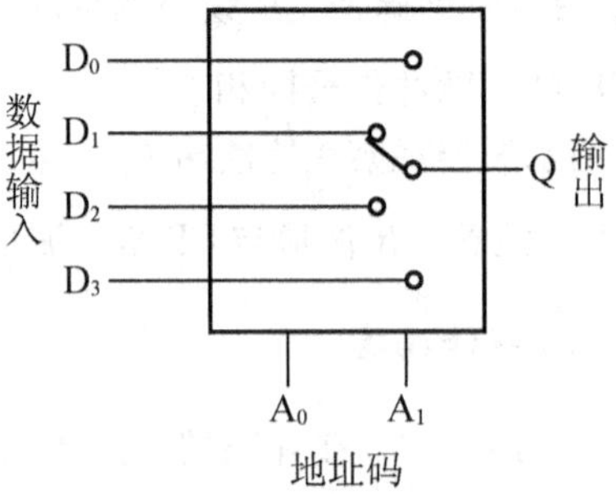

图 4.14　4 选 1 数据选择器示意图

常用的数据选择器主要有 2 选 1 数据选择器、4 选 1 数据选择器和 8 选 1 数据选择器等。

1. 8 选 1 数据选择器 74LS151

74LS151 为互补输出的 8 选 1 数据选择器，引脚排列如图 4.15 所示，功能如表 4-12 所示。$A_2A_1A_0$是地址码输入端，$D_0 \sim D_7$是 8 位二进制数，Q 和 $\bar{Q}$ 是两个互补的数据输出端；$\bar{S}$ 为使能端，低电平有效。

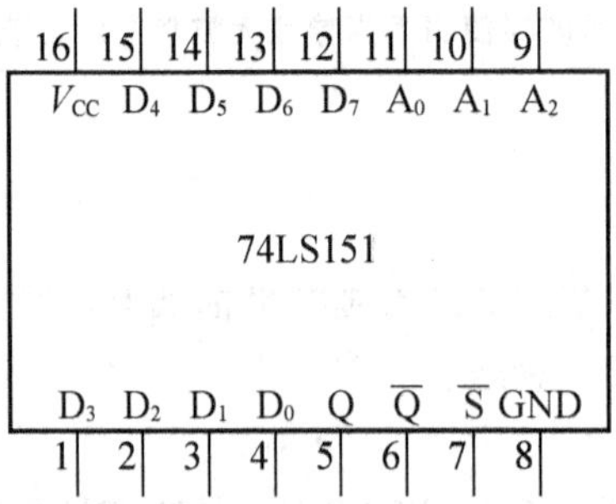

图 4.15　74LS151 引脚排列

使能端 $\bar{S}=1$ 时，选择器被禁止，不论 $A_2 \sim A_0$状态如何，均无输出($Q=0$，$\bar{Q}=1$)。

使能端 $\bar{S}=0$ 时，多路开关正常工作，根据地址码 A_2、A_1、A_0的状态，按二进制译码，从 $D_0 \sim D_7$中选择相应通道的数据输送到 Q 输出端。

如 $A_2A_1A_0=000$ 时，选择 D_0数据到输出端，即 $Q=D_0$。

$A_2A_1A_0=001$ 时，则选择 D_1 数据到输出端，即 $Q=D_1$，其余类推。

74LS151 的逻辑表达式为

$$Q=D_0(\overline{A}_2\ \overline{A}_1\ \overline{A}_0)+D_1(\overline{A}_2\ \overline{A}_1A_0)+D_2(\overline{A}_2A_1\ \overline{A}_0)+D_3(\overline{A}_2\ A_1A_0)+$$
$$D_4(A_2\ \overline{A}_1\ \overline{A}_0)+D_5(A_2\ \overline{A}_1A_0)+D_6(A_2A_1\ \overline{A}_0)+D_7(A_2A_1A_0)$$

表 4-12 74LS151 的功能表

输入				输出	
$\bar{S}$	A_2	A_1	A_0	Q	$\bar{Q}$
1	×	×	×	0	1
0	0	0	0	D_0	$\bar{D}_0$
0	0	0	1	D_1	$\bar{D}_1$
0	0	1	0	D_2	$\bar{D}_2$
0	0	1	1	D_3	$\bar{D}_3$
0	1	0	0	D_4	$\bar{D}_4$
0	1	0	1	D_5	$\bar{D}_5$
0	1	1	0	D_6	$\bar{D}_6$
0	1	1	1	D_7	$\bar{D}_7$

2. 双 4 选 1 数据选择器 74LS153

双 4 选 1 数据选择器是在一块芯片上集成有两个 4 选 1 数据选择器。74LS153 的引脚排列如图 4.16 所示，功能如表 4-13 所示。

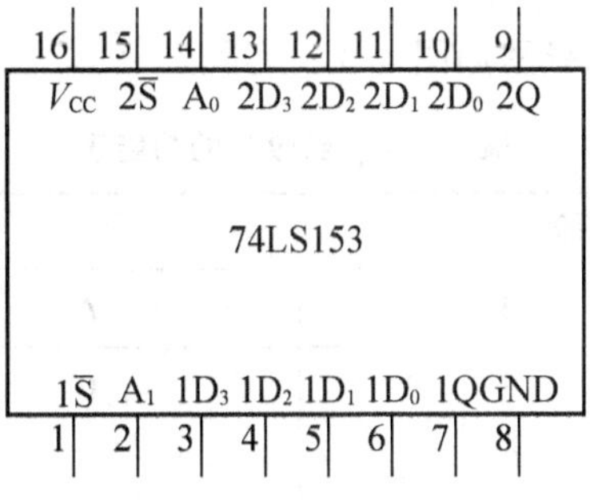

图 4.16 74LS153 的引脚排列

$1\bar{S}$、$2\bar{S}$ 为两个独立的使能端；A_1、A_0 为公用的地址输入端；$1D_0\sim1D_3$ 和 $2D_0\sim2D_3$ 分别为两个 4 选 1 数据选择器的数据输入端；Q_1、Q_2 为两个数据选择器的各自输出端，原码方式输出。

(1) 当使能端 $1\bar{S}(2\bar{S})=1$ 时，多路开关被禁止，无输出，$Q=0$。

(2) 当使能端 $1\bar{S}(2\bar{S})=0$ 时，多路开关正常工作，根据地址码 A_1、A_0 的状态，将相应的数据 $D_0\sim D_3$ 送到输出端 Q。

当 $A_1A_0=00$ 时，选择 D_0 数据到输出端，即 $Q=D_0$。

当 $A_1A_0=01$ 时，则选择 D_1 数据送到输出端，即 $Q=D_1$，其余类推。

表 4-13　74LS153 的功能表

输　入			输　出
$\bar{S}$	A_1	A_0	Q
1	×	×	0
0	0	0	D_0
0	0	1	D_1
0	1	0	D_2
0	1	1	D_3

3. 数据选择器的应用——实现逻辑函数

采用具有 n 位地址输入的数据选择器，可实现任意输入变量数不大于 $(n+1)$ 的组合逻辑函数。以下通过几个实例加以说明。

1）用 8 选 1 数据选择器 74LS151 实现函数 $F=A\bar{B}+\bar{A}C+B\bar{C}$

采用 8 选 1 数据选择器 74LS151 可实现任意三输入变量的组合逻辑函数。

表 4-14 所示为函数 F 的功能表。将函数 F 的功能表与 8 选 1 数据选择器的功能表相比较，可以发现，若将输入变量 C、B、A 分别作为 8 选 1 数据选择器的地址码 A_2、A_1、A_0，并使 8 选 1 数据选择器的各数据输入 $D_0\sim D_7$ 分别与函数 F 的值一一对应，即 $A_2A_1A_0=CBA$，$D_0=D_7=0$，$D_1=D_2=D_3=D_4=D_5=D_6=1$，则 8 选 1 数据选择器的输出 Q 就是函数 $F=A\bar{B}+\bar{A}C+B\bar{C}$，接线图如图 4.17 所示。

表 4-14　函数 F 的功能表

输　入			输　出
C	B	A	F
0	0	0	0
0	0	1	1
0	1	0	1
0	1	1	1
1	0	0	1
1	0	1	1
1	1	0	1
1	1	1	0

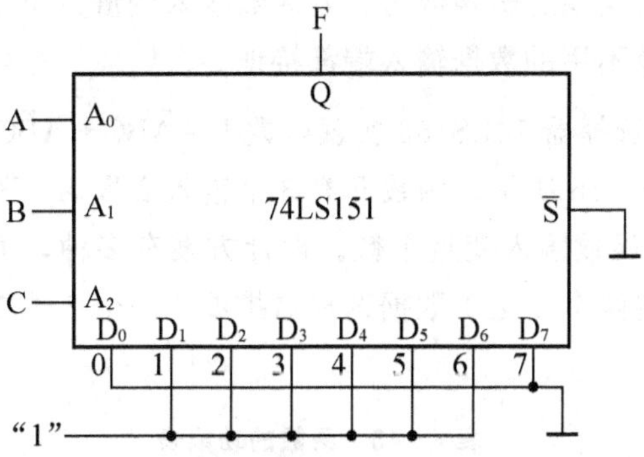

图 4.17 用 8 选 1 数据选择器实现 $F=A\bar{B}+\bar{A}C+B\bar{C}$

显然，采用具有 n 个地址端的数据选择器实现 n 个变量的逻辑函数时，应将函数的输入变量加到数据选择器的地址端，选择器的数据输入端按次序以函数输出值来赋值。

2）用 8 选 1 数据选择器 74LS151 实现函数 $F=A\bar{B}+\bar{A}B$

函数 F 的功能表如表 4－15 所示。将 B、A 加到地址端 A_1、A_0，而 A_2接地；将 D_1、D_2接"1"，D_0、D_3接地，其余数据输入端 D_4～D_7也都接地，则 8 选 1 数据选择器的输出 Q 就是函数 $F=A\bar{B}+\bar{A}B$。接线图如图 4.18 所示。

表 4－15 $F=A\bar{B}+\bar{A}B$ 的功能表

输入		输出
B	A	F
0	0	0
0	1	1
1	0	1
1	1	0

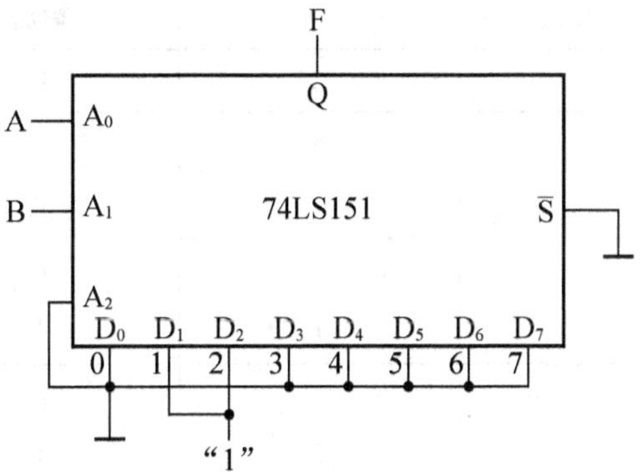

图 4.18 8 选 1 数据选择器实现 $F=A\bar{B}+\bar{A}B$ 的接线图

显然，用数据选择器实现逻辑函数时，若函数输入变量数小于数据选择器的地址端子数，应将不用的地址端及不用的数据输入端都接地。

3）用双 4 选 1 数据选择器 74LS153 实现函数 $F=\bar{A}BC+A\bar{B}C+AB\bar{C}+ABC$

函数 F 的功能如表 4－16 所示。函数 F 有 3 个输入变量 A、B、C，而数据选择器有两个地址端 A_1、A_0，少于函数输入变量个数。设计方案有多种，可以只用一个 4 选 1 数据选择器实现，也可以先将两个 4 选 1 数据选择器扩展成一个 8 选 1 数据选择器，再按前述方法设计。

表 4－16　函数的功能表

输入			输出
A	B	C	F
0	0	0	0
0	0	1	0
0	1	0	0
0	1	1	1
1	0	0	0
1	0	1	1
1	1	0	1
1	1	1	1

在设计时可选 A 接 A_1，B 接 A_0，将函数功能表改成表 4－17 的形式。由表 4－17 能够得出 $D_0=0$，$D_1=D_2=C$，$D_3=1$，则 4 选 1 数据选择器的输出，便实现了函数 $F=\bar{A}BC+A\bar{B}C+AB\bar{C}+ABC$，接线图如图 4.19 所示。

表 4－17　等效的函数功能表

输入			输出	选中的数据端
A	B	C	F	
0	0	0	0	$D_0=0$
		1	0	
0	1	0	0	$D_1=C$
		1	1	
1	0	0	0	$D_2=C$
		1	1	
1	1	0	1	$D_3=1$
		1	1	

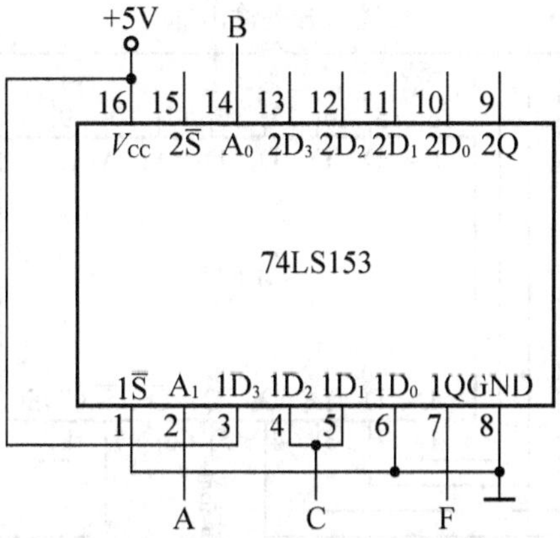

图 4.19　用 4 选 1 数据选择器实现 $F=\bar{A}BC+A\bar{B}C+AB\bar{C}+ABC$

用数据选择器实现逻辑函数时，若函数输入变量数大于数据选择器地址端子数，可能随着选用函数输入变量做地址的方案的不同，其设计结果也会不同。

4.3.3　实验设备与器件

(1) +5V 直流电源。

(2) 逻辑电平开关。

(3) 逻辑电平显示器。

(4) 数字万用表。

(5) 数据选择器 74LS151(或 CD4512)、74LS153(或 CD4539)。

4.3.4　预习要求

(1) 复习数据选择器的工作原理。

(2) 用数据选择器对实验内容中的函数式和电路进行预设计，画出接线图。

4.3.5　实验内容

1. 测试数据选择器 74LS151 的逻辑功能

按图 4.20 的实验电路接线，数据端 $D_0 \sim D_7$、使能端 $\bar{S}$ 和地址端 A_2、A_1、A_0 分别接逻辑开关，输出端 Q 接逻辑电平显示器，按 74LS151 功能表逐项进行测试，记录测试结果。

2. 测试 74LS153 的逻辑功能

两个数据选择器分别测试，测试方法及步骤同 74LS151。

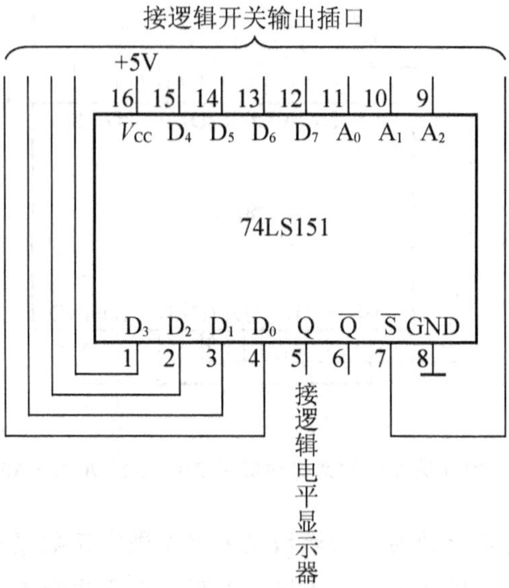

图 4.20　74LS151 的逻辑功能测试电路

3. 用数据选择器 74LS151 设计三输入多数表决电路

(1) 写出设计过程。
(2) 画出逻辑电路图。
(3) 验证逻辑功能。

4. 用数据选择器 74LS151 实现逻辑函数

用 8 选 1 数据选择器 74LS151 实现逻辑函数 $F=A\bar{B}+\bar{A}B+AB$。
(1) 写出设计过程。
(2) 画出逻辑电路图。
(3) 验证逻辑功能。

4.3.6　对实验报告的要求

(1) 按实验内容的要求，完成设计过程，画出连接电路图，进行逻辑功能测试。
(2) 总结实验收获和体会。

4.4　触发器功能测试及应用

4.4.1　实验目的

(1) 掌握基本 RS 触发器、JK 触发器、D 触发器的逻辑功能和测试方法。

(2) 熟悉集成触发器的使用方法。

(3) 初步掌握触发器逻辑功能转换的方法。

4.4.2　实验原理

触发器具有记忆功能，是构成各种时序电路的最基本逻辑单元。触发器具有两个稳定状态，分别表示逻辑状态“1”和“0”，在一定的外界信号作用下，可以从一个稳定状态翻转到另一个稳定状态。

触发器有不同的分类方法，按逻辑功能分，有RS触发器、JK触发器、D触发器和T触发器4种；按触发方式分，有电平触发式、主从触发式和边沿触发式3类。目前，以边沿触发的JK触发器和D触发器应用最为普遍。

1. 基本RS触发器

基本RS触发器是最简单的触发器，是组成性能更完善的各种触发器的基础。

图4.21是由两个与非门交叉耦合构成的基本RS触发器，无须时钟控制，可低电平直接触发。RS触发器具有置“0”、置“1”和“保持”3种功能。通常称$\bar{S}$为置“1”端，$\bar{R}$为置“0”端。$\bar{S}=0(\bar{R}=1)$时触发器被置“1”；$\bar{R}=0(\bar{S}=1)$时触发器被置“0”，当$\bar{S}=\bar{R}=1$时状态保持；$\bar{S}=\bar{R}=0$时，触发器状态不定，应避免此种情况发生。表4-18为基本RS触发器的功能表。基本RS触发器也可以用两个“或非门”组成，此时为高电平触发。

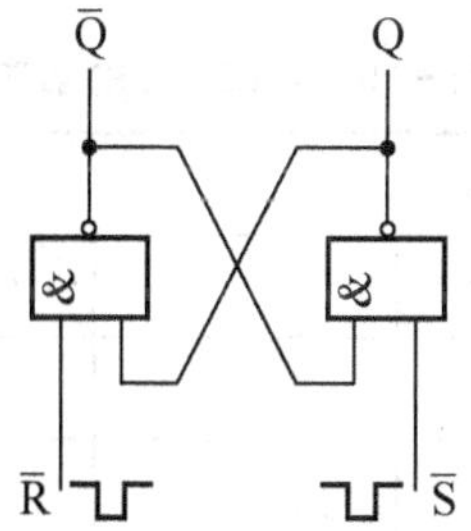

图4.21　基本RS触发器

表4-18　基本RS触发器的功能表

输　入		输　出	
$\bar{S}$	$\bar{R}$	Q^{n+1}	$\bar{Q}^{n+1}$
0	1	1	0
1	0	0	1
1	1	Q^n	$\bar{Q}^n$
0	0	ϕ	ϕ

2. JK 触发器

JK 触发器大多为主从式触发器，它克服了 RS 触发器的空翻现象，功能更加完善，使用灵活，通用性较强，常用于构成缓冲存储器、移位寄存器和计数器等。

JK 触发器有 J 和 K 两个数据输入端，它们是触发器状态更新的依据；有 Q 与 $\bar{Q}$ 两个互补输出端。通常把 Q=0、$\bar{Q}$=1 的状态定为触发器的“0”状态；而把 Q=1，$\bar{Q}$=0 定为“1”状态。JK 触发器的状态方程为

$$Q^{n+1}=J\bar{Q}^n+\bar{K}Q^n \tag{4-3}$$

本实验采用下降沿触发的双 JK 触发器 74LS112，其引脚排列及逻辑符号如图 4.22 所示，功能如表 4-19 所示。

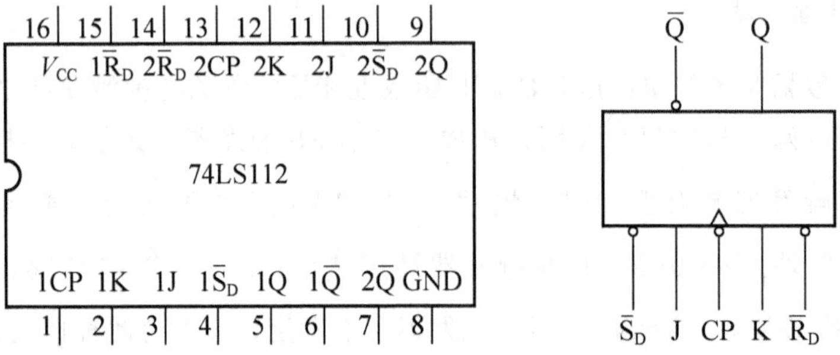

(a) 引脚排列　　(b) 逻辑功能

图 4.22　双 JK 触发器 74LS112 的引脚排列及逻辑符号

表 4-19　74LS112 的功能表

输入					输出	
$\bar{S}_D$	$\bar{R}_D$	CP	J	K	Q^{n+1}	$\bar{Q}^{n+1}$
0	1	×	×	×	1	0
1	0	×	×	×	0	1
0	0	×	×	×	ϕ	ϕ
1	1	↓	0	0	Q^n	$\bar{Q}^n$
1	1	↓	1	0	1	0
1	1	↓	0	1	0	1
1	1	↓	1	1	$\bar{Q}^n$	Q^n
1	1	↑	×	×	Q^n	$\bar{Q}^n$

注：↓表示脉冲下降沿；↑表示脉冲上升沿；Q^n($\bar{Q}^n$)表示现态；Q^{n+1}($\bar{Q}^{n+1}$)表示次态；ϕ 表示不定态，余同。

3. D 触发器

D 触发器是一种边沿式触发器，输出状态的更新发生在 CP 脉冲的上升沿。在输入信号为单端的情况下，D 触发器使用起来最为方便。D 触发器的应用很广，可用作数据寄存、移位寄存、分频和波形发生等。D 触发器型号众多，如 74LS74、74LS175、74LS174 等。

D 触发器状态方程为 $Q^{n+1}=D^n$，其状态只取决于时钟到来前 D 端的状态。

图 4.23 为双 D 触发器 74LS74 的引脚排列及逻辑符号。74LS74 的功能如表 4-20 所示。

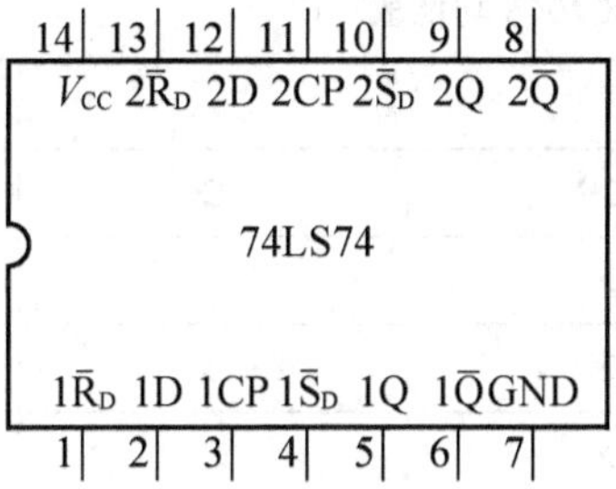

(a) 引脚排列

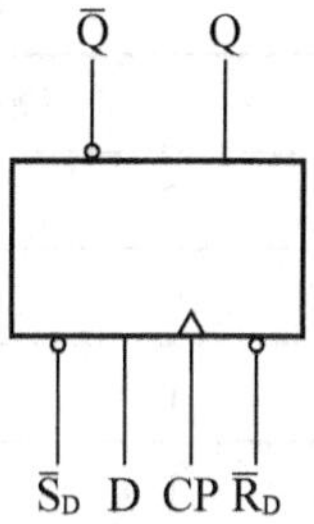

(b) 逻辑符号

图 4.23　74LS74 的引脚排列及逻辑符号

表 4-20　74LS74 的功能表

输入				输出	
$\bar{S}_D$	$\bar{R}_D$	CP	D	Q^{n+1}	$\bar{Q}^{n+1}$
0	1	×	×	1	0
1	0	×	×	0	1
0	0	×	×	ϕ	ϕ
1	1	↑	1	1	0
1	1	↑	0	0	1
1	1	↓	×	Q^n	$\bar{Q}^n$

4. CMOS 触发器

由 CMOS 传输门构成的边沿型触发器是主从式准静态结构，在时钟出现上升沿时翻转。CMOS 触发器的直接置位输入端 S、复位输入端 R 优先级最高，且都是高电平有效。当 S=1(或 R=1)时，触发器不受其他输入端状态的影响，使触发器直接置为 1(或 0)，但 R、S 不能同时有效。CMOS 触发器在按逻辑功能工作时，S 和 R 必须都置为低电平。

1) CMOS 边沿型 D 触发器

CMOS 边沿型 D 触发器的型号有很多，图 4.24 是双 D 触发器 CC4013 的引脚排列，其功能如表 4-21 所示。

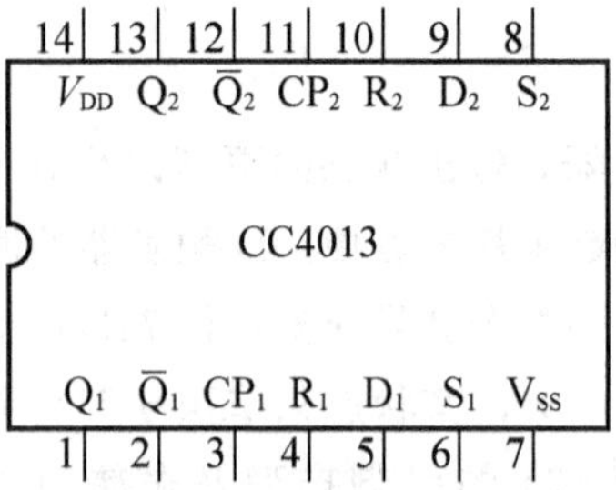

图 4.24 双 D 触发器 CC4013 的引脚排列

表 4-21 CC4013 功能表

输入				输出
S	R	CP	D	Q^{n+1}
1	0	×	×	1
0	1	×	×	0
1	1	×	×	ϕ
0	0	↑	1	1
0	0	↑	0	0
0	0	↓	×	Q^n

2）CMOS 边沿型 JK 触发器

CC4027 是由 CMOS 传输门构成的边沿型 JK 触发器，它是上升沿触发的双 JK 触发器，引脚排列如图 4.25 所示，表 4-22 为其功能表。

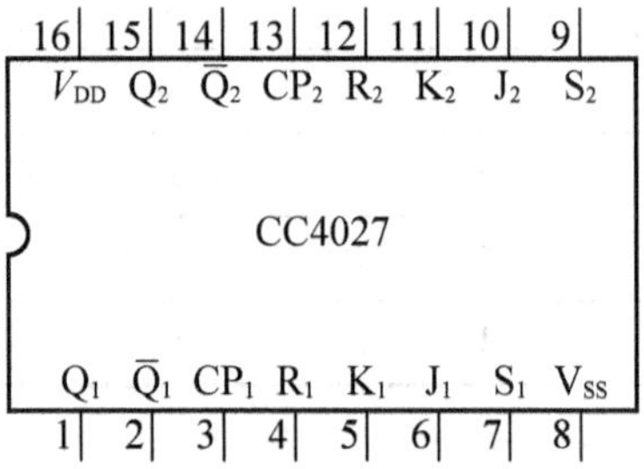

图 4.25 边沿型 JK 触发器 CC4027

表 4-22 CC4027 的功能表

输入					输出
S	R	CP	J	K	Q^{n+1}
1	0	×	×	×	1
0	1	×	×	×	0
1	1	×	×	×	ϕ

续表

输入					输出
S	R	CP	J	K	Q^{n+1}
0	0	↑	0	0	Q^n
0	0	↑	1	0	1
0	0	↑	0	1	0
0	0	↑	1	1	$\bar{Q}^n$
0	0	↓	×	×	Q^n

5. 触发器逻辑功能转换

每一种集成触发器都有自己固定的逻辑功能，可以利用转换的方法获得具有其他功能的触发器。例如，将 JK 触发器的 J、K 两端连在一起作为 T 输入端，就得到 T 触发器，如图 4.26(a)所示。其状态方程为：$Q^{n+1}=T\bar{Q}^n+\bar{T}Q^n$。T 触发器的功能如表 4－23 所示。

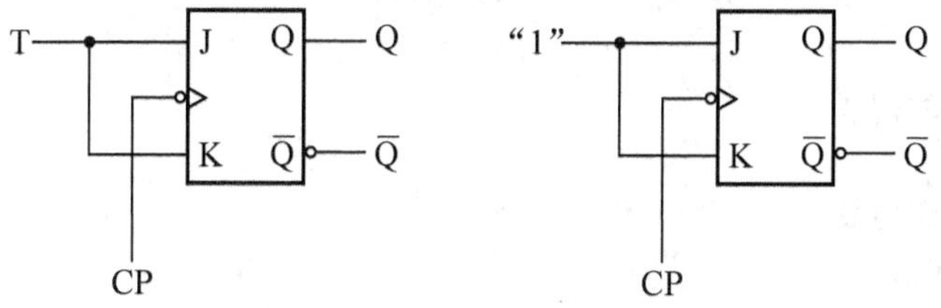

(a) T触发器 (b) T′ 触发器

图 4.26 JK 触发器转换为 T、T′触发器

表 4－23 T 触发器的功能表

输入				输出
$\bar{S}$	$\bar{R}$	CP	T	Q^{n+1}
0	1	×	×	1
1	0	×	×	0
1	1	↓	0	Q^n
1	1	↓	1	$\bar{Q}^n$

由表 4－23 可知，在 T=0 时，时钟脉冲作用后，T 触发器状态保持不变；在 T=1 时，时钟脉冲作用后，触发器状态翻转。若将 T 触发器的 T 端固定置 "1"，即得到 T′触发器，如图 4.26(b)所示。T′触发器的 CP 端每发送一个脉冲信号，触发器的状态就翻转一次，故称为 "反转触发器"，其被广泛应用于计数电路中。

同样，D 触发器也可以转换成 T′触发器，如图 4.27 所示。JK 触发器可以转换为 D 触发器，如图 4.28 所示。

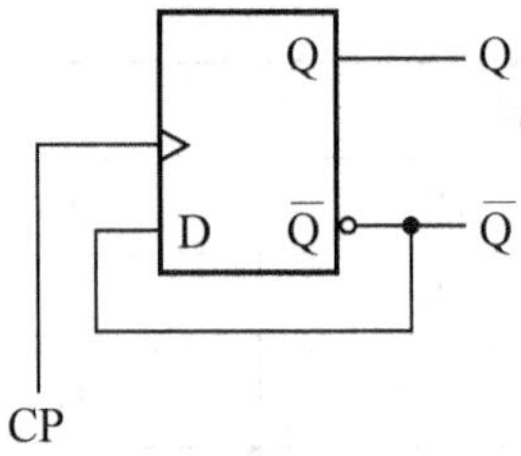

图 4.27　D 触发器转换为 T′触发器

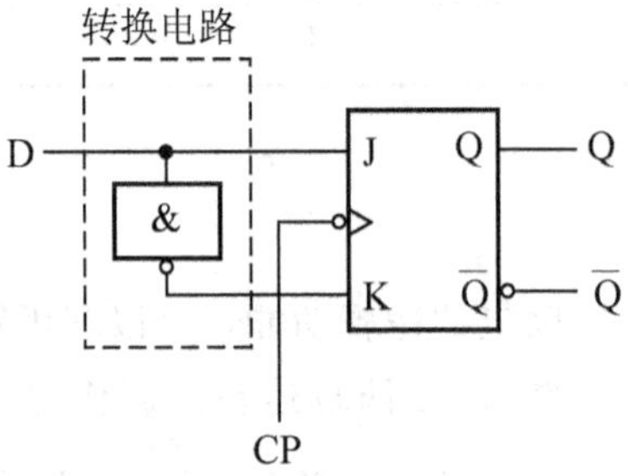

图 4.28　JK 触发器转换为 D 触发器

4.4.3　实验设备与器件

(1) +5V 直流电源。
(2) 双踪示波器。
(3) 连续脉冲源(或函数信号发生器)。
(4) 单次脉冲源。
(5) 数字万用表。
(6) 逻辑电平开关。
(7) 逻辑电平显示器。
(8) 触发器 CC4027(或 74LS112)、74LS00(或 CC4011)、74LS74(或 CC4013)。

4.4.4　预习要求

(1) 复习触发器的工作原理等内容。
(2) 按实验内容的需要，列出各触发器功能测试所需要的表格。
(3) 按实验内容 5 的要求设计电路，拟订实验方案。

4.4.5　实验内容

1. 测试基本 RS 触发器的逻辑功能

按图 4.21，用两个与非门构成基本 RS 触发器，输入端 $\bar{R}$、$\bar{S}$ 分别接逻辑开关的不同输出插口，输出端 Q、$\bar{Q}$ 接不同的逻辑电平显示输入插口，按表 4－24 的要求测试，并做相应记录。

表 4－24　基本 RS 触发器的测试表格

$\bar{R}$	$\bar{S}$	Q	$\bar{Q}$
1	1→0		
	0→1		
1→0	1		
0→1			
0	0		

2. 测试双 JK 触发器 CC4027 的逻辑功能

1）测试 R、S 的复位与置位功能

任选其中的一只 JK 触发器，R、S、J、K 端分别接不同的逻辑开关输出插口，CP 端接单次脉冲源，Q、$\bar{Q}$ 端分别接至逻辑电平显示器的不同输入插口。在 S＝1(R＝0)或 R＝1(S＝0)作用期间任意改变 J、K 及 CP 的状态，观察 Q、$\bar{Q}$ 的状态。自拟表格记录测试结果。

2）测试 JK 触发器的逻辑功能

按表 4－25 的要求改变 J、K、CP 端的状态，观察 Q、$\bar{Q}$ 的状态变化，观察触发器状态更新是否发生在 CP 脉冲的上升沿(即 CP 由 0→1 时)，并做相应记录。

3）将 JK 触发器构成 T′触发器

将 J、K 端连在一起，构成 T′触发器。在 CP 端输入 1Hz 连续脉冲，观察 Q 端的变化。然后在 CP 端输入 1kHz 的连续脉冲，用双踪示波器观察输入 CP 和输出 Q 端的波形，再观察 Q、$\bar{Q}$ 端的波形，注意它们的相位关系，做好记录。

表 4－25　JK 触发器的逻辑功能测试

J	K	CP	Q^{n+1}	
			$Q^n=0$	$Q^n=1$
0	0	0→1		
		1→0		
0	1	0→1		
		1→0		
1	0	0→1		
		1→0		
1	1	0→1		
		1→0		

3. 测试双 D 触发器 74LS74 的逻辑功能

1）测试 $\bar{R}_D$、$\bar{S}_D$的复位与置位功能

测试方法同 JK 触发器，自拟表格记录。

2）测试 D 触发器的逻辑功能

按表 4－26 的要求进行测试并做好记录，观察触发器的状态更新是否发生在 CP 脉冲的上升沿(即由 0→1 时)。

表 4－26　D 触发器的逻辑功能测试

D	CP	Q^{n+1}	
		$Q^n=0$	$Q^n=1$
0	0→1		
	1→0		
1	0→1		
	1→0		

3）将 D 触发器构成 T′触发器

测试方法同实验内容 2，做好记录。

4. 双相时钟脉冲电路

用 JK 触发器和与非门可以构成双相时钟脉冲电路，如图 4.29 所示，此电路可用来将时钟脉冲 CP 转换成两相时钟脉冲 CP_A及 CP_B，它们的频率相同、相位不同。

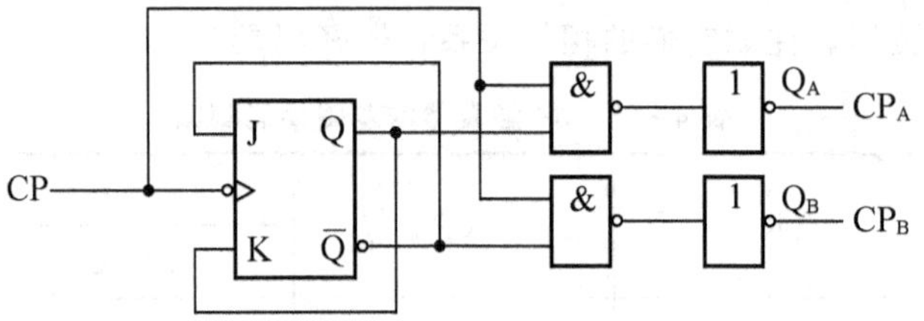

图 4.29　双相时钟脉冲电路

分析电路的工作原理，连接线路，分别用双踪示波器同时观察 CP、CP_A，CP、CP_B及 CP_A、CP_B的波形，并描绘出来。

5. 乒乓球练习电路

电路功能要求：模拟两名运动员在进行乒乓球训练的情形，乒乓球能往返运转。

提示：采用双 D 触发器 74LS74 设计实验线路，两个 CP 端触发脉冲分别由两名运动员操作，两触发器的输出状态用逻辑电平显示器显示。

4.4.6　故障现象及分析

故障现象及分析如表 4-27 所示。

表 4-27　故障现象及原因分析

故障现象	故障分析
测试的逻辑功能与触发器功能表不符	触发器的 Q^n 状态置位错误，导致 Q^{n+1} 状态与功能表不符。(按功能表操作时，应单步进行)
JK 触发器的输出 Q 不随 J、K 输入正常变化	R(或 S)端始终接高电平，使 J、K 输入无效；或时钟输入有误(脉冲幅度太小或实验电路与脉冲源没有共地)；或脉冲源损坏
D 触发器的输出 Q 不随 D 的输入变化	复位(或置位)端始终接低电平，使 D 输入无效；或时钟输入有误(脉冲幅度太小或电路与脉冲源没有共地)；或脉冲源损坏

4.4.7　对实验报告的要求

(1) 列表整理各类触发器的逻辑功能。

(2) 描绘并总结观察到的波形，说明触发器的触发方式。

(3) 思考并回答问题：利用普通机械开关组成的数据开关所产生的信号是否可作为触发器的时钟脉冲信号？为什么？是否可以用作触发器的其他输入端的信号？为什么？

4.5　计数器及其应用

4.5.1　实验目的

(1) 学习用集成触发器构成计数器的方法。

(2) 掌握中规模集成计数器的功能测试方法。

(3) 掌握中规模集成计数器的使用方法。

4.5.2　实验原理

计数器是一种广泛使用的时序逻辑电路，它能够用不同的状态来表示输入脉冲的个数，在数字系统中常用于计数、定时和分频等功能。

计数器的种类有很多，根据计数器中各触发器使用的时钟脉冲源是否相同，可分为同步计数器和异步计数器；根据计数的增减趋势，又分为加法计数器、减法计数器和可逆计数器等；而根据计数器模数即计数器所能记录脉冲数目的最大值的不同，可分为二进制计数器、十进制计数器和任意进制计数器。

实际中，多以中规模集成计数器为主，利用中规模集成计数器可很方便地实现任意进制计数器及分频器。

1. 用D触发器构成异步二进制加/减计数器

计数器可以利用JK触发器、T触发器或D触发器构成。图4.30是用4只D触发器构成的四位二进制异步加法计数器，其连接特点是将每只D触发器接成T′触发器，再把低位触发器的 $\bar{Q}$ 端和高一位的CP端相连接。

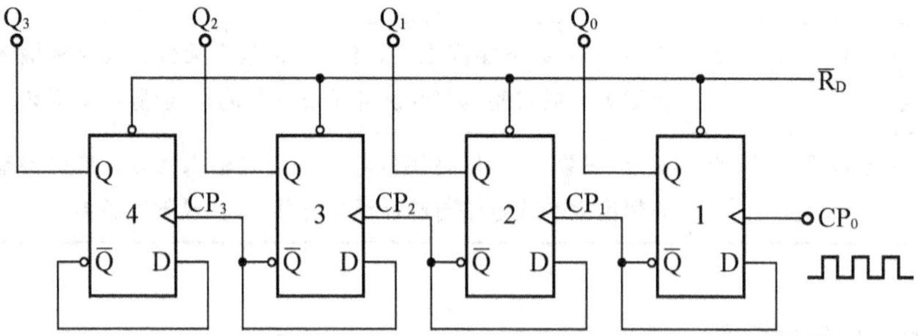

图 4.30　四位二进制异步加法计数器

若将图4.30稍加改动，将低位触发器的Q端而不是 $\bar{Q}$ 端与高一位的CP端相连接，即可构成四位二进制异步减法计数器。

2. 中规模十进制计数器

中规模集成(Medium-Scale Integration，MSI)的计数器型号较多，模数也有多种。例如，74LS160(同步十进制计数器)、74LS161(同步二进制计数器)、74LS90(异步二-五-十进制计数器)、74LS92(异步二-六-十二进制计数器)、74LS193(可预置同步二进制可逆计数器)等，都是四位数据格式，二进制计数器的模数可达16。

CC40192是一种CMOS工艺的同步十进制可逆计数器，具有双时钟输入、直接清除和置数等功能，其引脚排列及逻辑符号如图4.31所示。74LS192作为一种TTL电路，与CC40192的功能相同，引脚也完全兼容，在+5V电源供电的数字系统中，二者可互换使用。同步十进制可逆计数器CC40192的功能如表4-28所示。

其各引脚的功能为：$\overline{LD}$为置数端；CP_U为加计数脉冲输入端；CP_D为减计数脉冲输入端；$\overline{CO}$为非同步进位输出端；$\overline{BO}$为非同步借位输出端；CR为清除端；D_0、D_1、D_2、D_3为计数器数据输入端；Q_0、Q_1、Q_2、Q_3为数据输出端。

当清除端CR为高电平“1”时，计数器直接清零；CR为低电平时，则执行置数、计数等功能。当CR为低电平，且置数端$\overline{LD}$也为低电平时，数据直接从数据输入端D_0、D_1、D_2、D_3置入计数器的相应Q端。

当CR为低电平、$\overline{LD}$为高电平时，执行计数功能。若进行加法计数，减计数端CP_D需接高电平，计数脉冲由CP_U输入，在计数脉冲的上升沿进行8421码十进制加法计数。执行减计数时，加计数端 CP_U 应接高电平，计数脉冲由减计数端 CP_D 输入。表 4－29 为 8421 码十进制加、减计数器的状态转换表。

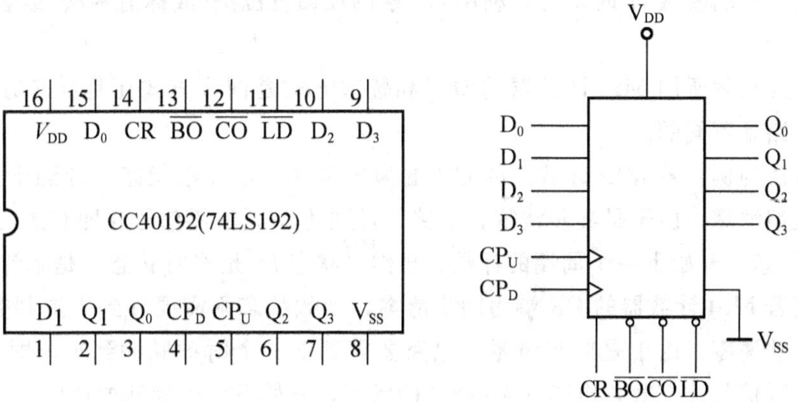

(a) 引脚排列　　(b) 逻辑符号

图 4.31　CC40192 的引脚排列及逻辑符号

表 4－28　同步十进制可逆计数器 CC40192 的功能表

输　入								输　出			
CR	$\overline{LD}$	CP_U	CP_D	D_3	D_2	D_1	D_0	Q_3	Q_2	Q_1	Q_0
1	×	×	×	×	×	×	×	0	0	0	0
0	0	×	×	d	c	b	a	d	c	b	a
0	1	↑	1	×	×	×	×	加计数			
0	1	1	↑	×	×	×	×	减计数			

表 4－29　8421 码十进制加、减计数器状态转换表

加计数 →

输入脉冲数		0	1	2	3	4	5	6	7	8	9
输出	Q_3	0	0	0	0	0	0	0	0	1	1
	Q_2	0	0	0	0	1	1	1	1	0	0
	Q_1	0	0	1	1	0	0	1	1	0	0
	Q_0	0	1	0	1	0	1	0	1	0	1

← 减计数

3. 用 MSI 计数器实现任意进制计数器

利用已有的 N 进制 MSI 计数器，可以设计实现任意模数 M 的计数器。

1）$M<N$ 的情况

由于 MSI 计数器一般都有清零端 CR、置数端 LD 等管脚，当要实现的计数器模数 M 小于计数器本身的模数 N 时，可以利用 CR 端的反馈复位法(或称清零法)或者 LD 端的置数法进行设计。

设计时要注意所用 MSI 计数器的清零和置数方式是同步方式还是异步方式，两种方式的实现电路是不同的。

以复位法为例。若 MSI 计数器的 CR 端为异步清零，计数状态要计到十进制数为 M 时，进行反馈清零。由于是异步清零，电路一旦到达 M，清零信号立即有效，电路立刻回到 0000 的状态，开始下一个周期的计数。显然，状态 M 是瞬时状态，是不计算在计数循环里的。而若 MSI 计数器的 CR 端为同步清零，计数状态则需要计到十进制数为 $(M-1)$ 时，进行反馈清零。由于是同步清零，电路要等到下一个时钟脉冲到来，即电路到达 M 状态时，清零信号才有效，电路回到 0000 的状态，开始下一个周期的计数。

图 4.32 所示电路是利用 CC40192 十进制计数器构成的六进制计数器，采用的是反馈复位法。因为 CC40192 的清零方式为异步清零，所以 6(即 0110)这个状态不在计数循环内。表 4-30 是其时序状态转换表。

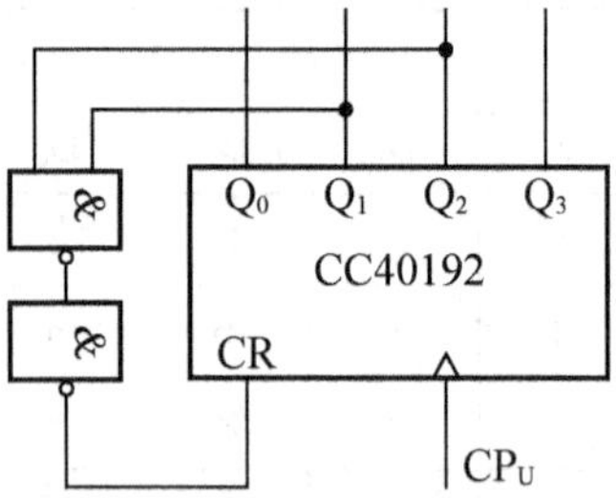

图 4.32　六进制计数器

表 4-30　六进制计数器的时序状态转换表

输入脉冲数		0	1	2	3	4	5	6
输出	Q_3	0	0	0	0	0	0	0
	Q_2	0	0	0	0	1	1	1
	Q_1	0	0	1	1	0	0	1
	Q_0	0	1	0	1	0	1	0

反馈复位法中异步清零信号的持续时间很短，若器件的反应速度不一致，会导致电路动作不可靠。

2）$M>N$ 的情况

当要实现的计数器模数 M 大于 MSI 计数器本身的模数 N 时，需要将多片 N 进制计数器组合使用。具体方法有很多，有串行进位法、并行进位法、整体置数法和整体清零法等。串行进位法是将多个 N 进制计数器级联使用，用低位计数器的进位输出信号作为时钟去驱动高位计数器。每一级计数器利用预置数法获得一定的计数模数，M 等于各级计数器所实现计数模数的乘积。

图 4.33 为用串行进位法级联构成的 80 进制计数器，第一级 40192 构成十进制计数器，第二级用异步置数法构成八进制计数器，第一级的进位输出作为第二级的计数输入。

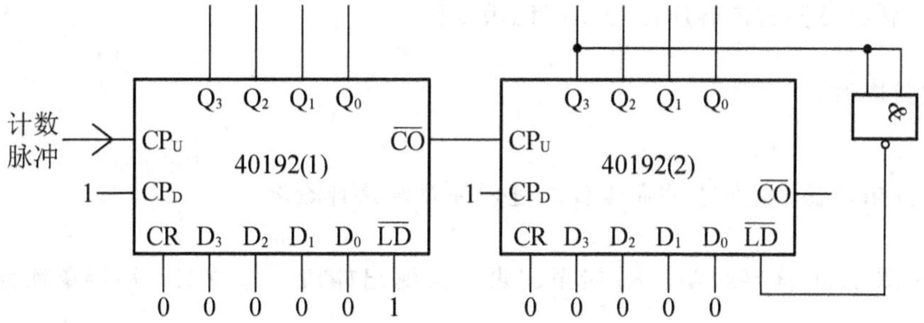

图 4.33 80 进制计数器

图 4.34 是采用整体置数法实现的一种特殊 12 进制计数器。在数字时钟里，小时位的计数序列是 1，2，…，12，1…，是 12 进制的，且没有 0。当计数到 13 时，通过多输入与非门产生一个置数信号，使 CC40192(2)(小时的十位)直接置成“0000”，而 CC40192(1)(小时的个位)直接置成“0001”，从而实现了 1～12 的循环计数。

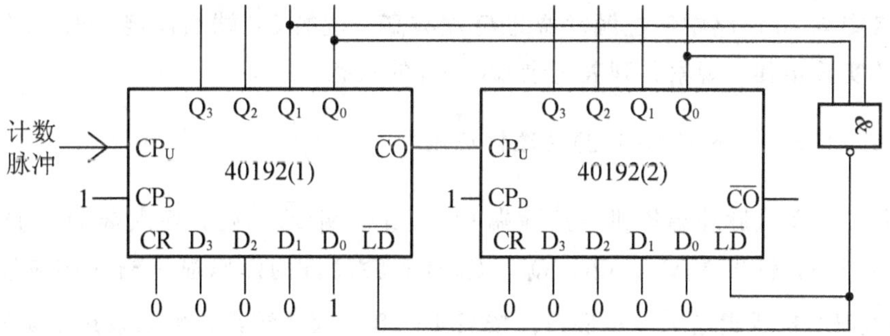

图 4.34 特殊 12 进制计数器

4.5.3 实验设备与器件

(1) +5V 直流电压源。

(2) 双踪示波器。

(3) 连续脉冲源。

(4) 单次脉冲源。

(5) 数字万用表。

(6) 逻辑电平开关。

(7) 逻辑电平显示器。

(8) 译码显示器。

(9) 触发器 74LS74×2、74LS192×3、CC4011(74LS00)、CC4012(74LS20)。

4.5.4 预习要求

(1) 复习计数器的工作原理。

(2) 查手册，找出实验所用各集成块的引脚排列图，绘出各实验内容的详细线路图。

(3) 绘制出各实验内容所需的测试记录表格。

4.5.5 实验内容

1. 用 D 触发器 74LS74 构成 4 位二进制异步加法计数器

(1) 按图 4.30 连接线路，$\overline{R}_D$接至逻辑开关输出插口，低位 CP_0端接单次脉冲源，输出端 Q_3、Q_2、Q_3、Q_0分别接不同的逻辑电平显示输入插口，各触发器的 $\overline{S}_D$接高电平。

(2) 首先 $\overline{R}_D$置低电平，清零，然后再将 $\overline{R}_D$置高电平，逐个送入单次脉冲，观察并列表记录 Q_3～Q_0的状态。

(3) 将单次脉冲改为 1Hz 的连续脉冲，观察 Q_3～Q_0的状态变化情况。

(4) 将 1Hz 的连续脉冲改为 1kHz，用双踪示波器观察 CP、Q_3、Q_2、Q_1、Q_0端的波形并做好记录。

(5) 将图 4.30 电路中低位触发器的 Q 端与高一位的 CP 端相连接，构成减法计数器，重复前面的实验步骤，观察并列表记录 Q_3～Q_0的状态。

2. 测试 74LS192(或 CC40192)的逻辑功能

计数脉冲由单次脉冲源提供，清除端 CR，置数端$\overline{LD}$，数据输入端 D_3、D_2、D_1、D_0分别接逻辑开关，输出端 Q_3、Q_2、Q_1、Q_0接实验设备的译码显示输入相应插口 D、C、B、A；$\overline{CO}$和$\overline{BO}$接逻辑电平显示插口。按表 4-28 逐项测试，并判断该集成块的功能是否正常。

1) 清除功能

置 CR=1，其他输入为任意态，这时 $Q_3Q_2Q_1Q_0$=0000，译码数字显示为 0。清除功能完成后，再置 CR=0。

2) 置数功能

置 CR=0，CP_U、CP_D为任意态，数据输入端输入一组二进制数，令$\overline{LD}$=0，观察 LED 数码管的显示是否与输入的数据相同。若预置功能正确，此后置$\overline{LD}$=1。

3) 加法计数

置 CR=0，$\overline{LD}$=CP_D=1，CP_U接单次脉冲源。清零后送入 10 个单次脉冲，观察译码数字显示是否按十进制状态转换表进行。

4）减法计数

置 CR=0，$\overline{LD}=CP_U=1$，CP_D接单次脉冲源。参照加法计数的内容进行实验。

3. 六进制计数器

按图 4.32 所示的电路进行实验并记录。

4. 九进制计数器设计

参考图 4.32 所示的电路，设计一个九进制计数器，验证其逻辑功能，并做好记录。

5. 72 进制加法计数器的设计

参考图 4.33 所示的电路，用两片 CC40192 设计一个 72 进制的计数器电路，输入 1Hz 连续计数脉冲，进行累加计数并记录。

4.5.6　故障现象及分析

故障现象及原因分析如表 4-31 所示。

表 4-31　故障现象及原因分析

故障现象	故障分析
六进制或九进制计数器时，只显示偶数	产生复位信号的与非门损坏，导致逻辑错误
六进制或九进制计数器只能实现十进制	电路连接错误，一般是从逻辑电平开关处并接了一根多余的导线至 40192 复位端(CR)，致使与非门输出的复位信号无效
计数器无规则计数	计数器输出与译码显示插口的连线高低位顺序有误；或连接线断线
计数器不计数	加(减)计数时，CP_D(CP_U)没有接固定高电平，或置数端没有接固定高电平；或其他连线错误

4.5.7　对实验报告的要求

（1）画出设计的实验电路图，记录、整理实验现象及实验所得的有关波形。对实验结果进行分析。

（2）总结使用 MSI 计数器的体会。

4.6　移位寄存器及其应用

4.6.1　实验目的

（1）掌握 MSI 双向移位寄存器 CC40194 的逻辑功能。

（2）学会用移位寄存器设计实现环形计数器和完成串并转换功能。

4.6.2 实验原理

1. 移位寄存器的功能

移位寄存器是具有移位功能的寄存器，能够在移位脉冲的作用下将代码左移或右移，某些移位寄存器可以双向移位。根据移位寄存器存取信息的方式不同分为串入串出、串入并出、并入串出、并入并出4种形式。MSI移位寄存器型号众多，如74LS94(四位右移)、74LS95(四位并行存取)、74LS96(五位并行存取)、74LS295(四位双向)、74LS194(四位双向)、74LS673(十六位串行输入)等。

图4.35是四位双向通用移位寄存器CC40194的逻辑符号及引脚排列图，它既允许串行输入，也可以并行输入。74LS194与其功能相同，引脚兼容，两者可互换使用。其中D_0、D_1、D_2、D_3为其并行输入端；Q_0、Q_1、Q_2、Q_3为并行输出端；S_R为右移串行输入端，S_L为左移串行输入端；S_1、S_0为操作模式控制端；$\overline{CR}$为异步清零端；CP为时钟脉冲输入端。

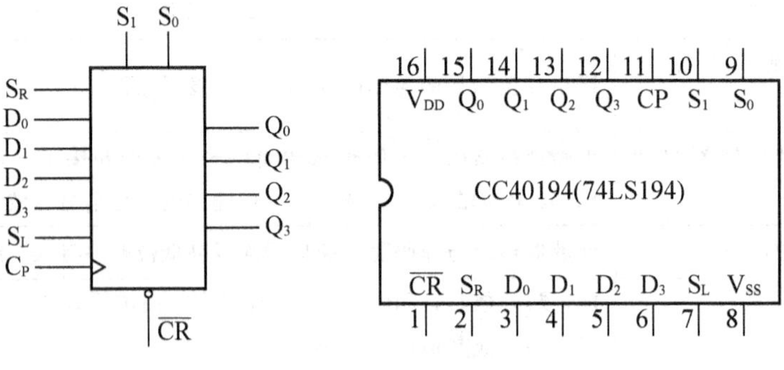

(a) 逻辑符号　　(b) 引脚排列

图4.35　CC40194的逻辑符号及引脚排列图

CC40194有并行方式置数、右移(方向由$Q_0 \rightarrow Q_3$)、左移(方向由$Q_3 \rightarrow Q_0$)、保持和清零5种操作模式。清零模式优先级最高，其他功能由模式控制端S_1、S_0控制。S_1、S_0和$\overline{CR}$端的控制作用如表4-32所示。

CC40194只在时钟的上升沿才可能发生数据移位。在$\overline{CR}=1$、$S_1=0$、$S_0=1$时，在时钟脉冲的上升沿的作用下，寄存器进行串行右移位，数据由低位向高位移位，同时串行输入的数据从S_R端送入Q_0；在$\overline{CR}=1$、$S_1=1$、$S_0=0$时，在时钟脉冲的上升沿的作用下，寄存器进行串行左移位，数据由高位向低位移位，同时串行输入的数据从S_L端送入Q_3。

表 4-32 CC40194 的功能表

功能	输入										输出			
	CP	$\overline{CR}$	S_1	S_0	S_R	S_L	D_0	D_1	D_2	D_3	Q_0	Q_1	Q_2	Q_3
清零	×	0	×	×	×	×	×	×	×	×	0	0	0	0
送数	↑	1	1	1	×	×	a	b	c	d	a	b	c	d
右移	↑	1	0	1	D_{SR}	×	×	×	×	×	D_{SR}	Q_0	Q_1	Q_2
左移	↑	1	1	0	×	D_{SL}	×	×	×	×	Q_1	Q_2	Q_3	D_{SL}
保持	↑	1	0	0	×	×	×	×	×	×	Q_0^n	Q_1^n	Q_2^n	Q_3^n
保持	↓	1	×	×	×	×	×	×	×	×	Q_0^n	Q_1^n	Q_2^n	Q_3^n

2. 移位寄存器的应用

移位寄存器的应用广泛，最基本的用途是作为数据寄存器，也可以构成移位寄存器型计数器、随机码发生器等，还可用作串行与并行数据之间的转换。本实验重点研究移位寄存器在环形计数器和数据串行、并行转换中的应用。

1）构成环形计数器

把移位寄存器的最后一级输出反馈到它的串行输入端，就可以进行右循环移位，构成环形计数器。环形计数器的特点是计数器的模数与移位寄存器的位数相同。图 4.36 所示的电路中，把输出端 Q_3 和右移串行输入端 S_R 相连接，设初始状态 $Q_0Q_1Q_2Q_3=1000$，则在时钟脉冲作用下，$Q_0Q_1Q_2Q_3$ 将依次变为 0100→0010→0001→1000→……，如表 4-33 所示。显然，该环形计数器具有 4 个有效状态。图 4.36 电路的输出端 Q_0、Q_1、Q_2、Q_3 可分别输出在时间上有先后顺序的脉冲，因此也可作为顺序脉冲发生器。

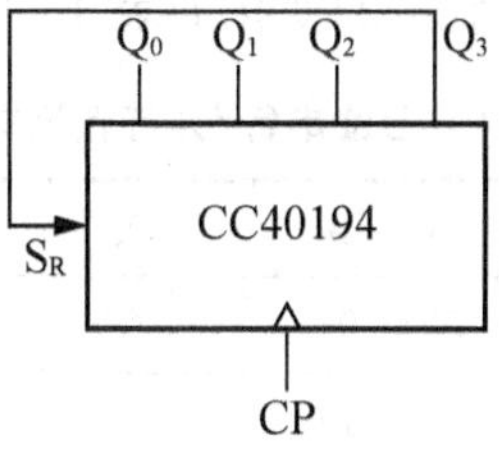

图 4.36 环形计数器

表 4-33 环形计数器的移位状态

CP	Q_0	Q_1	Q_2	Q_3
0	1	0	0	0
1	0	1	0	0
2	0	0	1	0
3	0	0	0	1

同理，如果将第一级输出 Q_0 与左移串行输入端 S_L 相连接，则可实现左循环移位，也构成环形计数器。

2）实现数据的串行、并行转换

（1）串行/并行转换。串行/并行转换是指将串行输入的数据变换成并行输出。图 4.37 是用两片 CC40194（或 74LS194）组成的七位串行/并行数据转换电路。

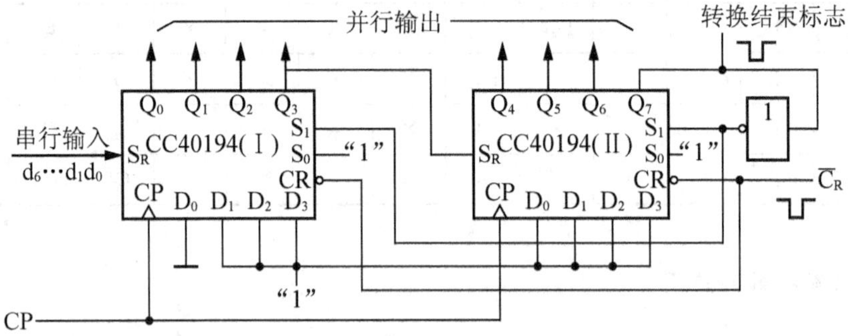

图 4.37　七位串行/并行数据转换电路

电路中 S_0 端固定接高电平，S_1 受 Q_7 控制。当 $Q_7=1$ 时，经过反相器后变为 0，送去 S_1，使 $S_1S_0=01$，两片移位寄存器工作在右移模式；当 $Q_7=0$ 时，串行送数结束，串行输入的数据已经转换成了并行输出，同时 S_1S_0 变为 11，两片移位寄存器工作在并行置数模式，$Q_0 \sim Q_7$ 被置为 01111111。

数据转换的具体过程是，转换开始前，$\overline{CR}$ 端加低电平，使两片寄存器的内容清 0，此时 $S_1S_0=11$，寄存器执行并行置数工作模式。由于 CC40194 是同步置数，当第一个 CP 脉冲到来后，寄存器的输出状态 $Q_0 \sim Q_7$ 被置为 01111111。同时 S_1S_0 变为 01，转换电路开始执行串入右移工作模式，串行输入数据由第 1 片的 S_R 端加入。随着 CP 脉冲的依次加入，串行输入数据逐位右移，输出状态的变化如表 4－34 所示。

表 4－34　七位串行/并行数据转换过程

CP	Q_0	Q_1	Q_2	Q_3	Q_4	Q_5	Q_6	Q_7	说明
0	0	0	0	0	0	0	0	0	清零
1	0	1	1	1	1	1	1	1	送数
2	d_0	0	1	1	1	1	1	1	右移操作7次
3	d_1	d_0	0	1	1	1	1	1	
4	d_2	d_1	d_0	0	1	1	1	1	
5	d_3	d_2	d_1	d_0	0	1	1	1	
6	d_4	d_3	d_2	d_1	d_0	0	1	1	
7	d_5	d_4	d_3	d_2	d_1	d_0	0	1	
8	d_6	d_5	d_4	d_3	d_2	d_1	d_0	0	
9	0	1	1	1	1	1	1	1	送数

右移操作 7 次之后，Q_7 变为 0，S_1S_0 又变为 11，串行输入结束。这时，串行输入的 7 位数据 $d_6d_5d_4d_3d_2d_1d_0$ 已经转换成并行输出，只不过输出的数据高低位与输入数据颠倒。当下一个 CP 脉冲到来时，电路再次执行并行数据输入操作，为下一组串行数据转换做好准备。

(2) 并行/串行转换。并行/串行转换是指将并行输入的数据转换成串行输出。图 4.38 是用两片 CC40194(74LS194)组成的七位并行/串行转换电路。

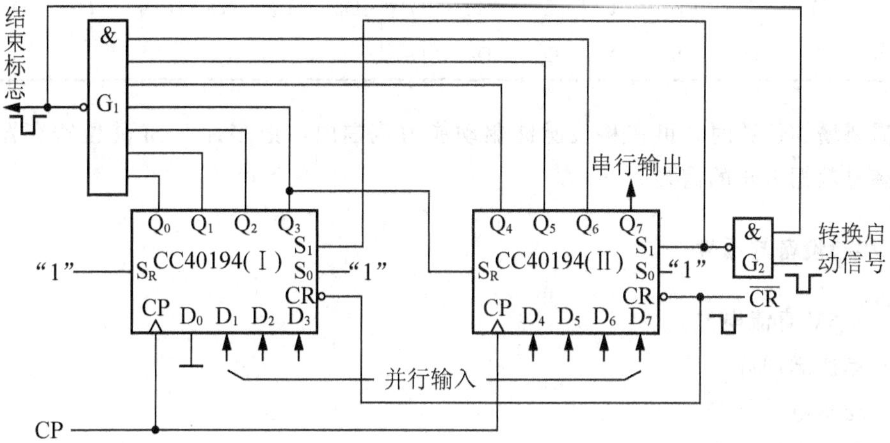

图 4.38 七位并行/串行转换电路

该电路寄存器移位模式为右移，串行数据右移输入端 S_R 固定接高电平，数据输出端为 Q_7 端。

移位寄存器首先清零，然后加一个负向脉冲的转换启动信号。此时，与非门 G2 输出高电平，模式控制端 S_1S_0 变为 11，转换电路执行并行置数操作。第一个 CP 脉冲到来后，$Q_0Q_1Q_2Q_3Q_4Q_5Q_6Q_7$ 的状态被置为 $0D_1D_2D_3D_4D_5D_6D_7$，把并行输入数据存入寄存器。同时，与非门 G_1 输出为高电平，转换启动信号恢复为高电平，使 G_2 输出低电平，S_1S_0 变为 01，转换电路进入右移工作模式。以后，随着 CP 脉冲的加入，开始执行右移模式，串行数据从 Q_7 端依次输出。待右移操作 7 次后，Q_0～Q_6 的状态都为高电平，与非门 G_1 输出变为低电平，G_2 门输出则为高电平，S_1S_2 又变为 11，表明一次的并行/串行转换结束，同时为下一次并行输入创造了条件。转换过程如表 4-35 所示。

表 4-35 七位并行/串行数据转换过程

CP	Q_0	Q_1	Q_2	Q_3	Q_4	Q_5	Q_6	Q_7	串行输出
0	0	0	0	0	0	0	0	0	
1	0	D_1	D_2	D_3	D_4	D_5	D_6	D_7	
2	1	0	D_1	D_2	D_3	D_4	D_5	D_6	D_7
3	1	1	0	D_1	D_2	D_3	D_4	D_5	D_6 D_7

续表

CP	Q_0	Q_1	Q_2	Q_3	Q_4	Q_5	Q_6	Q_7	串行输出						
4	1	1	1	0	D_1	D_2	D_3	D_4	D_5	D_6	D_7				
5	1	1	1	1	0	D_1	D_2	D_3	D_4	D_5	D_6	D_7			
6	1	1	1	1	1	0	D_1	D_2	D_3	D_4	D_5	D_6	D_7		
7	1	1	1	1	1	1	0	D_1	D_2	D_3	D_4	D_5	D_6	D_7	
8	1	1	1	1	1	1	1	0	D_1	D_2	D_3	D_4	D_5	D_6	D_7
9	0	D_1	D_2	D_3	D_4	D_5	D_6	D_7							

当需要增加位数时，可在移位脉冲驱动能力范围内，把多片 MSI 移位寄存器级联起来，以满足数据字长的需要。

4.6.3 实验设备与器件

(1) +5V 直流电源。
(2) 单次脉冲源。
(3) 逻辑电平开关。
(4) 逻辑电平显示器。
(5) 数字万用表。
(6) 寄存器 CC40194×2(或 74LS194)、CC4011(或 74LS00)、CC4068(或 74LS30)。

4.6.4 预习要求

(1) 复习寄存器的工作原理和串行、并行转换器的理论。
(2) 查阅手册，熟悉 CC40194、CC4011 及 CC4068 的逻辑功能及引脚排列。
(3) 画出用两片 CC40194 构成的七位左移串行/并行转换器电路图。
(4) 拟好实验内容 3 的数据记录表格。

4.6.5 实验内容

1. 测试 CC40194(或 74LS194)的逻辑功能

按图 4.39 连接线路，$\overline{CR}$、S_1、S_0、S_L、S_R、D_0、D_1、D_2、D_3分别接至逻辑开关的输出插口；Q_0、Q_1、Q_2、Q_3接至逻辑电平显示输入插口；CP 端接单次脉冲源。按表 4-36 所规定的输入状态，逐项进行测试。

(1) 清零：置 $\overline{CR}=0$，其他输入均为任意态，这时寄存器输出 Q_0、Q_1、Q_2、Q_3应均为 0。清零后，务必置 $\overline{CR}=1$。

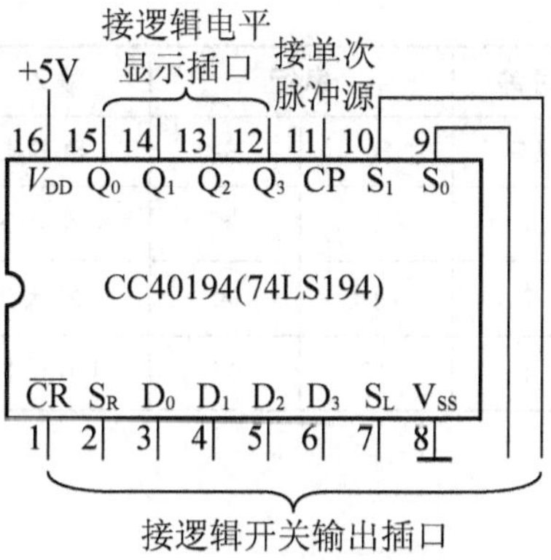

图 4.39 CC40194的逻辑功能测试

(2) 并行送数：置 $\overline{CR}=S_1=S_0=1$，D_0、D_1、D_2、D_3分别置任意四位二进制数，如 $D_0D_1D_2D_3=1011$，观察 CP 由 0→1 和 CP 由 1→0 两种情况下寄存器输出状态的变化，判断移位寄存器输出状态的变化是否发生在 CP 脉冲的上升沿。

(3) 右移：清零后，置 $\overline{CR}=1$、S_1S_0 为 01，从右移输入端 S_R 送入二进制数码(如 0110)，从 CP 端依次加入 4 个脉冲，分别观测输出情况并记录。

(4) 左移：首先清零，然后置 $\overline{CR}=1$、S_1S_0 为 10，从左移输入端 S_L 送入二进制数码(如 1011)，从 CP 端依次加入 4 个脉冲，分别观测输出情况并记录。

(5) 保持：寄存器数据端 $D_0D_1D_2D_3$ 预置四位二进制数码 1001，置 $\overline{CR}=1$、$S_1S_0=00$，加入 CP 脉冲，观察寄存器输出状态，并记录；改变 $D_0D_1D_2D_3$ 的数据，再加入 CP 脉冲，观测寄存器输出状态是否随数据端做相应的变化。40194 逻辑功能测试如表 4-36 所示。

表 4-36 40194 逻辑功能测试

清除	模式		时钟	串行		输入	输出	功能总结
$\overline{CR}$	S_1	S_0	CP	S_L	S_R	$D_0D_1D_2D_3$	$Q_0Q_1Q_2Q_3$	
0	×	×	×	×	×	××××		
1	1	1	↑	×	×	1011		
1	0	1	↑	×	0	××××		
1	0	1	↑	×	1	××××		
1	0	1	↑	×	1	××××		
1	0	1	↑	×	0	××××		
1	1	0	↑	1	×	××××		
1	1	0	↑	0	×	××××		

续表

清除	模式		时钟	串行		输入	输出	功能总结
$\overline{CR}$	S_1	S_0	CP	S_L	S_R	D_0 D_1 D_2 D_3	Q_0 Q_1 Q_2 Q_3	
1	1	0	↑	1	×	××××		
1	1	0	↑	1	×	××××		
1	0	0	↑	×	×	1001		

2. 设计环形计数器

参考图 4.36 电路，用 CC40194 设计一个环形计数器实验电路，置 $\overline{CR}=S_1=S_0=1$，数据输入端 D_0、D_1、D_2、D_3 置为 0111，送入 CP 脉冲，用并行输入置数法预置寄存器为 0111 状态。然后将 S_1S_0 改为 01，送入 4 个 CP 脉冲，进行 4 次右移循环，观察寄存器输出端状态的变化，记入表 4-37 中。

表 4-37　环形计数器的计数过程

CP	Q_0	Q_1	Q_2	Q_3
0	0	1	1	1
1				
2				
3				
4				

改变并行置数的状态为 1001，再重复上面的右移实验，判断环形计数器的功能是否正常。

3. 实现数据的串行、并行转换

1）串行输入、并行输出

按图 4.37 连接线路，进行右移串行输入/并行输出实验，串行输入的数码自定；然后改接线路，用左移方式实现并行输出。自拟表格，做好记录。

2）并行输入、串行输出

按图 4.38 连接线路，进行右移并行输入/串行输出实验，并行输入的数码自定；然后改接线路，用左移方式实现串行输出。自拟表格，做好记录。

4.6.6　对实验报告的要求

（1）分析表 4-36 的实验结果，总结移位寄存器 CC40194 的逻辑功能并写入表格功能总结一栏中。

（2）根据实验内容 2 的结果，画出四位环形计数器的状态转换图及波形图。

（3）分析串行/并行、并行/串行转换器实验结果的正确性。

4.7　555 定时器的应用

4.7.1　实验目的

（1）熟悉 555 型集成时基电路的工作原理与功能。

（2）掌握 555 型集成时基电路的基本应用。

4.7.2　实验原理

1. 555 型集成时基电路的结构与工作原理

555 型集成时基电路又称为集成定时器，是一种数模混合型的 MSI 集成电路，由于内部电压基准使用了 3 个 5kΩ 电阻，故取名 555 电路。555 定时器的电路类型有双极型和 CMOS 型两大类，二者的电路结构与工作原理类似，逻辑功能和引脚排列完全相同，易于互换。双极型产品有 555(单定时器)和 556(双定时器)；CMOS 产品有 7555(单定时器)和 7556(双定时器)。双极型电路的电源电压 V_{CC} 为＋5～＋15V，输出的最大电流可达 200mA，CMOS 型的电源电压为＋3～＋18V。

555 定时器是 8 引脚芯片，它的内部结构及引脚排列如图 4.40 所示。它由两个电压比较器、由两个与非门构成的基本 RS 触发器、与非门、反相器及开关放电管 T 组成。比较

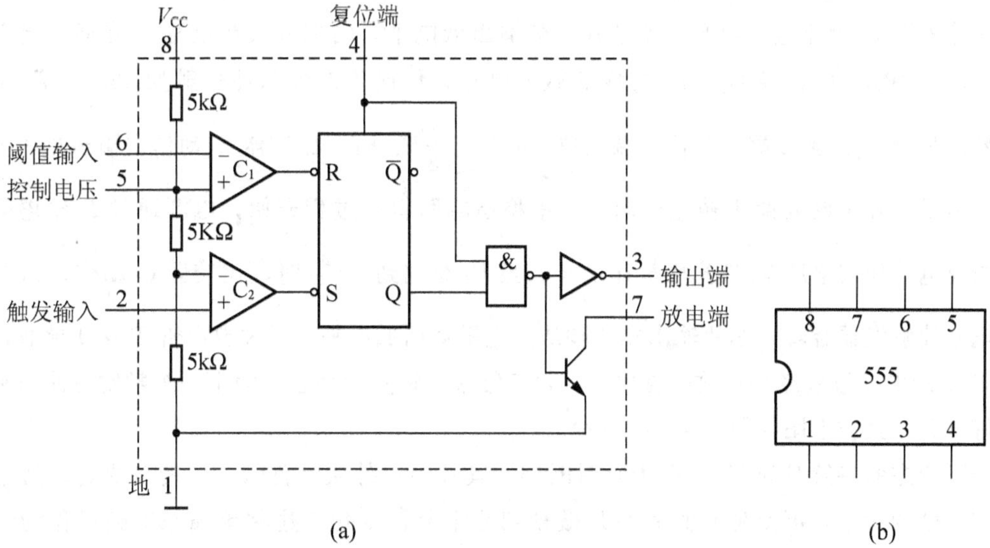

图 4.40　555 定时器的内部结构及引脚排列

器的参考电压由 3 只 5kΩ 电阻器构成的分压器提供，比较器 C_1 的同相输入端和比较器 C_2 的反相输入端的参考电平分别为 $\frac{2}{3}V_{CC}$ 和 $\frac{1}{3}V_{CC}$。C_1 与 C_2 的输出端控制 RS 触发器和开关放电管开关的状态；反相器用于提高输出端的驱动能力；开关放电管 T 在导通时，给接于 7 脚的外部电容提供放电通路。芯片的 4 脚是复位端，该脚为低电平时，555 被复位，3 脚输出低电平，4 脚平时应该接 V_{CC}；5 脚是控制电压端，可外接控制电压，为比较器 C_1 提供参考电平，在不接外加电压时，通常接一个 0.01μF 的电容器，以消除外来干扰，确保参考电平的稳定。

由于与非门构成的基本 RS 触发器用负极性信号触发，当信号从 6 脚输入，且信号电平超过 $\frac{2}{3}V_{CC}$ 时，比较器 C_1 输出低电平，使 RS 触发器复位，555 的输出端 3 脚输出低电平，同时，放电管 T 导通；当信号从 2 脚输入并低于 $\frac{1}{3}V_{CC}$ 时，比较器 C_2 输出低电平，使 RS 触发器置位，555 的 3 脚输出高电平，同时开关放电管 T 截止。

555 定时器主要是与外接的阻容元件构成充、放电电路，并由片内两个比较器来检测电容上的电压变化，以控制芯片输出电平的高低和开关放电管的通断，从而可实现从几微秒到数十分钟的延时，能方便地构成单稳态触发器、多谐振荡器、施密特触发器等脉冲产生或波形变换电路。

2. 555 定时器的应用

1) 构成单稳态触发器

图 4.41(a)为由 555 定时器和外接定时元件 R、C 构成的单稳态触发器。稳态时，555 电路输入端 V_i 处于电源电平，使芯片 3 脚输出低电平，内部开关放电管 T 导通。当有外部负向脉冲输入时，经 C_1、R_1 构成的微分电路，形成负向尖脉冲去触发 555 的第 2 脚。触发信号经 C_1 加到 2 端，并使 2 端电位瞬时低于 $\frac{1}{3}V_{CC}$ 时，比较器 C_2 动作，输出端 3 脚变为高电平，开关放电管 T 截止。同时，单稳态电路暂态过程开始，电源通过 R 给电容 C 不断充电，使其电压 V_C 按指数规律增长。当 V_C 充电到 $\frac{2}{3}V_{CC}$ 时，比较器 C_1 动作，C_1 输出低电平使触发器翻转，芯片输出端 3 脚从高电平返回低电平，开关放电管 T 重新导通，电容 C 上的电荷很快经开关放电管放电，暂态结束，恢复为稳态，为下一个触发脉冲的来到做好准备。其波形图如图 4.41(b)所示。

暂稳态的持续时间 T_w，即为延时时间，其长短由外接元件 R、C 的值决定。通过改变 R、C 的大小，可使延时时间在几微秒到几十分钟变化。这种单稳态电路可作为计时器，直接驱动外部电路。

$$T_w = RC\ln 3 \approx 1.1RC \tag{4-4}$$

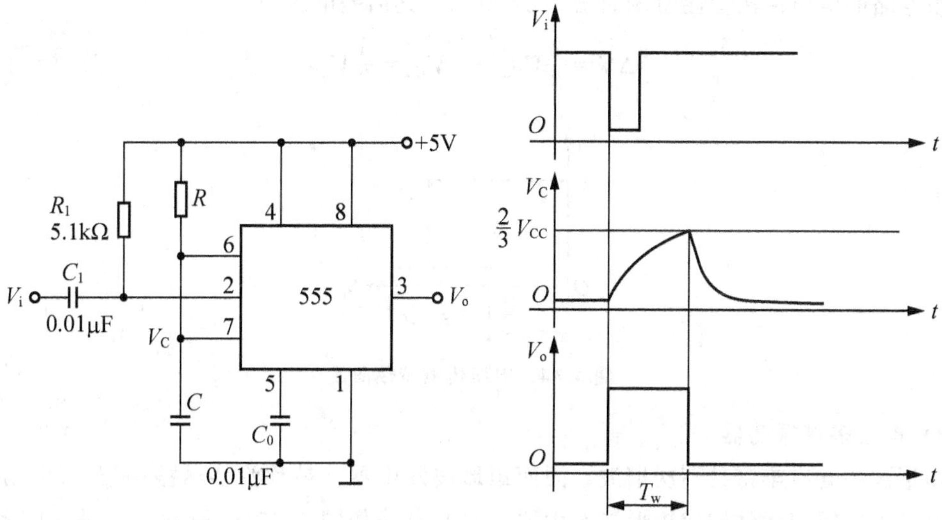

(a) 电路　　　　(b) 波形图

图 4.41　单稳态触发器

该单稳态触发器输入的负向脉冲宽度应小于 T_w，否则输出脉冲宽度便不受 RC 时间常数的控制。引入 C_1、R_1 微分电路的目的就在于此。

2）组成施密特触发器

将 555 的引脚 2、6 端连在一起作为信号输入端，可构成施密特触发器，用于对输入的信号进行整形。实验电路如图 4.42 所示，D 和 R 组成半波整流电路。如果输入的 V_S 为正弦波，通过二极管 D 后在电阻 R 上得到半波整流波形 V_i，同时加到 555 定时器的 2 脚和 6 脚。当 V_i 上升到 $\frac{2}{3}V_{CC}$ 时，V_o 从高电平翻转为低电平；当 V_i 下降到 $\frac{1}{3}V_{CC}$ 时，V_o 又从低电平翻转为高电平。如此，将输入的正弦波整形成为矩形波，若适当增大输入正弦波的幅度，可以得到方波输出。图 4.43 给出了 V_S、V_i 和 V_o 的波形图。

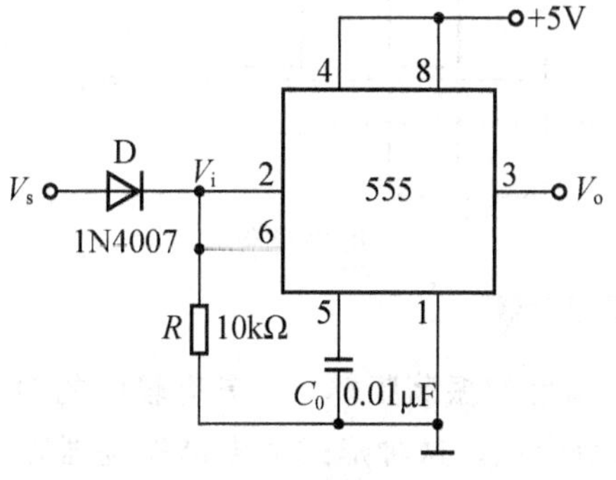

图 4.42　施密特触发器

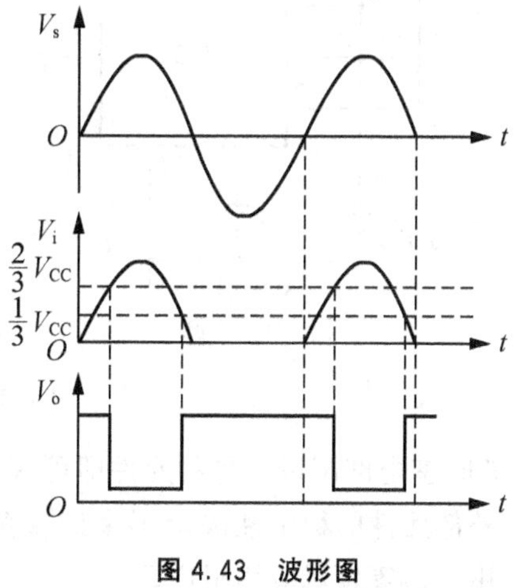

图 4.43　波形图

该电路的电压传输特性曲线如图 4.44 所示，其回差电压为

$$\Delta V=\frac{2}{3}V_{CC}-\frac{1}{3}V_{CC}=\frac{1}{3}V_{CC} \tag{4-5}$$

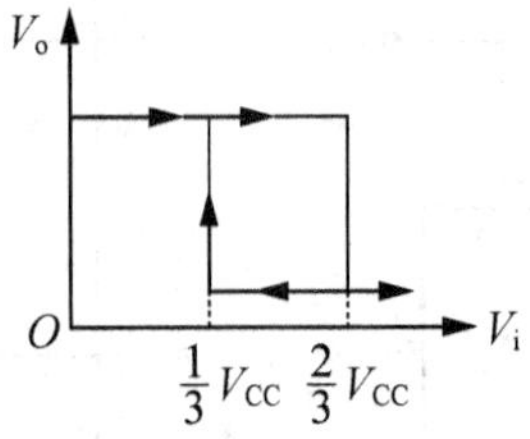

图 4.44　电压传输特性曲线

3）构成多谐振荡器

矩形波中含有丰富的高次谐波，因而矩形波发生器又被称为多谐振荡器。555 定时器可以通过外接阻容元件构成矩形波发生器，实验电路如图 4.45(a)所示。其是在施密特触发器的基础上外加了 R_1、R_2和 C 构成的。电路不需要外加触发信号，利用电源通过 R_1、R_2向电容 C 充电，当电容 C 上的电压超过$\frac{2}{3}V_{CC}$时，C 又经过 R_2向放电端 7 脚放电。如此反复，电路便产生振荡，电容 C 在$\frac{1}{3}V_{CC}$和$\frac{2}{3}V_{CC}$之间充电和放电，其波形如图 4.45(b)所示。输出矩形波的时间参数是

$$T=T_{w1}+T_{w2}=0.7(R_1+R_2)C+0.7R_2C \tag{4-6}$$

对于 555 芯片，R_1的取值应大于 1kΩ，否则芯片极易损坏。

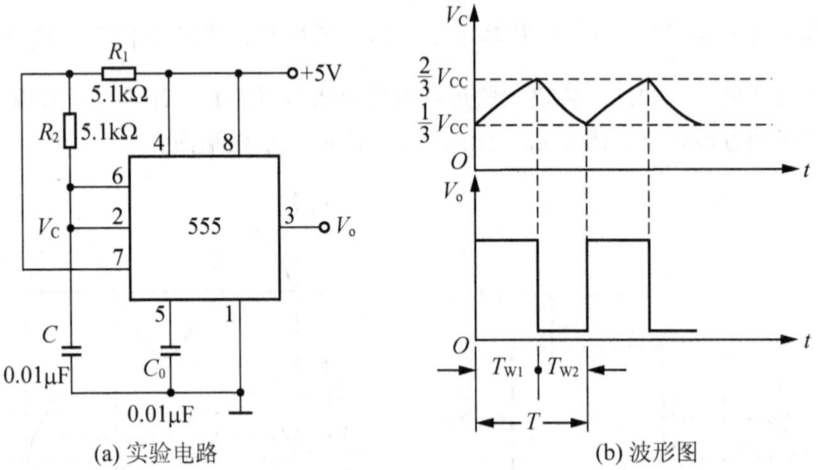

图 4.45　多谐振荡器

555 时基电路配以少量的元件即可获得较高精度的振荡频率，并具有较强的功率输出能力，外部元件的稳定性决定了多谐振荡器的稳定性。这种形式的多谐振荡器在电子测量、家用电器等领域应用很广。

4）构成占空比和振荡频率都可调的多谐振荡器

实验电路如图 4.46 所示，在普通多谐振荡器电路的基础上增加了两个电位器和两个导引二极管 D_1、D_2。D_1、D_2用来决定电容 C 的充、放电电流路径。充电时 D_1导通，D_2截止，充电电流由电源通过 R_1、D_1、R_{W2}和 R_{W1}至电容 C；放电时 D_2导通，D_1截止，放电电流经过 R_{W1}、R_{W2}、D_2、R_2至 555 的 7 脚。

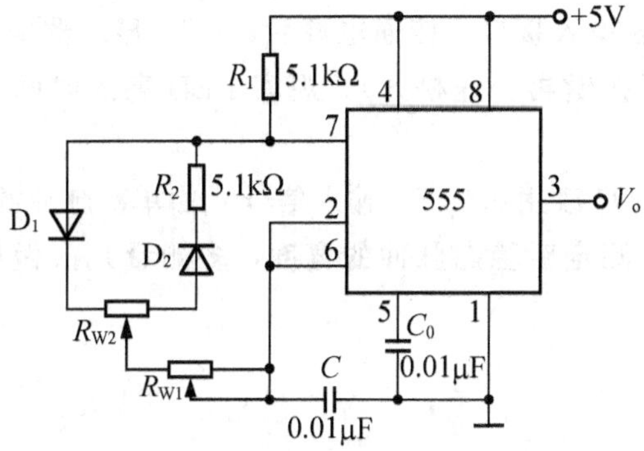

图 4.46 占空比与频率均可调的多谐振荡器

因为 $R_1=R_2$，若 R_{W2}调至中心点，电容 C 的充、放电时间就基本相等，输出矩形波的占空比约为 50%。此时调节 R_{W1}只改变频率，矩形波的占空比不变。如果 R_{W2}的抽头位置偏离中心点，这时调节 R_{W1}，既能改变振荡频率，也会对输出矩形波的占空比产生影响。在 R_{W1}不变时，调节 R_{W2}，仅改变输出矩形波的占空比，对振荡频率没有影响。

实验时，接通电源后，先调节 R_{W1}使振荡频率达到设计值；然后调节 R_{W2}，使输出矩形波的占空比符合要求。

4.7.3 实验设备与器件

（1）+5V 直流电源。

（2）双踪示波器。

（3）连续脉冲源。

（4）单次脉冲源。

（5）音频信号源。

（6）数字频率计。

（7）逻辑电平显示器。

（8）数字万用表。

（9）定时器 555×2，二极管 1N4007×2，电位器、电阻、电容若干。

4.7.4 预习要求

（1）复习 555 定时器的工作原理。

（2）拟订实验中所需的数据、表格等。

（3）思考用示波器测定施密特触发器的电压传输特性曲线的方法。

4.7.5 实验内容

1. 单稳态触发器

（1）按图 4.41 连接线路，取 $R=100\text{k}\Omega$、$C=47\mu\text{F}$，输入信号 V_i 由单次脉冲源提供，输出端接逻辑电平显示器输入接口。接通电源后，LED 显示器应该不亮。用单次脉冲源产生负向触发信号（按下按键再快速松开），观察 LED 亮的时间，即单稳态电路的延时时间。

（2）将 R 改用 1kΩ、C 改用 0.1μF，输入信号 V_i 由单次脉冲源提供，用双踪示波器观测 V_i、V_c 和 V_o 的波形，测定暂稳态脉冲的宽度，多测量几次做好记录，与理论值进行比较。

2. 施密特触发器

按图 4.42 连接线路，输入信号由函数信号发生器提供，V_s 的频率为 1kHz。用双踪示波器的 CH1、CH2 通道分别观测电路的 V_i 和 V_o 端，先将两个通道的输入耦合方式“接地”键按下，调节它们的零电平扫描线至合适的位置，然后，将耦合方式“接地”键弹出，采用“DC”（直流）耦合输入待测信号。

接通电源，V_s 的幅度从零开始逐渐加大，用双踪示波器观测 V_i 和 V_o 的波形，测量 V_o 状态翻转时刻对应的 V_i 的值，做好记录。描绘出施密特触发器的电压传输特性，并算出回差电压 ΔU。

3. 多谐振荡器

（1）按图 4.45 连接线路，用双踪示波器观测 V_c 与 V_o 的波形，测量输出矩形波的频率、脉冲宽度。

（2）按图 4.46 连接线路，R_{W1} 和 R_{W2} 用两只 100kΩ 的电位器，D_1、D_2 采用 1N4148（或 1N4007）。分别调节 R_{W1} 和 R_{W2}，用双踪示波器观测 R_{W1} 和 R_{W2} 的改变对输出波形的频率、占空比的影响，测量占空比为 50% 的方波信号的波形参数。

4.7.6 故障现象及分析

本实验的内容较多，常见的故障及原因分析如表 4-38 所示。

表 4-38　故障现象及原因分析

故障现象	故障分析
单稳态触发器无输出脉冲	示波器使用不当，观测不到脉冲；或单次脉冲源损坏
施密特触发器无输出	输入的交流信号幅度太小，没有引起电路状态翻转；或者 555 电源没加上；极少情况下出现芯片损坏现象

4.7.7　对实验报告的要求

（1）画出实验电路图，定量绘出观测到的波形。

（2）分析、总结实验结果。

4.8　D/A 与 A/D 转换器的应用

4.8.1　实验目的

（1）了解 D/A 转换器的基本功能及测试方法。

（2）了解 A/D 转换器的基本功能及测试方法。

（3）掌握 D/A 转换器 DAC0832 和 A/D 转换器 ADC0809 的使用方法。

4.8.2　实验原理

在数字电子技术的应用中，把模拟量转换为数字量的器件，称为模/数转换器(A/D 转换器，简称 ADC)；把数字量转换成模拟量的器件，称为数/模转换器(D/A 转换器，简称 DAC)。数字系统和模拟系统的接口通常需要应用 A/D 或 D/A 实现，这类转换器的集成电路很多，使用者可借助于手册提供的器件性能指标及典型应用电路，进行合理选型和正确使用。本实验选用大规模集成电路 DAC0832 实现 D/A 转换，选用 ADC0809 实现 A/D 转换。

1. D/A 转换器 DAC0832

DAC0832 是由美国国家半导体公司(NSC)生产的单片电流输出型八位 D/A 转换器，采用 CMOS 工艺制成，与 TTL 电平兼容，其内部主要由双缓冲器和 R－2R 倒 T 形八位 D/A 转换网络构成。图 4.47 是 DAC0832 的内部结构框图及引脚排列。

一个八位的 D/A 转换器有 8 个输入端和一个模拟输出端，8 个输入端构成八位二进制数形式，有 2^8(即 256)种不同的二进制组态，输出的模拟电压不是整个电压范围内的任意值，只是 256 个可能电压值之一。

1）DAC0832 的引脚功能

$D_0 \sim D_7$：八位数据输入端，D_7是最高位，D_0是最低位。

ILE：输入寄存器允许信号，高电平有效。

$\overline{CS}$：片选输入信号，低电平有效。

$\overline{WR1}$：写信号 1，低电平有效，在 ILE 和$\overline{CS}$同时有效时，将输入数据锁存到输入寄存器。

$\overline{XFER}$：传送控制信号，低电平有效。

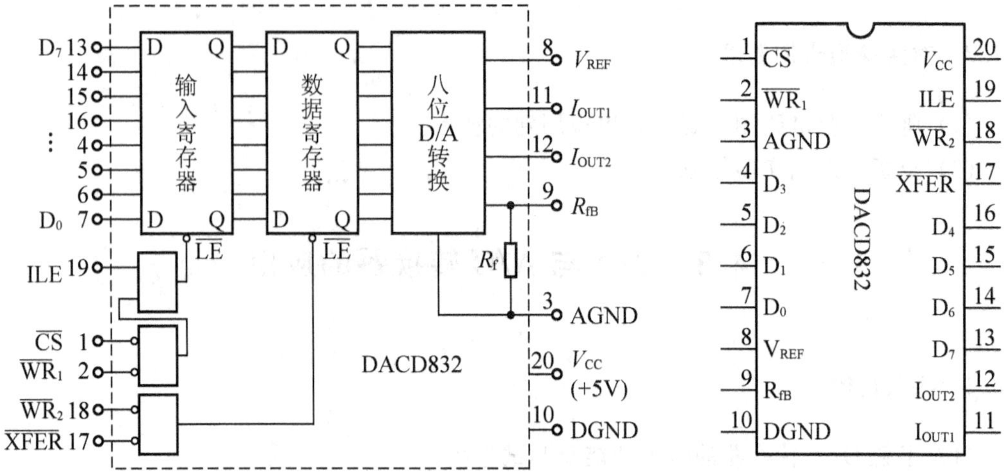

(a) 内部结构框图　　　　(b) 引脚排列

图 4.47　DAC0832 的内部结构框图及引脚排列

$\overline{\text{WR2}}$：写信号 2，低电平有效，在$\overline{\text{XFER}}$有效时，将输入寄存器中的数据锁存到数据寄存器(DAC 寄存器)。

I_{OUT1}、I_{OUT2}：DAC 电流输出端，分别接外部运算放大器的反相端和同相端。

R_{fB}：反馈电阻引出端，接外接运算放大器的输出端。

V_{REF}：基准电压输入端，电压范围为－10～＋10V。

V_{CC}：电源电压输入端，其电压范围为＋5～＋15V。

AGND：模拟地。

DGND：数字地，应与 AGND 相连。

2）工作方式

DAC0832 内部有两级缓冲寄存器，根据对两级寄存器不同的控制方法，有直通、单缓冲、双缓冲 3 种工作方式可供选择。

直通工作方式：$\overline{\text{WR1}}$、$\overline{\text{WR2}}$、$\overline{\text{XFER}}$和$\overline{\text{CS}}$都固定接低电平，ILE 接高电平，外部数据不经过两级寄存器锁存，而直接到达内部 D/A 转换器。

单缓冲工作方式：、$\overline{\text{WR2}}$、$\overline{\text{XFER}}$固定接低电平，使数据寄存器接成直通方式，外部数据经过输入寄存器缓冲控制后，直接进入 D/A 转换器。

双缓冲工作方式：两个寄存器均处于受控状态，先使输入寄存器接收数据，再控制输入寄存器的输出送到数据寄存器，输入数据经过两次缓冲后才进入 D/A 转换器。

3）实验电路

DAC0832 芯片本身不包括运算放大器，其输出电流必须经过一个外接的运算放大器才能转换为电压。实验电路如图 4.48 所示。

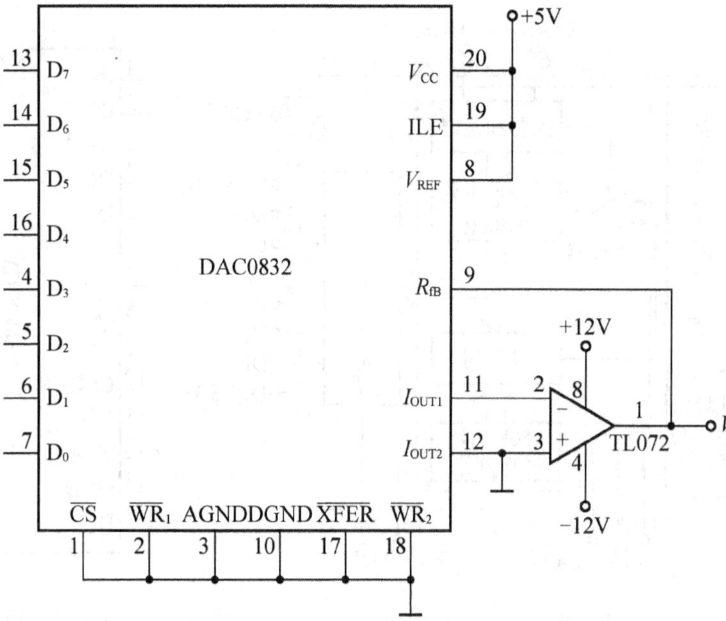

图 4.48 D/A 转换器实验电路

因为运算放大器接成反相放大器形式，输出电压为

$$V_o = -\frac{V_{REF}}{2^8}(D_7 \times 2^7 + D_6 \times 2^6 + \cdots + D_0 \times 2^0) = -\frac{5}{2^8} \times D(V) \tag{4-7}$$

式中，D 为输入数字量的十进制数。

2. A/D 转换器 ADC0809

实现 A/D 转换的电路形式有很多，常用的有并联比较型、逐次渐近型和双积分型等。逐次渐近型 A/D 转换器有较高的转换精度和较快的转换速度，而且成本低，因而得到了广泛的应用。

ADC0809 是采用 CMOS 工艺制成的单片八位八通道 A/D 转换器，采用逐次渐近型 A/D 转换原理；内部有带锁存控制的八位模拟转换开关，用于选通八路模拟信号中的任一路输入；输出采用三态缓冲寄存器。其内部结构及引脚排列如图 4.49 所示。

1）ADC0809 的引脚功能

$IN_0 \sim IN_7$：八路模拟信号输入端。

ADDC、ADDB、ADDA：地址输入端。ADDC(A_2)为最高位，ADDA(A_0)为最低位。

ALE：地址锁存允许信号输入端。脉冲上升沿有效，将地址码锁存到地址锁存器。地址码经译码后选通相应的模拟信号通道，对输入的模拟电压进行 A/D 转换。

START：启动信号输入端。此输入脉冲的上升沿使内部逐次逼近寄存器 SAR 清零，下降沿使 A/D 转换过程开始。

EOC：A/D 转换结束输出信号。该引脚在 A/D 转换开始时由高电平变为低电平；转换结束后，由低电平变为高电平。

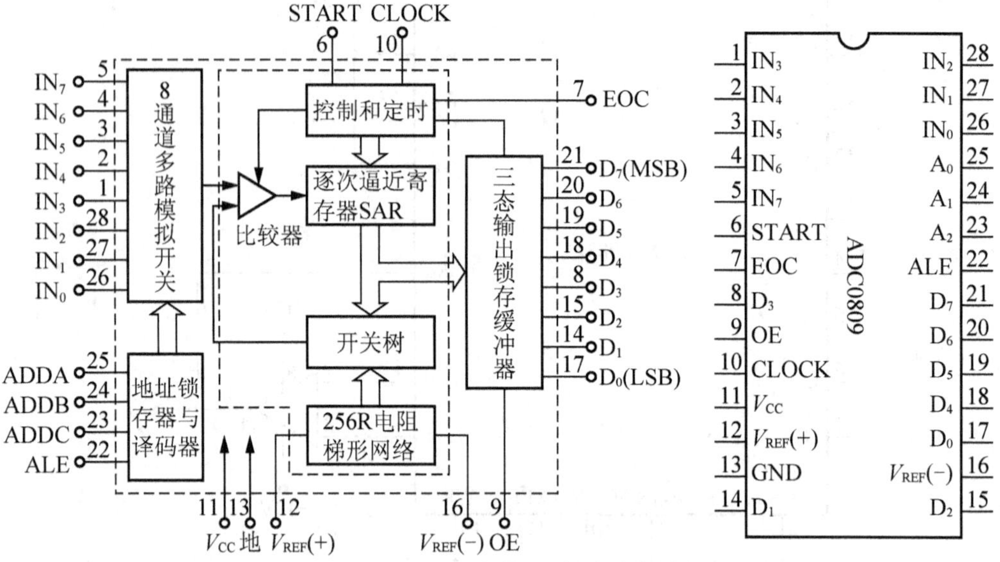

(a) 内部结构　　　　(b) 引脚排列

图 4.49　ADC0809 的内部结构框图及引脚排列

OE：输出允许信号，高电平有效，用来打开三态输出缓冲锁存器，将转换完成后的数据送到数据总线。

CLOCK：时钟信号输入端，时钟的频率范围是 10～1280kHz。时钟的频率决定 A/D 转换的速度，完成一次转换的时间是 64 个时钟周期。当外接时钟频率为 640kHz 时，A/D 的转换时间是 100μs。

V_{CC}：电源端，通常接＋5V。

GND：地线连接端。

V_{REF}(＋)、V_{REF}(－)：基准电压输入端。它们决定输入模拟电压的最大值和最小值。一般 V_{REF}(＋)接＋5V 电源，V_{REF}(－)接地。

D_0～D_7：八位数据输出端。OE 高电平时，数据有效。

2）模拟量输入通道的选择

片内的八路模拟开关由地址输入端 ADDC、ADDB、ADDA(A_2、A_1、A_0)控制，根据地址译码的结果选通八路模拟输入信号中的任何一路进行 A/D 转换。地址译码与模拟输入通道的选通关系如表 4－39 所示。

表 4－39　地址译码与模拟输入通道的选通关系

被选中通道		IN_0	IN_1	IN_2	IN_3	IN_4	IN_5	IN_6	IN_7
地址	A_2	0	0	0	0	1	1	1	1
	A_1	0	0	1	1	0	0	1	1
	A_0	0	1	0	1	0	1	0	1

3）D/A 的转换过程

在启动端(START)加正向启动脉冲，D/A 转换即开始。转换结束后，转换结束端(EOC)自动输出高电平信号。

将 START 端与 EOC 端直接相连，转换将连续进行。如采取这种转换方式，第一次转换开始时，需由外部输入启动脉冲。

4.8.3　实验设备与器件

（1）+5V、±12V 直流电源。
（2）双踪示波器。
（3）函数信号发生器。
（4）逻辑电平开关。
（5）逻辑电平显示器。
（6）单次脉冲源。
（7）数字万用表。
（8）转换器 DAC0832、ADC0809、TL072，电位器、电阻、电容各若干。

4.8.4　预习要求

（1）复习 A/D、D/A 转换的工作原理。
（2）熟悉 ADC0809 和 DAC0832 的引脚功能和使用方法。
（3）画好完整的实验电路，绘制所需的实验记录表格。

4.8.5　实验内容

1. D/A 转换器

（1）按图 4.48 连接线路，参考电压与 V_{CC} 共同接+5V 电源；$\overline{CS}$、$\overline{WR1}$、$\overline{WR2}$、$\overline{XFER}$ 直接接地；ILE 接高电平，电路工作在直通方式；运算放大器 TL072 的电源分别接±12V；D_0～D_7 接逻辑开关的输出插口，输出端 V_o 接直流数字电压表(数字万用表的直流电压挡)。

（2）按表 4-40 所列，依次用逻辑开关输入相应的数字量，分别用数字万用表的直流电压挡测量运算放大器的输出电压 V_o(注意电压的正、负极性)，将测量结果填入表中，并与理论值进行比较。

表 4-40　D/A 转换器的测量

输入数字量								输出模拟量 V_o/V	
D_7	D_6	D_5	D_4	D_3	D_2	D_1	D_0	理论值	测量值
0	0	0	0	0	0	0	0		
0	0	0	0	0	0	0	1		
0	0	0	0	0	0	1	0		

续表

输入数字量								输出模拟量 V_o/V	
D_7	D_6	D_5	D_4	D_3	D_2	D_1	D_0	理论值	测量值
0	0	0	0	0	1	0	0		
0	0	0	0	1	0	0	0		
0	0	0	1	0	0	0	0		
0	0	1	0	0	0	0	0		
0	1	0	0	0	0	0	0		
1	0	0	0	0	0	0	0		
1	1	1	1	1	1	1	1		

2. A/D 转换器

(1) 按图 4.50 所示实验电路接线，检查无误后接通电源。时钟脉冲由函数信号发生器提供，取 $f=64$kHz；八路输入模拟信号由+5V 电源经电阻分压网络提供；A/D 变换的结果由逻辑电平显示器显示，LED 灯亮为高电平。

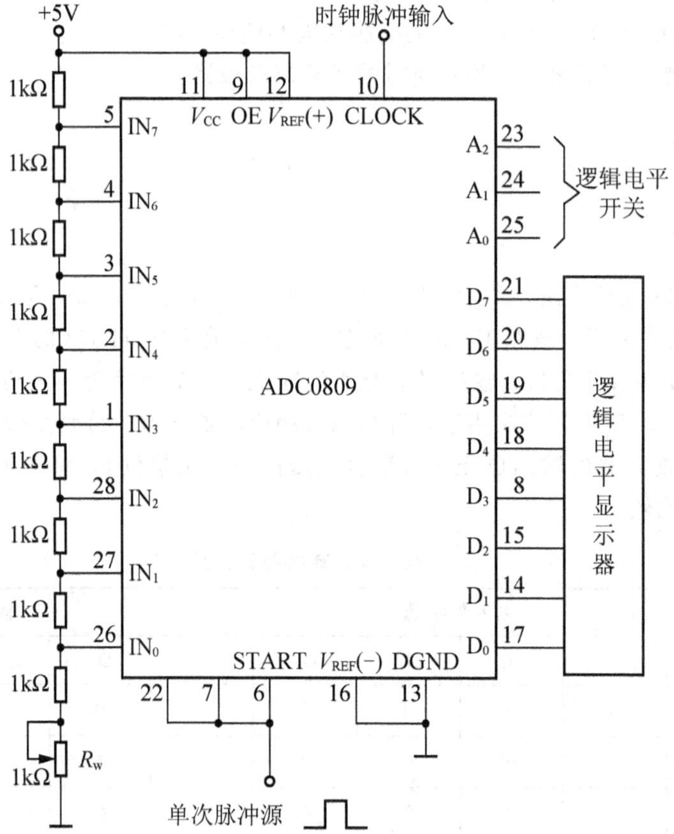

图 4.50 ADC0809 实验电路

(2) 用数字万用表直流电压挡测量 IN_0端的电压，微调电位器 R_w，使读数为 1.0V。控制逻辑电平开关，使地址 A_2 A_1 A_0为 000；按下单次脉冲源再松开，送入一个启动信号，观测逻辑电平显示器显示的数字量，并记入表 4-41 中。

表 4-41 A/D 转换器测量

选中模拟通道	输入模拟量	地址			输出数字量								
IN	V_i(V)	A_2	A_1	A_0	D_7	D_6	D_5	D_4	D_3	D_2	D_1	D_0	十进制
IN_0	1.0	0	0	0									
IN_1	1.5	0	0	1									
IN_2	2.0	0	1	0									
IN_3	2.5	0	1	1									
IN_4	3.0	1	0	0									
IN_5	3.5	1	0	1									
IN_6	4.0	1	1	0									
IN_7	4.5	1	1	1									

(3) 微调电位器 R_w，使 IN_1端输入的电压为 1.5V，令地址 A_2 A_1 A_0为 001；再送入一个单次启动脉冲，观测转换输出的数字量，并记入表 4-41 中。

(4) 以此类推，按表 4-41 的要求操作，完成八路模拟输入信号的转换，记录转换结果，并将转换结果换算成十进制数表示的电压值，与数字万用表实测的各路输入电压值进行比较，分析误差原因。

4.8.6 对实验报告的要求

(1) 整理表 4-40 的实验数据，分析实验结果。

(2) 根据表 4-41 提供的参数，计算出各输入电压对应的输出数字量，将实验结果与之对比，分析实验结果。

第5章

综合性与设计性实验

5.1 组合逻辑电路的设计与测试

5.1.1 实验目的

（1）掌握组合逻辑电路的设计与测试方法。

（2）掌握用标准与非门实现逻辑电路的方法和技巧。

（3）熟悉半加器、全加器等电路的功能。

5.1.2 实验原理

1. 组合电路的设计步骤

组合逻辑电路由基本逻辑门电路组成，无记忆功能，电路中没有输出到输入的反馈回路。组合逻辑电路的设计是根据工程实际的要求，选取合适的器件实现特定的逻辑功能。经典的设计方法是选用中、小规模集成电路来实现组合逻辑电路，设计流程图如图5.1所示。

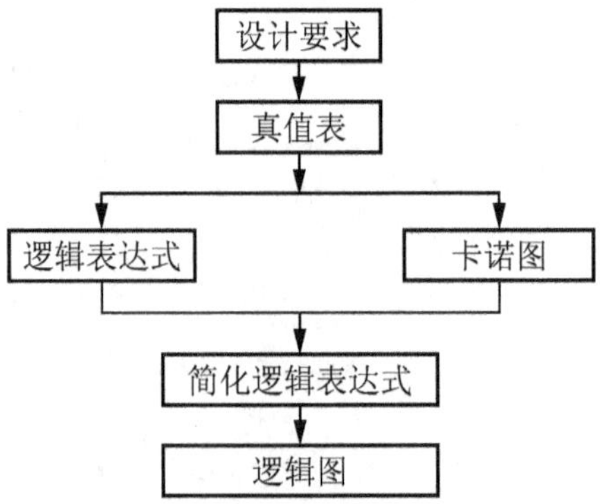

图5.1 组合逻辑电路设计流程图

首先，根据设计任务的要求建立输入、输出变量，并列出真值表；进而得到逻辑表达式；然后用逻辑代数法或卡诺图化简法求出简化的逻辑表达式，并按实际选用逻辑门的类型修改逻辑表达式。根据化简后的逻辑表达式，画出逻辑图，用要求的标准器件构成逻辑电路。最后，用实验来验证设计的正确性。在设计与验证的过程中，还要注意组合逻辑电路的竞争与冒险现象。

2. 组合逻辑电路设计举例

用“与非”门设计一个表决电路。要求当 4 个输入端中有 3 个或 4 个为“1”时，输出端才为“1”。

设计步骤如下。

(1) 根据题意列出真值表，如表 5－1 所示，再填入表 5－2 中。

表 5－1　表决电路真值表

D	0	0	0	0	0	0	0	0	1	1	1	1	1	1	1	1
A	0	0	0	0	1	1	1	1	0	0	0	0	1	1	1	1
B	0	0	1	1	0	0	1	1	0	0	1	1	0	0	1	1
C	0	1	0	1	0	1	0	1	0	1	0	1	0	1	0	1
Z	0	0	0	0	0	0	0	1	0	0	0	1	0	1	1	1

表 5－2　卡诺图

BC \ DA	00	01	11	10
00				
01			1	
11		1	1	1
10			1	

(2) 由卡诺图得出逻辑表达式，并根据摩根定理变化成“与非”的形式。

$$Z = ABC + BCD + ACD + ABD$$

$$= \overline{\overline{ABC} \cdot \overline{BCD} \cdot \overline{ACD} \cdot \overline{ABC}}$$

(3) 根据逻辑表达式画出用“与非门”构成的逻辑电路，如图 5.2 所示。

(4) 用实验验证逻辑功能。

选用四输入双与非门 CC4012 实现。在数字电路实验装置适当位置选定 3 个 14P 插座，按照集成块定位标记插好集成块 CC4012。

按图 5.2 连接线路，输入端 A、B、C、D 接至逻辑开关输出插口，输出端 Z 接逻辑电平显示输入插口。按真值表的要求，逐次改变输入变量，测量相应的输出值，验证逻辑功能，与表 5-1 进行比较，验证所设计的逻辑电路是否符合要求。

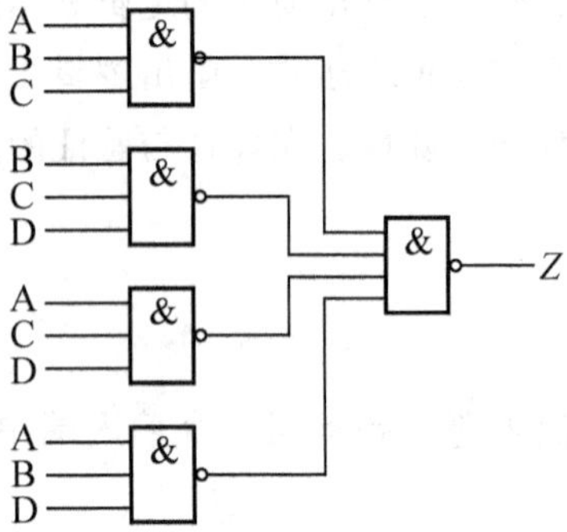

图 5.2　表决电路逻辑图

5.1.3　实验设备与器件

(1) +5V 直流电源。

(2) 逻辑电平开关。

(3) 逻辑电平显示器。

(4) 数字万用表。

(5) 与非门 74LS00、与非门 74LS20、异或门 74LS86、或非门 74LS02 和与门 74LS08 各一片。

5.1.4　预习要求

(1) 根据实验任务的要求预先设计好组合电路，并根据所给的标准器件画出逻辑图。

(2) 查找技术手册，确定所用芯片的引脚排列(可参考书末的附录 B)。

5.1.5　实验内容

1. 验证与非门组成的半加器

归纳出图 5.3 所示电路的逻辑表达式，根据电路图，在实验台上连接并进行功能测试，将测试结果记人表 5-3 中。

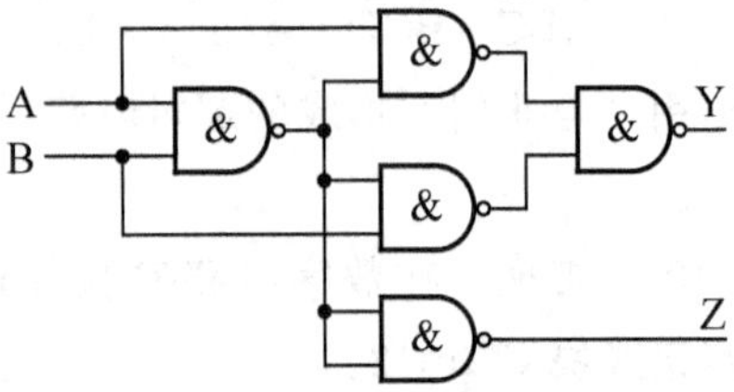

图 5.3　与非门组成的半加器

表 5-3　半加器测试

A	B	Y	Z
0	0		
0	1		
1	0		
1	1		

2. 设计用异或门和与非门组成的半加器电路

要求用异或门 74LS86 和与非门 74LS00 设计一个半加器电路，并按完整的设计步骤进行，直到测试电路逻辑功能符合设计要求为止。

3. 设计一个一位全加器

要求用异或门 74LS86、与门 74LS08 及或非门 74LS02，设计一个一位的全加器，按设计步骤进行。

5.1.6　对实验报告的要求

(1) 列出实验任务的设计过程，画出设计电路图。
(2) 对所设计的电路进行实验测试，记录测试结果。
(3) 总结设计组合电路的体会。

5.2　四路竞赛抢答器

5.2.1　实验目的

(1) 进一步熟悉锁存器(即 D 触发器)、分频电路、多谐振荡器、CP 时钟脉冲源等数字单元电路的综合运用。
(2) 熟悉竞赛抢答器的工作原理，学会用锁存器实现抢答器的方法。
(3) 了解简单数字系统的组装、调试及故障排除的方法。

5.2.2　实验原理

1. 抢答器的基本原理

抢答器应具有优先抢答功能，先抢到的选手编号应该被锁存并有声、光等提示，而其他选手则被封锁；主持人控制抢答器的运行，并可以手动复位。实现抢答器的方法很多，最简单的方案是将抢先按下按钮的选手的编号用D触发器锁存，然后送去显示。其原理框图如图5.4所示。

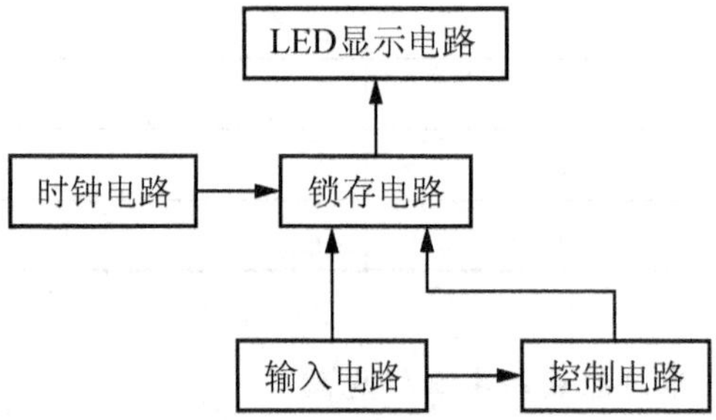

图 5.4 抢答器原理框图

2. 实验电路

图5.5是一种四人用竞赛抢答器的原理图。S_1～S_4四个开关构成输入电路；F_1为四D触发器74LS175，作为锁存器电路使用；F_3(74LS00)与R和C组成多谐振荡器，F_4(74LS74)的两个D触发器构成四分频电路，F_3和F_4共同组成抢答电路中的时钟脉冲源；F_2为双四输入与非门74LS20，它与开关S都属于控制电路。74LS175具有公共清零端和公共CP端，其引脚排列见附录B。

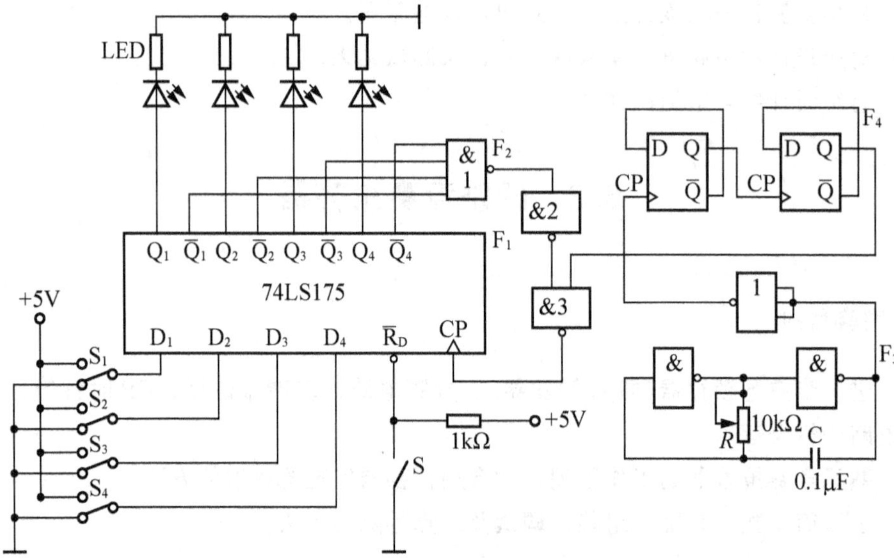

图 5.5 四路竞赛抢答器原理图

抢答开始时，主持人按下复位开关S，74LS175的输出Q_1～Q_4全为0，所有LED灯均熄灭。当主持人宣布“开始”后，首先做出判断的参赛者抢先按下开关，对应的发光二极管点亮；同时，通过与非门F_2送出信号，使74LS175的CP端固定为高电平，将其余3个抢答者的电路锁住，不再接受其他信号，直到主持人再次复位为止。

5.2.3　实验设备与器件

（1）＋5V 直流电源。

（2）逻辑电平开关。

（3）逻辑电平显示器。

（4）双踪示波器。

（5）数字频率计。

（6）数字万用表。

（7）触发器 74LS175、逻辑门 74LS20、触发器 74LS74、逻辑门 74LS00 各一片。

5.2.4　预习要求

（1）复习触发器和基于触发器的分频器电路的工作原理。

（2）复习用与非门电路构成多谐振荡器的电路原理。

（3）查找手册，标明实验电路中各集成块的引脚标号。

5.2.5　实验内容

1. 元器件的测试

分别测试触发器 74LS175、74LS74 和逻辑门 74LS20、74LS00 的逻辑功能，判断它们的好坏。测试方法可参照第 4.1 和 4.4 两节的相关内容。

2. 连接电路

按图 5.5 连接线路，抢答器 5 个开关分别接实验装置上的不同逻辑开关、发光二极管分别接不同的逻辑电平显示器。

3. 脉冲源电路的调试

断开抢答器电路中的 CP 脉冲源电路，单独对多谐振荡器及分频器加电，进行调试。

调整多谐振荡器的电位器 R，使振荡器整形门的输出脉冲频率约为 4kHz。用示波器观察 F_4 的输出波形，其应该是脉冲波形，并测试其频率，看是否满足四分频关系。

4. 抢答电路功能的测试

接通除脉冲源以外电路的＋5V 电源，CP 端接实验装置上的连续脉冲源，频率约取 1kHz。

（1）抢答开始前，开关 S_1、S_2、S_3、S_4 均置“0”，开关 S 也置“0”，发光二极管全熄灭。然后将 S 置“1”，抢答即开始。S_1、S_2、S_3、S_4 某一开关置“1”，观察发光二极管的亮、灭情况，然后再将其他 3 个开关中任一个置“1”，观察发光二极管的亮、灭有否改变。

（2）重新开始抢答，改变 S_1、S_2、S_3、S_4 的抢答顺序，观察抢答器的工作情况。

5. 整体测试

断开实验装置上的连续脉冲源，接入 F_3 和 F_4 构成的脉冲源电路，进行整体功能测试。

5.2.6 对实验报告的要求

（1）分析该智力竞赛抢答装置各部分电路的功能及工作原理。

（2）总结数字系统设计、调试的方法。

（3）针对实验中出现的故障及解决办法，进行分析。

5.3 电子秒表

5.3.1 实验目的

（1）熟悉和巩固基本 RS 触发器、单稳态触发器、时钟发生器及计数、译码显示等数字单元电路的使用方法。

（2）学习电子秒表的组成，初步掌握其设计与调试方法。

5.3.2 实验原理

1. 电子秒表的组成

用中、小规模集成电路可以设计实现简单的电子秒表，计时范围为 0.1～9.9s 的电子秒表的组成框图如图 5.6 所示。

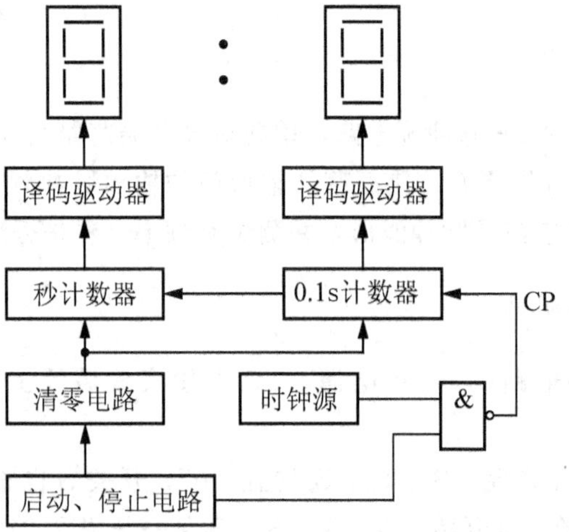

图 5.6　电子秒表的组成框图

2. 电子秒表电路设计举例

图 5.7 为一种简单的电子秒表的部分电路，按功能可将该部分电路分成 4 个单元，分别是启动与停止电路、清零信号产生电路、时钟源电路、计数电路，如果再加上译码驱动电路和 LED 显示器就构成了完整的电子秒表。

译码驱动电路和 LED 显示器可以直接利用实验台配置的译码显示电路(参见第 4 章 4.2.2 节的内容)，将图 5.7 所示电路的计数输出部分接到实验台的译码显示电路后，就能够实现 0.1～9.9s 的计时与数字显示，分辨率为 0.1s。其功能由 S_1、S_2 两个按键控制，按下 S_1 键，从零开始计时；按下 S_2 键，计时停止，计时时间显示在两位 LED 数码管上。

1) 启动与停止电路

图 5.7 中单元 I 为启动与停止电路，实际就是用集成与非门构成的基本 RS 触发器，属低电平直接触发的触发器，有直接置位、复位的功能。

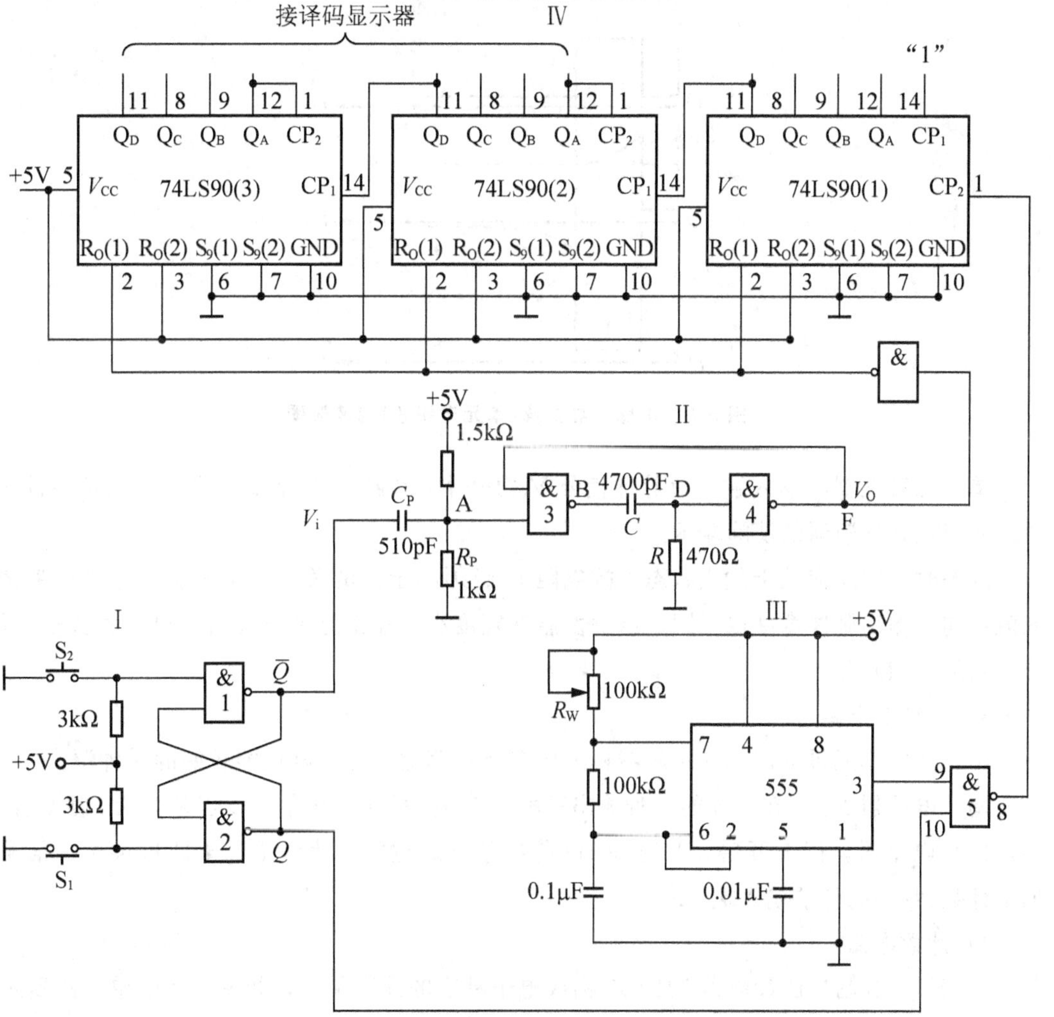

图 5.7 电子秒表的部分电路

该基本 RS 触发器的输出 $\bar{Q}$ 作为单稳态触发器的输入，另一路输出 Q 作为与非门 5 的输入控制信号。

按下按钮开关 S_2(接地)，则门 1 输出 $\bar{Q}=1$；门 2 输出 Q=0，S_2复位后 Q、$\bar{Q}$ 状态保持不变。再按下按钮开关 S_1，则 Q 由 0 变为 1，门 5 打开，为计数器启动做好准备。同时，$\bar{Q}$ 由 1 变 0，启动清零信号产生电路(单稳态触发器)工作。

2) 清零信号产生电路

单元电路Ⅱ为用集成与非门构成的微分型单稳态触发器，是计数器的清零信号产生电路。其用于对启动与停止电路输出的不规则脉冲信号进行处理，产生标准的脉冲信号提供给计数器电路，作为清零信号。图 5.8 为其各点的波形图。

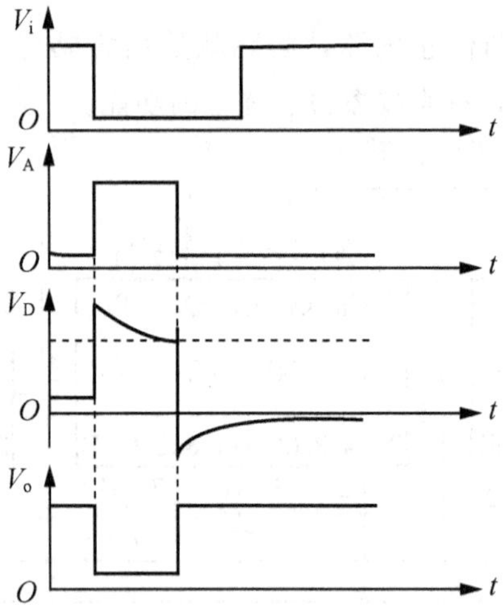

图 5.8　单稳态触发器(单元电路Ⅱ)的波形图

单稳态触发器的输入触发负脉冲信号 V_i 由基本 RS 触发器 $\bar{Q}$ 端提供，输出负脉冲 V_o 通过非门加到计数器的清除端 R。

静态时，门 4 应处于截止状态，故电阻 R 必须小于门的关门电阻 R_{Off}。定时元件 RC 取值不同，输出脉冲宽度也不同。当触发脉冲宽度小于输出脉冲宽度时，可以省去输入微分电路的 R_P 和 C_P。

3) 时钟源电路

图 5.7 中单元Ⅲ为用 555 定时器构成的多谐振荡器，是一种性能较好的时钟源。

调节电位器 R_W，在 555 的 3 脚输出频率为 50Hz 的矩形波信号，当基本 RS 触发器 Q 端输出高电平时，门 5 开启，此时 50Hz 脉冲信号通过门 5 为计数器电路提供时钟信号，加于计数器(1)的计数输入端 CP_2。

4) 计数电路

二-五-十进制加法计数器 74LS90 构成电子秒表的计数单元，如图 5.7 中单元Ⅳ所示。其中计数器(1)接成五进制形式，对频率为 50Hz 的时钟脉冲进行五分频，在输出端 Q_D得到周期为 0.1s 的矩形脉冲，作为计数器(2)的时钟输入。计数器(2)及计数器(3)接成十进制加法计数器形式，以 8421 码形式输出。

由于本实验电路不包括译码显示电路，需要将计数器的输出送到实验台配置的译码显示单元电路进行译码显示。连接时，应将电子秒表电路中计数器(2)及计数器(3)的输出端 Q_A、Q_B、Q_C、Q_D 分别与实验装置上两组译码显示单元的相应输入端 A、B、C、D 连接，方可显示 0.1～0.9s 和 1～9.9s 的计时。

74LS90 是异步二-五-十进制加法计数器，可以用作二进制、五进制或十进制加法计数器。

图 5.9 为 74LS90 的引脚排列，表 5-4 为其功能表。

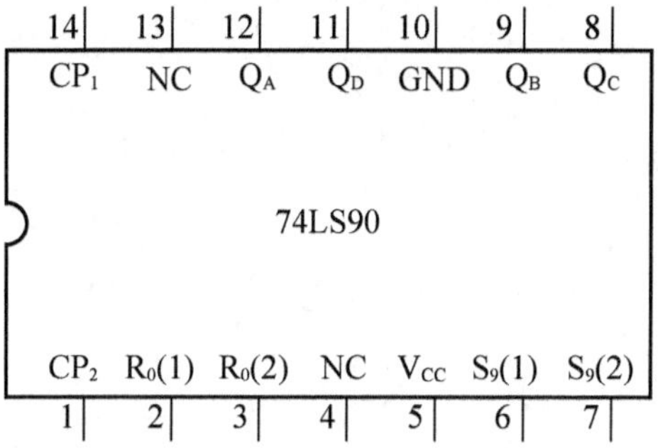

图 5.9 74LS90 的引脚排列

表 5-4 74LS90 的功能表

输入						输出	功能
清 0		置 9		时钟		$Q_D Q_C Q_B Q_A$	
$R_0(1)$	$R_0(2)$	$S_9(1)$	$S_9(2)$	CP_1	CP_2		
1	1	0 ×	× 0	×	×	0 0 0 0	清 0
0 ×	× 0	1	1	×	×	1 0 0 1	置 9
0 ×	× 0	0 ×	× 0	↓	1	Q_A 输出	二进制计数
				1	↓	$Q_D Q_C Q_B$ 输出	五进制计数
				↓	Q_A	$Q_D Q_C Q_B Q_A$ 输出 8421BCD 码	十进制计数
				Q_D	↓	$Q_A Q_D Q_C Q_B$ 输出 5421BCD 码	十进制计数
				1	1	不 变	保持

74LS90 有 4 种不同的功能模式，还可通过 $R_0(1)$、$R_0(2)$ 对计数器清零或通过 $S_9(1)$、$S_9(2)$ 将计数器置 9。具体如下。

(1) 计数脉冲由 CP_1 输入，Q_A 作为输出端，工作在二进制计数器模式。

(2) 计数脉冲由 CP_2 输入，$Q_DQ_CQ_B$ 为输出端，工作在异步五进制加法计数器模式。

(3) 将 CP_2 和 Q_A 相连，计数脉冲由 CP_1 输入，Q_D、Q_C、Q_B、Q_A 作为输出端，工作在异步 8421 码十进制加法计数器模式。

(4) 将 CP_1 与 Q_D 相连，计数脉冲由 CP_2 输入，Q_A、Q_D、Q_C、Q_B 作为输出端，工作在异步 5421 码十进制加法计数器模式。

(5) 异步清零功能。$R_0(1)$、$R_0(2)$均为“1”，$S_9(1)$、$S_9(2)$中有“0”时，实现异步清零功能，$Q_DQ_CQ_BQ_A=0000$。

(6) 置 9 功能。$S_9(1)$、$S_9(2)$均为“1”，$R_0(1)$、$R_0(2)$中有“0”时，实现置 9 功能，$Q_DQ_CQ_BQ_A=1001$。

5.3.3 实验设备与器件

(1) +5V 直流电压源。

(2) 双踪示波器。

(3) 数字万用表。

(4) 数字频率计。

(5) 单次脉冲源。

(6) 连续脉冲源。

(7) 逻辑电平开关。

(8) 逻辑电平显示器。

(9) 译码显示器。

(10) 与非门 74LS00×2、定时器 555×1、计数器 74LS90×3，电位器、电阻、电容各若干。

5.3.4 预习要求

(1) 复习 RS 触发器，单稳态触发器、脉冲发生器和计数器等数字电路的原理。

(2) 列出电子秒表单元电路的测试表格。

(3) 列出调试电子秒表的步骤。

5.3.5 实验内容

1. 启动与停止电路的测试

按图 5.7 连接单元电路 I，S_1、S_2 两个按键用逻辑电平开关模拟，开关打到低电平时相当于按键按下，打到高电平时等同于按键弹出。测试方法参考第 4 章 4.4 节关于基本 RS 触发器测试的相关内容。

2. 清零信号产生电路的测试

1) 静态测试

用数字万用表直流电压挡测量单元电路Ⅱ中 A、B、D、F 各点电位值，做好记录，判断是否正确。

2）动态测试

输入端接1kHz连续脉冲源，用示波器观察并描绘D点(V_D)和F点(V_0)的波形。由于单稳态电路输出的脉冲持续时间太短，示波器难以观察，可成比例加大微分电容C(如改为0.47μF)，待测试完毕，确认功能和参数正常后，再将电容C恢复为4700pF。

3. 时钟源的测试

用示波器观察555输出电压波形，调节R_W，用频率计测量，使555输出的矩形波频率为50Hz。

4. 计数器电路的测试

(1) 计数器(1)接成五进制形式，R_0(1)、R_0(2)、S_9(1)、S_9(2)接逻辑开关输出插口，CP_2接单次脉冲源，CP_1接高电平“1”，Q_D～Q_A接实验设备上译码显示输入端口D、C、B、A，按表5-4测试其逻辑功能，做好记录。

(2) 计数器(2)和计数器(3)接成8421码十进制形式，按上述内容进行操作，进行逻辑功能测试，并记录。

(3) 将三级计数器级联，进行逻辑功能测试并记录。

5. 电子秒表的整体测试

各单元电路测试正常后，按图5.7把所有单元电路连接起来，进行电子秒表的总体测试。

先按一下按钮开关S_2，此时电子秒表不工作，再按下按钮开关S_1(需要先将S_2打到高电平)，则计数器从零开始计时，观察LED数码管显示的计数情况是否正常，按下开关S_2，计时立即停止，但数码管保留所计时的值。

最后，利用电子钟或手表的秒计时对电子秒表进行校准，可通过调节电位器R_W实现。

5.3.6　对实验报告的要求

(1) 总结电子秒表的整个调试过程。

(2) 分析调试中发现的问题及故障排除方法。

5.3.7　注意事项

(1) 本实验使用器件较多，必须合理安排各器件在实验装置上的位置，使电路逻辑清楚，接线尽量要短。

(2) 实验时，应参考第1.4节的要求，按照实验任务的顺序，逐一调试各单元电路，待各单元电路工作正常后，再进行整体联调，直到电子秒表功能正常。

(3) S_1、S_2两个开关不能同时打到低电平状态。

5.4 数字频率计的设计

5.4.1 实验目的

(1) 了解频率测量的原理和基本方法。

(2) 掌握数字频率计的设计与调试方法。

5.4.2 设计任务

(1) 使用中、小规模集成电路设计并制作一个能测量矩形波信号频率的数字频率计。

(2) 测频范围为0～9999kHz，分成4个量程挡。

第一挡为0～9.999kHz，第二挡为10～99.99kHz；第三挡为100～999.9kHz；第四挡为1000～9999kHz。

(3) 采用四位七段LED数码管显示，小数点的位置跟随量程的变更而自动移位。

(4) 数据显示的时间在0.5～5s内连续可调。

(5) 具有“自检”功能。

5.4.3 设计原理与提示

1. 设计原理

数字频率计是一种频率测量设备，可直接用于测量正弦波、三角波、方波或其他脉冲信号的频率，并用十进制数字显示，具有测量精度高、测量迅速、读数方便等优点。

脉冲信号的频率就是在单位时间内的脉冲个数，其表达式为$f=N/T$。其中，f为被测信号的频率，N为计数器所累计的脉冲个数；T为产生N个脉冲所需的时间，称为闸门时间。单位时间内，计数器所记录的结果，就是被测信号的频率。如在1s内记录了1000个脉冲，则被测信号的频率为1000Hz。数字频率计的原理框图如图5.10所示。

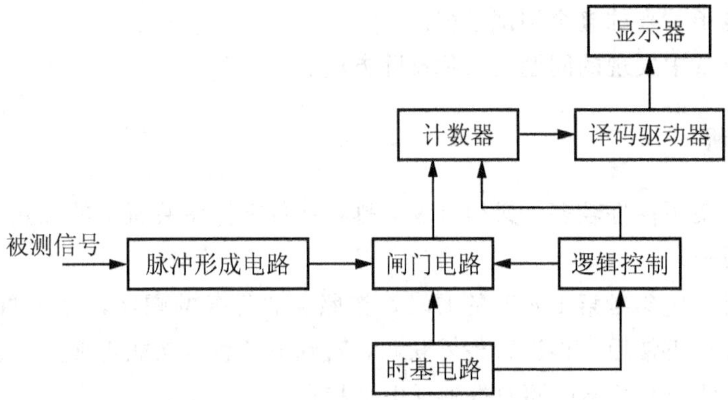

图5.10 数字频率计的原理框图

图 5.11 是满足本设计要求的一种数字频率计参考方案。

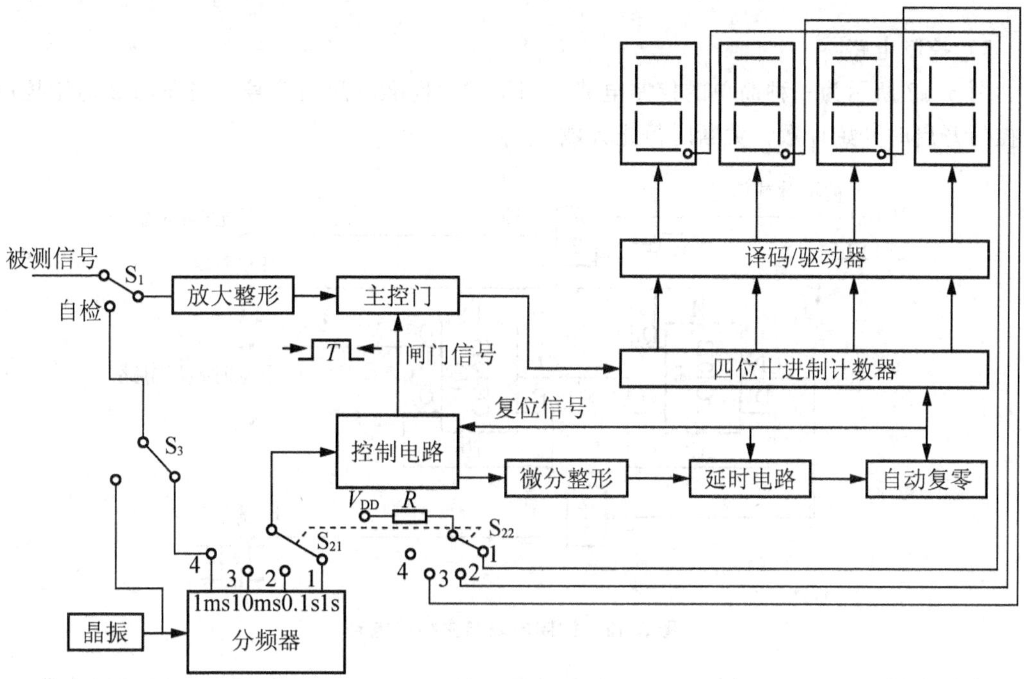

图 5.11　数字频率计参考方案

晶振产生频率较高的标准信号，经分频器后可获得 1ms、10ms、0.1s、1s 等各种时基脉冲。根据不同的测量挡位，由开关 S_2 控制选择合适的时基信号。

一般情况下，被测输入信号需要经过放大整形变成矩形脉冲后，才能加到主控门的输入端。对于本设计内容来说，输入的被测信号为矩形波，放大整形电路可以省略，直接将被测信号加到主控门的输入端。

时基信号经过控制电路产生闸门信号，闸门信号输入至主控门的另一端。只有在闸门信号为高电平期间(即时基信号的一个周期)，输入信号才能通过主控门。若时基信号的周期为 T，进入计数器的输入脉冲数为 N，则被测信号的频率 $f=N/T$。如果改变频率计的测量量程，即改变时基信号的周期 T，可得到不同的测频范围。在闸门信号为低电平期间，主控门关闭，计数器停止计数，显示器显示记录结果。此时，控制电路输出一个置零信号，经过延时、整形电路的处理，当到达所调节的延时时间时，延时电路输出一个复位信号，使计数器和所有的触发器清零，为下一次的计数取样做好准备。延时的目的是锁存住一次显示的时间，使当前测量的结果保留到接受下一次测量为止。

开关 S_2 与小数点的显示控制相关联，当 S_2 改变量程时，小数点能自动移位。

开关 S_1 和 S_3 都置“自检”位时，测试状态转为“自检”工作状态，时基信号本身作为被测信号输入。

2. 单元电路设计提示

1）控制电路

图 5.12 所示为一种简单的控制电路，用于产生标准的闸门信号。与非门 2 为主控门，主控门开启时开始计数，关断时停止计数。

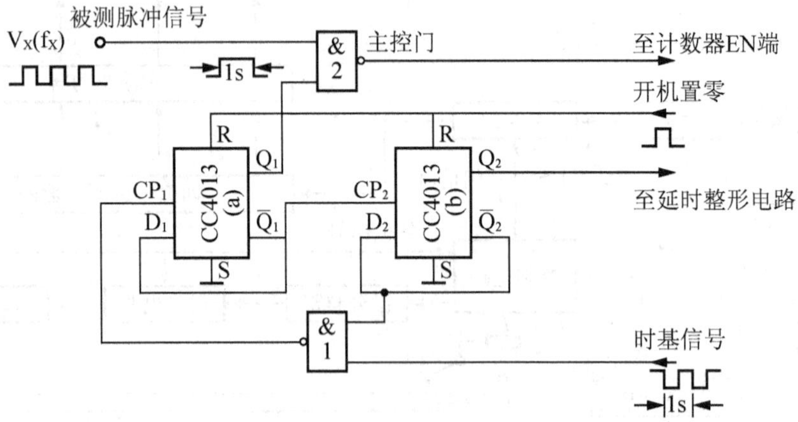

图 5.12 控制电路与主控门电路

主控电路由双 D 触发器 CC4013 及与非门 CC4011 构成，与非门 1 的输出作为第一个 D 触发器的时钟，两个 D 触发器都接成 T′ 触发器的形式。CC4013(a)的任务是输出闸门控制信号，以控制主控门的开启与关闭。开关 S_2 选择的一个时基信号输入到与非门 1，当该时基信号的下降沿到来时，门 1 就输出一个上升沿，使 D 触发器 CC4013(a)动作，CC4013(a)的 Q_1 端就由低电平变为高电平，将与非门 2(主控门)开启，允许被测信号通过该主控门并送至计数器的输入端进行计数。相隔一个闸门时间(即 1s 或 0.1s、10ms、1ms)后，又给与非门 1 输入一个时基信号的下降沿，与非门 1 输出端又产生一个上升沿，使 CC4013(a)翻转，其 Q_1 端变为低电平，将主控门关闭，使计数器停止计数；同时 $\bar{Q}_1$ 端产生一个上升沿，使 CC4013(b)翻转成 $Q_2=1$，$\bar{Q}_2=0$ 的状态。由于 $\bar{Q}_2=0$，它立即使与非门 1 的输出固定为高电平，将与非门 1 封锁，不再让时基信号进入 CC4013(a)，以保证在显示测量读数的时间内 Q_1 端始终保持低电平，使计数器停止计数。

同时，Q_2 端输出的上升沿又送到下一级的延时和整形单元电路，进行延时等处理。延时电路输出端连接到所有 D 触发器的复位端 R。当到达所调节的延时时间时，延时电路输出端立即输出一个正脉冲，将计数器和所有 D 触发器全部置 0。复位后，$Q_1=0$，$\bar{Q}_1=1$，为下一次测量做好准备。待下一个时基信号的下降沿来临时，重复上述过程。

2）微分、整形电路

参考电路如图 5.13 所示。C_1、R_1 构成微分电路，3 个与非门构成一个施密特触发器，起整形作用。CC4013(b)的 Q_2 端所产生的上升沿经微分电路后，送到由与非门 CC4011 组成的整形电路输入端，在其输出端可得到一个边沿十分陡峭且具有一定脉冲宽度的负脉冲，然后再送至下一级延时电路。

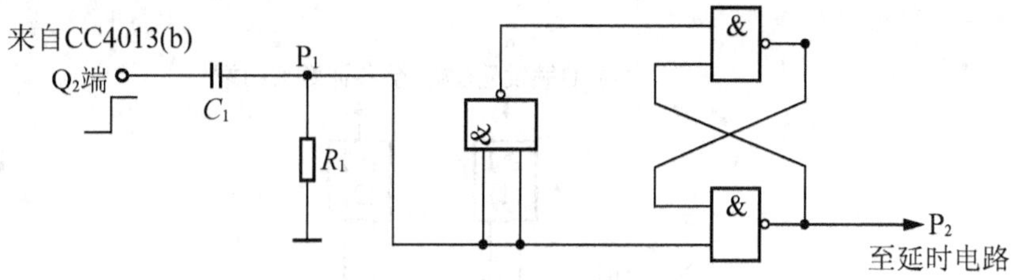

图 5.13　微分、整形电路

3）延时电路

延时电路由 D 触发器 CC4013(c)、积分电路、非门 3 及单稳态电路组成，如图 5.14 所示。积分电路由电位器 R_{W1} 和电容器 C_2 组成；或门和非门 4 及 R_t、C_t 构成微分型单稳态触发器，以产生需要宽度的脉冲。

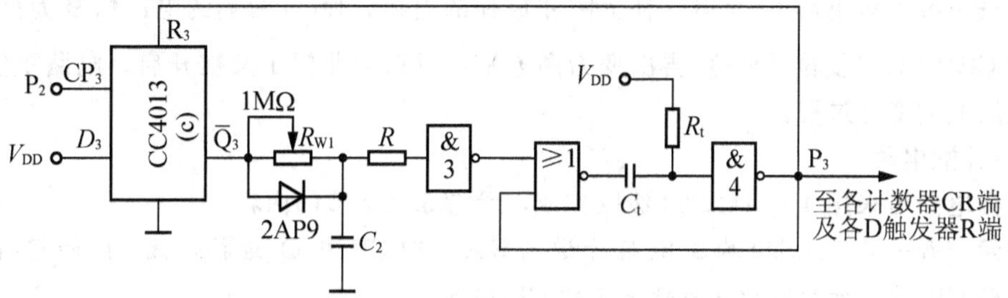

图 5.14　延时电路

由于 CC4013(c)的 D_3 端接 V_{DD}，从前级延时整形电路送来的脉冲上升沿到达 P_2 点，使 D 触发器 CC4013(c)翻转，$\bar{Q}_3$ 变为低电平。

另一方面，开机时，由自动清零电路(见图 5.12)的或门 1 输出的正脉冲送入 CC4013(c)的 R 端，将 Q_3 端置“0”，因此 $\bar{Q}_3=1$。该高电平经二极管 2AP9 迅速给电容 C_2 充电，使 C_2 上端的电压为高电平。而一个计数周期结束的信号，经过延时使 $\bar{Q}_3=0$，这必然会导致电容 C_2 经电位器 R_{W1} 缓慢放电。当电容器 C_2 上的电压放电降至非门 3 的阈值电平 V_T 时，非门 3 的输出端立即产生一个上升沿，触发下一级单稳态电路。此时，P_3 点输出一个正脉冲，该脉冲宽度主要取决于时间常数 $R_t C_t$ 的值。整个电路的延时时间为上一级电路的延时时间和本级延时时间之和。

通过实验验证，如果电位器 R_{W1} 改用 510Ω 的电阻，C_2 取 3μF，则总的延迟时间也就是显示器显示测量频率的时间为 3s 左右；如果电位器 R_{W1} 用 2MΩ 的电阻取代，C_2 为 22μF，则显示时间可达 10s 左右。显然，选取合适的电容 C_2 的值，再适当调节电位器 R_{W1}，就可以得到满足要求的显示时间。

4）自动清零电路

自动清零电路由或门组成，如图 5.15 所示。该自动清零电路有两路输入信号，一路是一个计数周期完成后，从 P_3 点来的正脉冲；另一路是开机时产生的正向脉冲信号。这两路信号不会同时出现，经过或门后送到各触发器和计数器，用于将各计数器及所有的触发器置零。

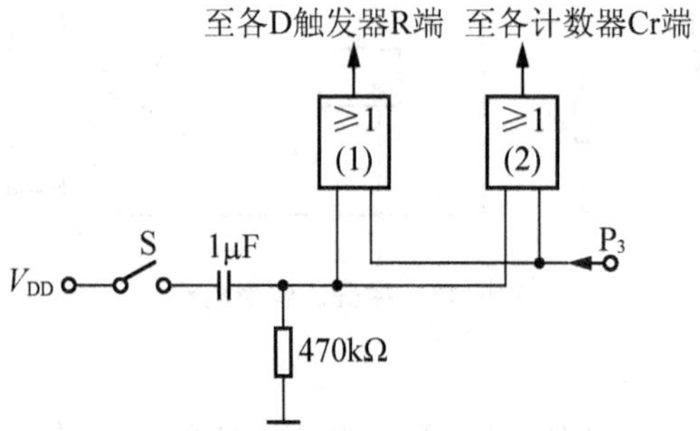

图 5.15　自动清零电路

在复位脉冲的作用下，Q_3 又变为低电平，$\bar{Q}_3$ 又变为高电平。于是 $\bar{Q}_3$ 端的高电平经二极管 2AP9 再次对电容 C_2 充电，补上刚才放掉的电荷，使 C_2 两端的电压恢复为高电平。又因为 CC4013(b)复位后使 $\bar{Q}_2$ 再次变为高电平，所以与非门 1 又被开启，电路重复又一个计数周期的变化过程。

5）计数电路

计数电路可采用 4 片 74LS90 级联构成，参考 5.3.2 节的内容。

提示：每一只 74LS90 构成 8421 十进制形式，即 CP_2 与 Q_A 连接，低一级的 Q_D 输出到高一级的 CP_1 端，计数脉冲从最低一级的 CP_1 输入。

6）译码显示电路

译码显示电路可利用实验台配置的电路，将 4 个计数器的输出 Q_A、Q_B、Q_C、Q_D 分别与实验装置上 4 组译码显示单元的相应输入端 A、B、C、D 连接。也可以自行设计，请参考第 4.2.2 节的相关内容。

7）整体参考电路

图 5.16 所示为一个完整的频率计参考电路，其频率测量范围为 0～999999Hz，频率分辨率为 1Hz。

5.4.4　实验设备与器件

（1）+5V 直流电源。

（2）双踪示波器。

（3）连续脉冲源。

（4）逻辑电平显示器。

（5）数字万用表。

（6）数字频率计。

（7）推荐使用的主要元器件：

CC4518(或 74LS90)×4，CC4553×2，CC4013×2，CC4011×2，CC4069，CC4001，CC4071，2AP9，电位器(1MΩ)，电阻、电容各若干。

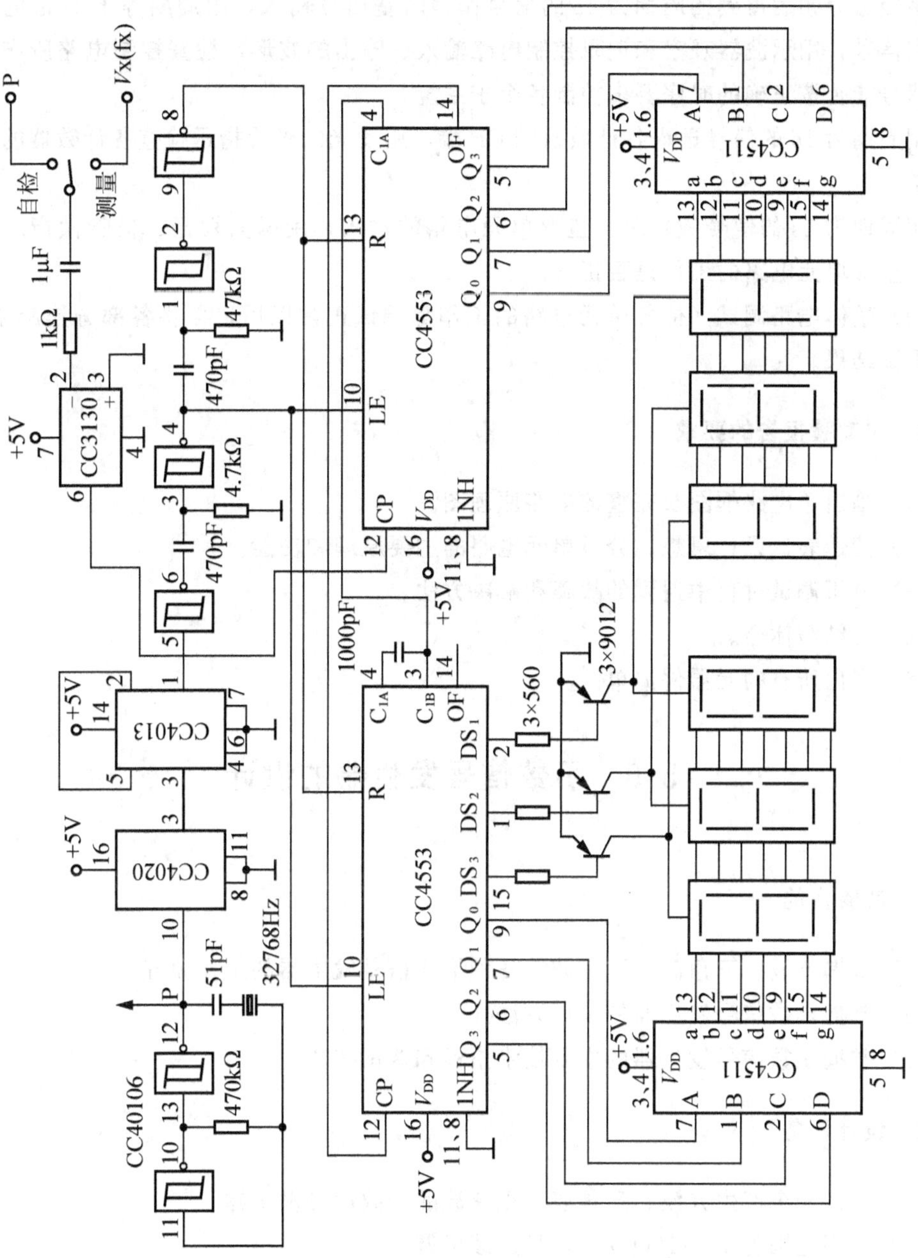

图 5.16　0～999999Hz 数字频率计参考电路

5.4.5　实验内容

(1) 设计整体电路，画出电路总图。

(2) 分单元电路进行连接与调试，记录参数。

时基信号通常使用石英晶体振荡器输出的标准频率经分频电路获得。实验调试时，可先用实验设备上脉冲信号源输出的 1kHz 方波信号经 3 次十分频获得。

将经过分频后得到的周期为1s的信号作为时基信号输入，用周期等于1ms的信号作为被测信号，用示波器观察和记录控制电路输入、输出的波形，检查控制电路所产生的各控制信号能否按正确的时序要求控制各个子系统。

用周期为1s的信号送入各计数器的CP端，用发光二极管指示检查各计数器的工作是否正常。

用周期为1s的信号做延时、整形单元电路的输入，用两只发光二极管做指示，检查延时、整形单元电路的工作是否正常。

(3) 整体电路调试。待各单元电路的工作都调试正常以后，再将各部分连起来统调，记录测试结果。

5.4.6 对实验报告的要求

(1) 画出总电路框图及完整的电路原理图。

(2) 清楚表达设计思想，分析单元电路的主要原理和功能。

(3) 分析调试过程中遇到的故障和解决方法。

(4) 总结与体会。

(5) 列出所有的元器件清单。

5.5 函数信号发生器的设计

5.5.1 实验目的

(1) 掌握方波、三角波、正弦波等各种形式信号发生器的工作原理。

(2) 掌握函数信号发生器的设计方法。

(3) 掌握函数信号发生器的主要技术指标和调试技巧。

5.5.2 设计任务

(1) 设计一个产生方波、三角波、正弦波的函数信号发生器。

(2) 频率范围为10～10000Hz，且连续可调。

(3) 输出电压：方波$U_{PP}\leqslant 12V$，三角波U_{PP}约为6V，正弦波$U_{PP}>1V$。

5.5.3 设计原理

方波、三角波和正弦波等被广泛应用于通信、测量和自动控制等领域，函数信号发生器是指能自动产生方波、三角波、正弦波及锯齿波、阶梯波等电压波形的电路或仪器。产生方波、三角波、正弦波的方案有多种，可以首先产生正弦波，然后通过整形电路将正弦波变换成方波，再由积分电路将方波变成三角波；也可以首先产生三角波和方波，再由三角波或方波变换成正弦波等。

设计函数发生器，可以采用晶体管等分立器件，也可以采用运算放大器或专用集成函数发生器模块等。

1. 方案一

先产生方波和三角波，再将三角波变换成正弦波。

本方案中函数信号发生器电路组成框图如图 5.17 所示。比较器和积分器组成方波-三角波产生电路，比较器输出的方波经积分器得到三角波；再利用差分放大器的非线性电压传输特性，将三角波变换为正弦波。

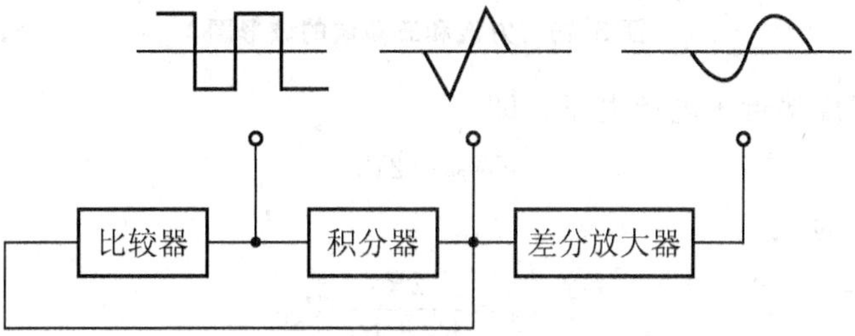

图 5.17　函数信号发生器电路组成框图

1）方波-三角波产生电路

图 5.18 是方波-三角波产生电路。图 5.19 是该电路的波形图。

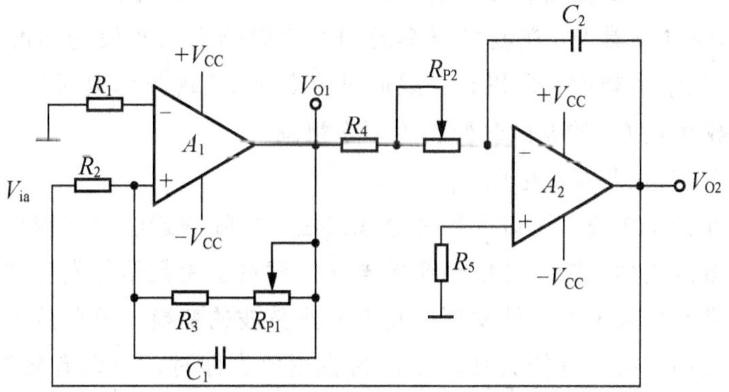

图 5.18　方波-三角波产生电路

运算放大器 A_1 与电阻 R_1、R_2、R_3 及电位器 R_{P1} 构成同相输入式电压滞回比较器。其中 R_1 是运算放大器的平衡电阻；C_1 为加速电容，用于加速比较器的状态翻转，使 V_{o1} 输出的方波波形更陡峭。

运算放大器 A_2 与电阻 R_4、R_5、电容 C_2 及电位器 R_{P2} 构成反相积分器，将输入的方波转换成三角波，从 V_{O2} 输出。

由于比较器与积分器首尾相连，形成闭合回路，所以电路一旦加电，即自激产生振荡，自动产生方波和三角波。

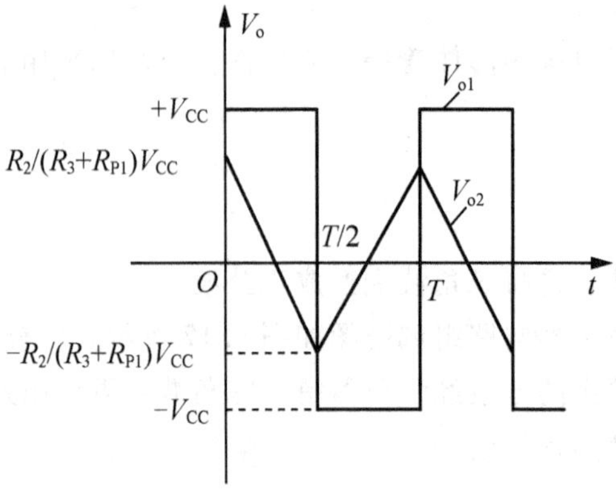

图 5.19　方波和三角波的波形图

方波的输出幅度接近于电源电压，即

$$V_{O1PP}=2V_{CC} \tag{5-1}$$

三角波的幅度为

$$V_{O2PP}=\frac{2R_2}{R_3+R_{P1}}V_{CC} \tag{5-2}$$

方波和三角波的频率相同，该频率为

$$f=\frac{R_3+R_{P1}}{4R_2(R_4+R_{P2})C_2} \tag{5-3}$$

由式(5－3)可知，改变电位器 R_{P1}、R_{P2} 都可以使输出波形的频率发生变化。但根据式(5－2)，调整电位器 R_{P1} 在改变频率的同时会影响到三角波的幅度，而调整电位器 R_{P2} 不会影响输出波形的幅度。所以，一般通过改变 R_{P2} 实现频率微调，而若要求输出频率的范围较宽时，则可用 C_2 的波段改变实现频率粗调。

2）三角波变换为正弦波的电路

将三角波转换为正弦波，可以采用低通滤波法、折线逼近法及非线性电路形成法等多种方法，前两种方法适用于频率范围很窄的电路。而对于函数信号发生器，由于其频率范围相对较宽，通常利用差分放大器实现三角波到正弦波的变换。差分放大器的优点是工作点稳定、输入阻抗高、抗干扰能力强，在作为直流放大器时，可以有效地抑制零点漂移。因此可将频率很低的三角波变换成正弦波。

差分放大电路具有特殊的差模传输特性，其输出电流(电压)与差模输入电压之间的关系符合双曲正切函数的变化规律。当输入的三角波的正负峰值正好对应于差分对管的截止电压时，晶体管集电极电流接近于正弦波，从而实现了三角波到正弦波的变换。为了使输出波形更接近正弦波，差分放大电路的传输特性应尽可能对称，而且线性区越窄越好。

图 5.20 是三角波到正弦波的转换电路。R_{P3} 用于调整电路的对称性，并联电阻 R_9 用来减小差分放大器的线性区；C_3、C_5 为隔直流电容；C_4 为滤波电容，用以滤除谐波分量，改善输出波形。

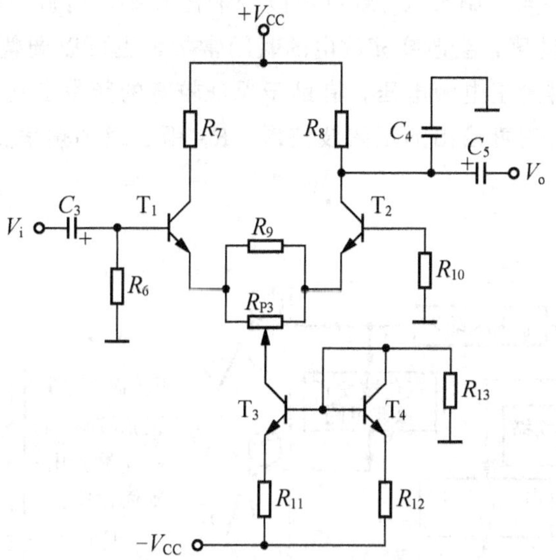

图 5.20 三角波到正弦波的转换电路

2. 方案二

利用单片集成电路 ICL8038 构成集成函数信号发生器。

ICL8038 是美国 Intersil 公司出品的压控振荡器型精密波形产生器，它可同时输出正弦波、三角波、方波(或脉冲波)等波形；输出频率范围很宽，为 0.001Hz～300kHz；可采用单电源供电，也可采用双电源供电。单电源时，电源电压范围为＋10～＋30V；双电源电压可在±5～±15V 内选取。输出矩形波时，占空比可在1%～99%范围内调节，以获得窄脉冲、宽脉冲或方波。

ICL8038 的内部包括两个恒流源、两个电压比较器、两个缓冲器(或电压跟随器)、正弦波变换器及 RS 触发器和模拟开关等，如图 5.21 所示。构成函数波形发生器时，通常将第 7、8 两脚短接，利用恒流源对外接电容 C 进行充放电形成振荡。

电压比较器 A、B 的门限电压分别为 $2V_R/3$ 和 $V_R/3$(其中 $V_R=V_+-V_-$)，电流源 I_1 和 I_2的大小可通过外接电阻调节，满足 I_2大于 I_1。当触发器的 Q 端输出为低电平时，它控制开关 S 使电流源 I_2断开。而电流源 I_1则向外接电容 C 充电，使电容两端电压 V_c随时间线性上升，当 V_c上升到 $2V_R/3$ 时，比较器 A 输出发生跳变，使触发器输出端 Q 由低电平变为高电平，控制开关 S 使电流源 I_2接通。由于 I_2大于 I_1，因此电容 C 放电，V_c随时间线性下降。当 V_c下降到 $V_R/3$ 时，比较器 B 输出发生跳变，使触发器输出端 Q 又由高电平变为低电平，I_2再次断开，I_1再次向 C 充电，V_c又随时间线性上升。如此周而复始，产生振荡，若 $I_2=2I_1$，V_c上升时间与下降时间相等，就产生三角波输出到脚 3。而触发器输出的方波经缓冲器输出到脚 9。三角波经正弦波变换器变成正弦波后由脚 2 输出。

图 5.22 是用 ICL8308 构成的频率可调式音频信号发生器。电阻 R_1 和电位器 R_{P1}用来调节 8 脚的直流电位，ICL8038 的振荡频率实质上是通过这个直流电压进行调节的，这是

典型的压控振荡器的特点。调节 R_{P1} 就可以改变输出频率，可调节的频率范围为 20Hz～20kHz。改变电容 C_t 的值，会改变充放电的时间常数，也可以调整频率。二极管 D_1 使 8 脚的电位高于芯片 6 脚的正电源电压，有助于保证较宽的频率变化范围。R_{P2} 用于调节输出占空比，调节 R_{P3} 可改善输出的正弦波波形，R_{P4} 用于减小频率变化时对脉冲占空比的影响。

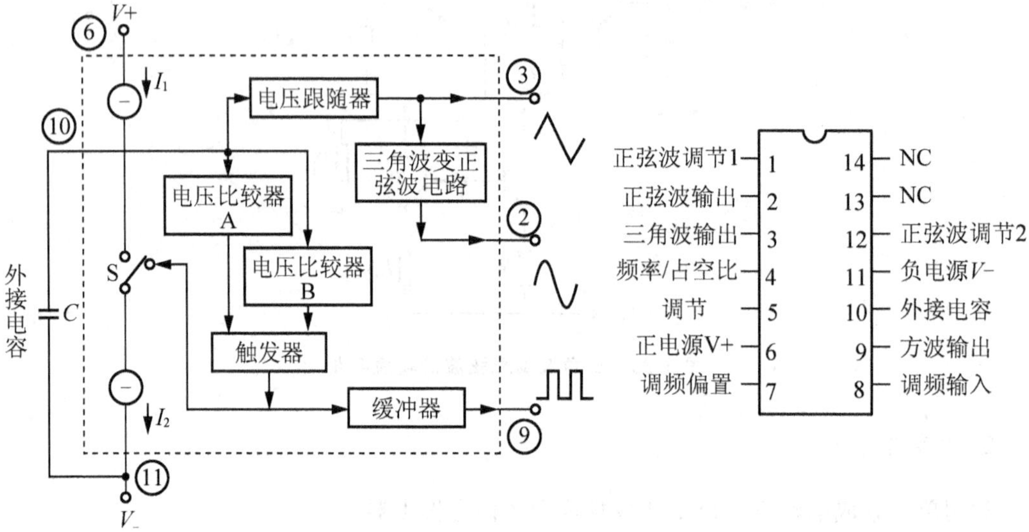

图 5.21　ICL8038 内部结构框图

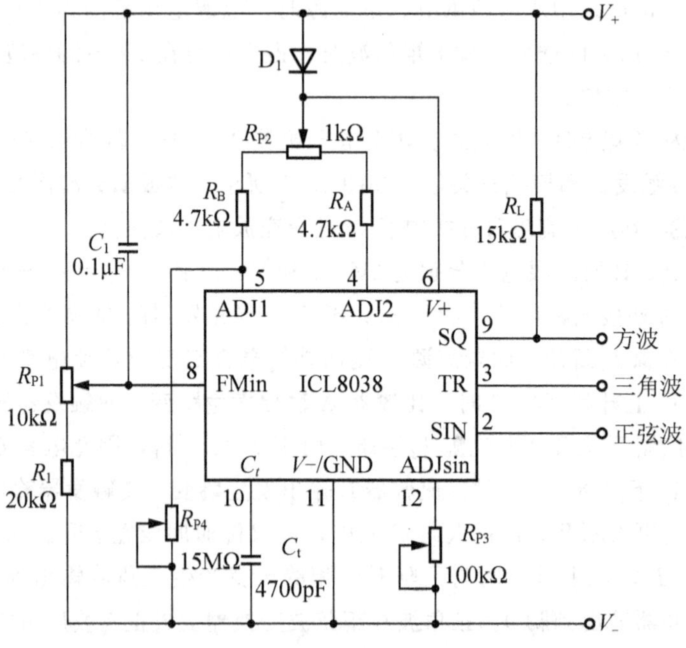

图 5.22　ICL8308 构成的频率可调式音频信号发生器

用 ICL8038 构成的振荡器，优点非常明显。其外围电路简单，易于制作；线性良好、稳定性好；频率易调，通过调节外部阻容元件的值，即可改变振荡频率，而且频率改变时，幅度恒定不变；尤其不存在如文氏电桥那样的过渡过程，接通电源后会立即输出稳定的波形。

5.5.4　实验设备与器件

(1) ±12V 直流电源。

(2) 函数信号发生器。

(3) 双踪示波器。

(4) 数字万用表。

(5) 数字频率计。

(6) 推荐使用的主要元器件：LM324，晶体管 9013×4，电位器 50kΩ×2、100kΩ、100Ω，电阻、电容各若干；或 ICL8038，电位器 15MΩ、100kΩ、10kΩ、1kΩ，二极管 1N4148，电阻、电容各若干。

5.5.5　对实验报告的要求

(1) 设计计算过程，画出完整的电路图。

(2) 整理实验数据，分析误差。

(3) 分析调试过程中遇到的故障和解决方法。

(4) 总结与体会。

(5) 列出所有的元器件清单。

5.6　用运算放大器构成的万用表设计

5.6.1　实验目的

(1) 熟悉万用表的工作原理。

(2) 掌握用运算放大器组成万用表的设计与调试方法。

5.6.2　设计任务

(1) 设计基于运算放大器的万用表，具备直流电压表、直流电流表、交流电压表、交流电流表及欧姆表等功能。

(2) 技术指标为：直流电压表，满量程+6V；直流电流表，满量程 10mA；交流电压表，满量程 6V，频率范围 50Hz～1kHz；交流电流表，满量程 10mA；欧姆表，3 个挡位，满量程分别为 1kΩ、10kΩ、100kΩ。

5.6.3 设计原理及参考电路

万用表是一种常用的测量仪表，以测量电压、电流和电阻三大参量为主，也称为三用表。根据测量结果显示方式的不同，万用表分为指针式和数字式两大类。在实际测量中，对于万用表的基本要求是电表的接入不影响被测电路的原工作状态，这就需要电压表应具有无穷大的输入电阻，电流表的内阻应为零。但实际的指针式万用表，其表头都有或大或小的内阻。一般微安表头的内阻约为几百欧，用它测量必然会影响到被测量，从而引起误差。在测量交流电压和电流时，要用到整流电路，整流二极管的压降和非线性特性也会产生误差。如果在指针式万用表中使用运算放大器，就能大大降低这些误差，提高测量精度。

1. 指针式直流电压表

图 5.23 为高精度同相端输入式直流电压表的原理图，R_m为表头的内阻。由于运算放大器的输入阻抗很高，接入被测电路时对被测电压的影响极小。

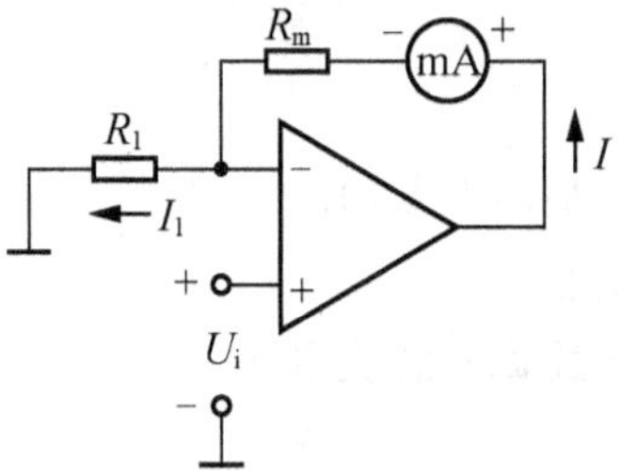

图 5.23　直流电压表

根据运算放大器的“虚短”和“虚断”分析原则，流经表头的电流 I 与被测电压 U_i的关系为

$$I=I_1=\frac{U_i}{R_1} \tag{5-4}$$

显然，流经表头的电流仅与电阻 R_1和被测电压 U_i 成正比，而与表头的内阻 R_m无关。适当选择比例系数，表头的偏转就能真实地反映被测电压的大小；而且如果需要切换量程，只通过改变电阻 R_1就可以实现。

该仪表电路将指针式表头置于运算放大器的反馈回路中，减小了电流表头内阻对测量精度的影响。实际应用时，应当将被测电路与运算放大器接成共地的形式。而且，还要在运算放大器的输入端设置适当的衰减器，以适应被测电压较高的情况，避免因输入电压过高损坏运算放大器或打坏表头。

2. 指针式直流电流表

测量电流时，电流表是串联在被测电路中的。通常被测电流无接地点，即所谓“浮地”。设计电流表时必须满足这种要求。

可以把运算放大器的电源也对地浮动，接成图 5.24 所示的电路，这种形式的直流电流表可以像常规电流表那样，串联在任何电流通路中测量直流电流。

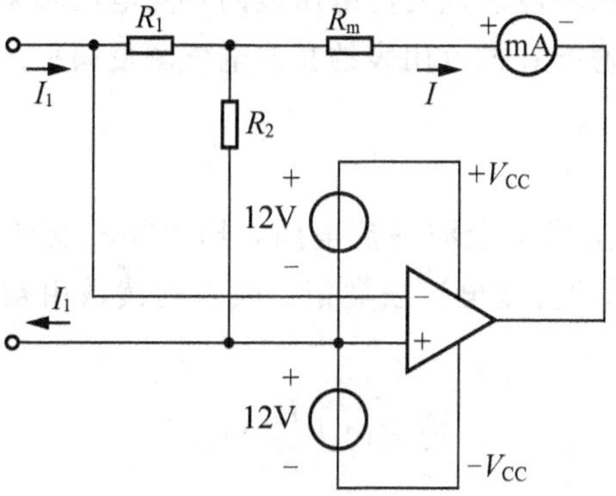

图 5.24 直流电流表

根据运算放大器的“虚短”原则，有 $U_+=U_-$，则表头电流 I 与被测电流 I_1 之间的关系为

$$-I_1R_1=(I_1-I)R_2 \tag{5-5}$$

所以有

$$I=(1+\frac{R_1}{R_2})I_1 \tag{5-6}$$

由式(5-6)可知，流过表头的电流 I 与被测电流 I_1 成正比例关系，表头的指示反映被测电流的大小。而且改变电阻 R_1 与 R_2 之比，可以调节流过表头的电流，从而改变灵敏度。如果被测电流较大，还需要给电流表表头并联分流电阻，以免表头被打坏。

3. 指针式交流电压表

在直流电压表的基础上增加整流电路，即可构成交流电压表，如图 5.25 所示。该交流电压表由运算放大器、二极管桥式整流器和直流毫安表头组成；采用同相输入方式，输入阻抗很高，电压表的接入对被测电路影响很小。同时，二极管桥式整流电路和表头置于运算放大器的反馈回路中，能够利用负反馈作用减小二极管本身非线性的影响。实际使用时，要求被测交流电压 u_i 从运算放大器的同相端输入，且被测电路与运算放大器要“共地”。

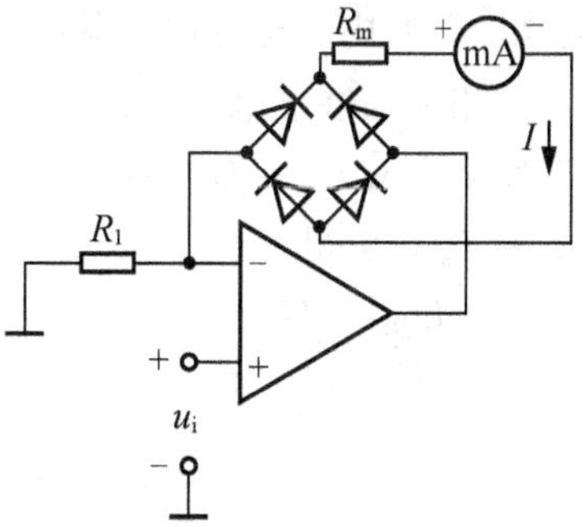

图 5.25 交流电压表

表头电流 I 与被测电压 u_i 的全波整流平均值 U_i 成正比，即 $I=U_i/R_1$。电流 I 全部流过桥路，其值仅与 U_i/R_1 有关，与二极管的非线性和表头的内阻等参数都无关。若 u_i 为正弦波，则表头可按有效值来刻度。该交流电压表的可测电压频率范围主要取决于运算放大器的工作频率，要高于普通指针式万用表的交流电压测量频率。

4. 指针式交流电流表

在直流电流表的基础上增加全波整流电路，即可构成交流电流表，如图 5.26 所示。其工作原理与图 5.24 所示的直流电流表类似。表头的读数由被测交流电流 i 的全波整流平均值 I_{1AV} 决定，为

$$I=(1+\frac{R_1}{R_2})I_{1AV} \tag{5-7}$$

如果被测电流为正弦电流，即 $i_1=\sqrt{2}I_1\sin\omega t$，则式(5-7)可写为

$$I=0.9(1+\frac{R_1}{R_2})I_1 \tag{5-8}$$

这样，表头可按有效值来标记刻度。

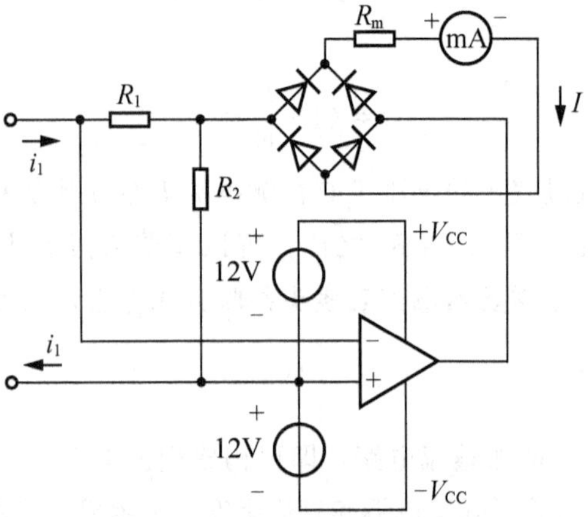

图 5.26 交流电流表

5. 指针式欧姆表

图 5.27 为三量程欧姆表电路。电路中，运算放大器由单电源供电，被测电阻 R_X 跨接在运算放大器的负反馈回路中，同相端加基准电压 U_{REF}(约为 3.3V)。

根据运算放大器的“虚短”原则，有 $U_+=U_-=U_{REF}$。

又根据“虚断”原则，有 $I_1=I_X$，可得

$$\frac{U_{REF}}{R_1}=\frac{U_0-U_{REF}}{R_X} \tag{5-9}$$

根据式(5-9)，可以求得

$$R_X = \frac{R_1}{U_{REF}}(U_o - U_{REF}) \tag{5-10}$$

不考虑二极管 D 的影响时，流经表头的电流为

$$I = \frac{U_o - U_{REF}}{R_2 + R_m} \tag{5-11}$$

综合式(5－10)和式(5－11)，可得

$$I = \frac{U_{REF} R_X}{R_1(R_m + R_2)} \tag{5-12}$$

由式(5－12)可知，流经表头的电流 I 与被测电阻 R_X 成正比，并呈线性关系。当 $R_X=0$ 时，电路形式变成电压跟随器，$U_o=U_{REF}$，流经表头的电流为零，从而能够实现自动调零。改变 R_1 的阻值，可改变该欧姆表的量程；调整 R_2 的值，可实现满刻度调节。

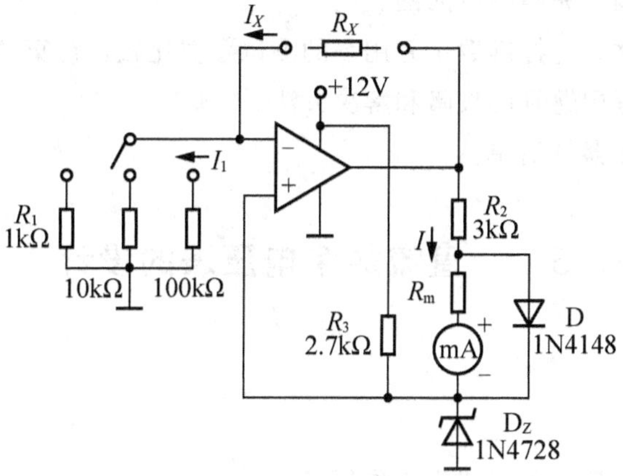

图 5.27 欧姆表

二极管 D 用于保护表头。不接 D 时，一旦 R_X 超量程，特别是当 R_X 开路时，运算放大器的输出电压将接近电源电压，将使表头严重过载。接上 D 以后，由于二极管的钳位作用，表头两端的电压大约为 0.7V，从而可避免表头过载。而正常测量时，二极管两端的电压达不到导通电压，它对电流的测量影响非常小。

5.6.4 实验设备与器件

(1) ±12V 直流电源。

(2) 函数信号发生器。

(3) 双踪示波器。

(4) $4\frac{1}{2}$位数字万用表。

(5) 磁电式表头(灵敏度为 1mA，内阻为 100Ω)。

(6) 运算放大器 LM324，二极管 IN4007×4、IN4148，稳压二极管 IN4728，金属膜电阻器若干(推荐用 5 环精密电阻)。

5.6.5 注意事项

(1) 运算放大器的电源应加强滤波，在靠近芯片的电源引脚处连接大容量的滤波电容器，同时并联 0.01～0.1μF 的高频瓷片电容，以滤除高频谐波，并消除通过电源产生的干扰。

(2) 万用表调试过程中，应与标准仪表进行比对测量。在实验要求不高的情况下，可以采用 $4\frac{1}{2}$ 位数字万用表作为标准仪表使用。

5.6.6 对实验报告的要求

(1) 设计过程，画出完整的电路图。

(2) 记录测量数据，与标准数字万用表的测试数据比较，计算并分析误差原因。

(3) 分析调试过程中遇到的故障和解决方法。

(4) 列出所有的元器件清单。

5.7 直流数字电压表的设计

5.7.1 实验目的

(1) 熟悉数字式电压表的组成和工作原理。

(2) 初步掌握双积分式 A/D 转换器的工作原理。

(3) 掌握直流数字电压表的设计、组装与调试方法。

5.7.2 设计任务

(1) 设计一液晶(或发光二极管)显示的 $3\frac{1}{2}$ 位直流数字电压表。

(2) 具备超量程显示、量程自动切换等功能。

(3) 主要技术指标：直流电压测量范围 0～200V，共分 200mV、2V、20V 和 200V 四挡；分辨率为 0.1 mV；测量速度为 2～4 次/秒。

5.7.3 设计原理与参考电路

数字电压表是构成数字式万用表的核心，其基本组成框图如图 5.28 所示。它包括模拟电路和数字电路两大部分，模拟电路包括输入放大器(含量程转换开关)、A/D 转换器及基准电压源；数字电路包括逻辑控制器、计数器、译码驱动器、振荡器和 LCD(或 LED)数字显示器。而 A/D 转换器是数字电压表的核心器件，用于将输入的模拟电压转换为数字量，转换后的数字量通过计数、译码电路变换成 LCD 或 LED 可显示的七段代码，最后经驱动在显示器显示出测量结果。

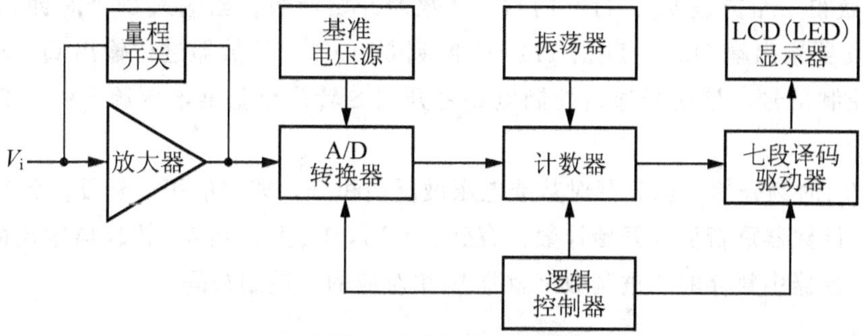

图 5.28 数字电压表的基本组成框图

1. 方案一：基于 CC14433 的数字电压表

直流数字电压表通常采用双积分型 A/D 转换器，在一个测量周期内进行两次积分，首先对输入的模拟电压信号进行定时积分，然后对基准电压进行定值积分。通过两次积分比较，将被测电压变换成与之成正比的时间间隔。在这个时间宽度内用计数器对固定频率的时钟脉冲计时，计数结果就是正比于输入模拟电压信号的数字量。

1）V－T 变换型双积分 A/D 转换器

图 5.29 是双积分 A/D 转换器的控制逻辑框图和积分波形图。它由运算放大器 A_1 和 *RC* 网络组成的积分器、过零比较器 A_2、*N* 位二进制计数器、开关控制电路、门控电路、参考电压 V_R 及时钟脉冲源等单元电路组成。

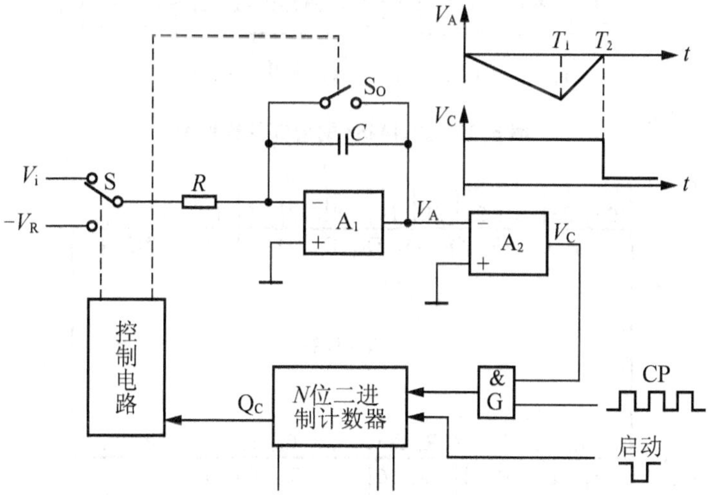

图 5.29 双积分 A/D 转换器原理与波形图

转换开始前，计数器清零，控制电路使开关 S_O 接通，电容 *C* 充分放电。由于计数

器进位输出 Q_C 为零，控制电路使开关 S 接通 V_i，模拟电压输入到积分器；同时，门 G 被封锁，计数器不工作。积分器对输入电压积分后，其输出电压 V_A 线性下降，经过零比较器 A_2 获得一个方波 V_C，打开门 G，计数器开始计数。当输入 2^n 个时钟脉冲后，$t=T_1$，各触发器输出端 $D_{n-1}\sim D_0$ 由 111…1 回到 000…0，计数器进位输出 Q_C 变为高电平，作为定时控制信号，该信号通过控制电路将开关 S 转换至基准电压源 $-V_R$，定时积分阶段结束。

从 $t=T_1$ 时刻开始，积分器对基准电压做反向积分，即定值积分阶段。此时，V_A 开始线性上升，计数器重新从 0 开始计数，直到 $t=T_2$，V_A 上升到 0，比较器输出的正方波结束，此时计数器中暂存的二进制数字就是 V_i 相对应的二进制数码。

2）$3\frac{1}{2}$ 位双积分型 A/D 转换器 CC14433 的性能特点

CC14433 是一种 CMOS 双积分式 $3\frac{1}{2}$ 位 A/D 转换器，采用双列直插式封装，其内部结构框图及引脚排列分别如图 5.30 和图 5.31 所示。

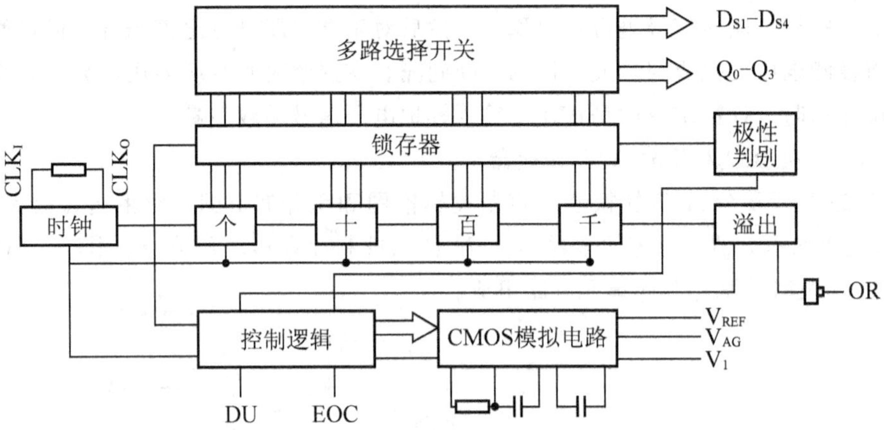

图 5.30　CC14433 的内部结构框图

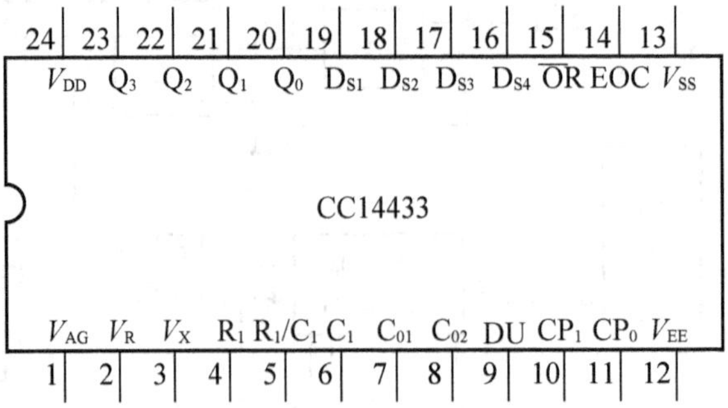

图 5.31　CC14433 的引脚排列

CC14433 内部除含有 $3\frac{1}{2}$ 位 A/D 转换器外，还集成时钟振荡器、$3\frac{1}{2}$ 位十进制计数器及其他逻辑控制电路。其具有自动调零、自动极性转换等功能；可测量正电压或负电压；有超量程、欠量程输出，便于实现量程自动切换功能。CC14433 内部含有时钟振荡电路，在 CP_1 和 CP_0 两端接一个电阻即可构成阻容振荡器，为数字电路产生时钟信号。当接入的电阻为 470kΩ 时，内部时钟频率约为 66kHz，每秒可进行 4 次 A/D 转换。芯片使用调试简便，能与微处理机或其他数字系统兼容，适合制作数字万用表、数字温度计及智能测试仪器。

CC14433 的引脚功能如下。

V_{AG}(1 脚)：模拟地，被测电压和基准电压的公共端。

V_R(2 脚)：外接基准电压输入端，通常接 2V 或 200mV。

V_X(3 脚)：被测模拟电压输入端。

R_1(4 脚)、R_1/C_1(5 脚)、C_1(6 脚)：外接积分阻容元件端，通常 $C_1=0.1\mu F$(聚丙烯电容)、$R_1=470k\Omega$(2V 量程)或 $R_1=27k\Omega$(200mV 量程)。

C_{01}(7 脚)、C_{02}(8 脚)：外接自动调零电容端，典型值为 $0.1\mu F$。

DU(9 脚)：实时输出控制端，即数据更新端。若与 EOC(14 脚)端连接，则每次 A/D 转换结果均可输出显示；若接 V_{SS}(13 脚)可实现读数保持。

CP_1(10 脚)、CP_0(11 脚)：时钟脉冲输入、输出端，两脚之间接一电阻(典型值为 470kΩ)，即可产生时钟信号。

V_{EE}(12 脚)：负电源端，接－5V。

V_{SS}(13 脚)：除时钟外所有输出信号的公共地，通常与 1 脚连接。

EOC(14 脚)：A/D 转换结束标记输出端，每个 A/D 转换周期结束时，输出一个正脉冲，宽度为时钟周期的 $\frac{1}{2}$。

$\overline{OR}$(15 脚)：超量程标志输出端，当 $|V_X|>V_R$ 时，$\overline{OR}$ 输出低电平。

$DS_4\sim DS_1$(16～19 脚)：多路选通脉冲输出端，DS_1 对应于千位，DS_2 对应于百位，DS_3 对应于十位，DS_4 对应于个位。

$Q_0\sim Q_3$(20～23 脚)：BCD 码数据输出端，DS_2、DS_3、DS_4 选通脉冲期间，输出三位完整的十进制数；在 DS_1 选通脉冲期间，输出千位 0 或 1 及过量程、欠量程等标志信号。

3) $3\frac{1}{2}$ 位直流数字电压表参考电路

图 5.32 为一基于 CC14433 的 $3\frac{1}{2}$ 位直流数字电压表电路。采用 BCD 七段译码/驱动器 CC4511 驱动四位共阴极 LED 显示器，位选通信号经 MC1413(或 ULN2003)分别接 4 只 LED 的公共阴极，便于在位选通信号控制下扫描显示。MC1403 集成精密稳压源向 CC14433 提供高稳定度的基准电压，通过分压电路可调到 200mV 或 2V。MC1403 的直接输出电压为 2.5V，当输入电压在 4.5～15V 的范围内变化时，输出电压的变化不超过 3mV，一般只有 0.6mV 左右，其输出最大电流为 10mA。

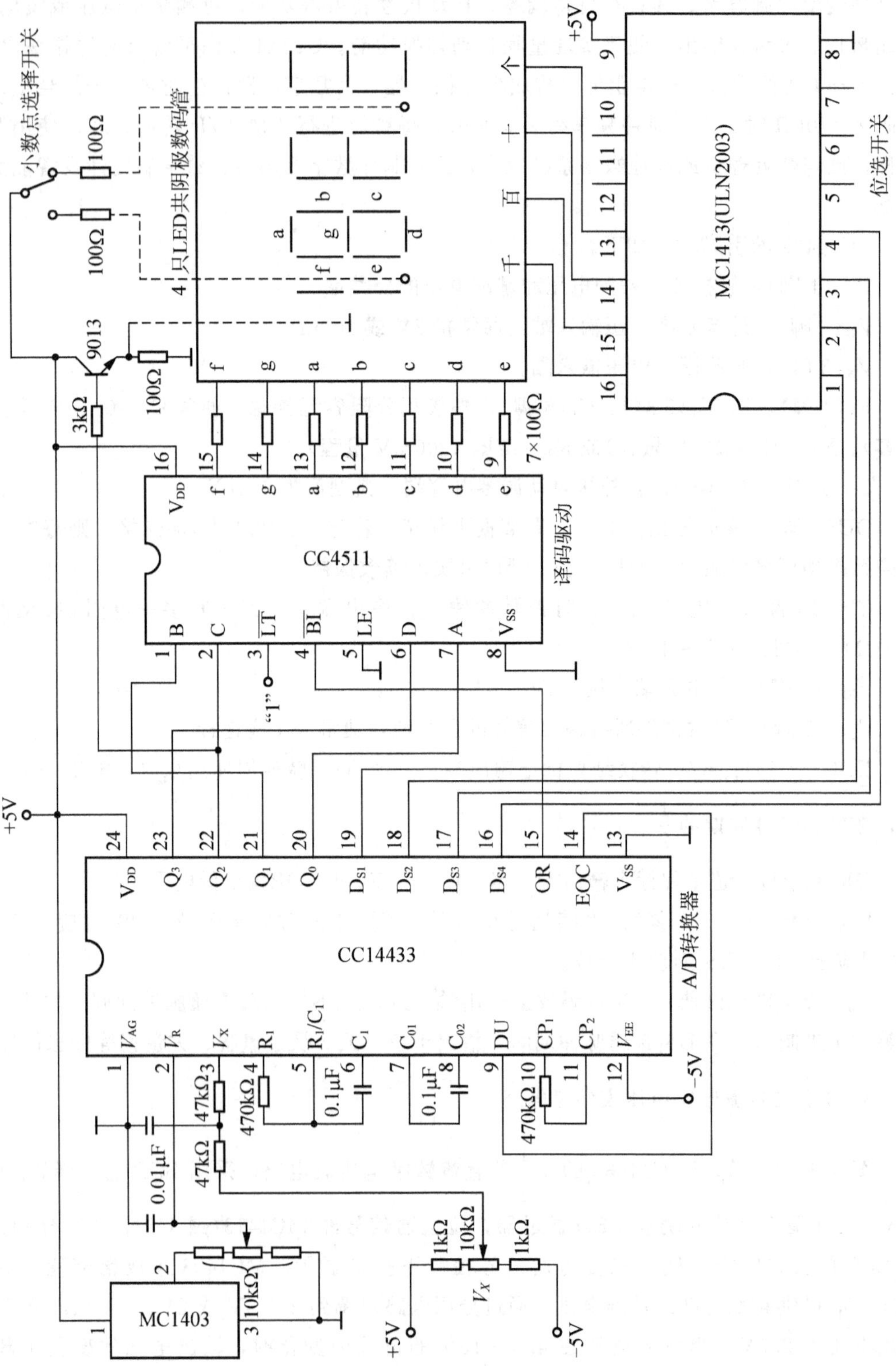

图 5.32　$3\frac{1}{2}$位直流数字电压表电路

被测直流电压 V_X 经 A/D 转换后，数字量输出端 Q_0 Q_1 Q_2 Q_3 上的数字信号以 8421 码形式按照时间先后的顺序输出。位选信号 DS_1、DS_2、DS_3、DS_4 通过 MC1413 分别控制着千位、百位、十位和个位上的 4 只 LED 数码管的公共阴极。数字信号经七段译码器 CC4511 译码后，驱动 4 只 LED 数码管的各段阳极。这样 A/D 转换器输出的数据以扫描形式在 4 只数码管上依次显示出来。由于选通信号重复频率较高，从高位到低位以每位每次约 300μs 的速率循环显示，一个四位数的显示周期是 1.2ms。根据人眼的视觉暂留特点，人能清晰地看到四位 LED 数码管同时显示 $3\frac{1}{2}$ 位的十进制测量结果。

该参考电路设计为 2V 和 200mV 两种量程，参考电压 V_R 为 2V 时，满量程显示 1.999V；V_R 为 200mV 时，满量程为 199.9mV。可以通过选择开关经限流电阻控制千位和十位数码管的 h 笔段来实现相应的小数点位的显示。如果要扩展电压测量范围，需要在电路前端增加挡位可调的分压器电路，同时小数点显示控制电路也要相应增加，而且小数点选择开关应与前端的分压器挡位开关实现联动调节。

最高位(千位)译码器与 LED 之间只连接 b、c、g 三根线，b、c 段只显示 1 或不显示；CC14433 的 Q_2 端通过晶体管 9013 来控制该千位的 g 笔段，来显示被测电压的负值，而被测电压为正值时不显示。

MC1413 是七路达林顿晶体管列阵，采用 NPN 达林顿复合晶体管结构，有很高的电流增益和很高的输入阻抗，可直接接收 CMOS 集成电路的输出信号，并把电压信号转换成足够大的电流信号驱动各种负载。MC1413 内部含有 7 个集电极开路(即 OC 门)反相器，且每一路输出端均接有保护二极管，用于保护外接电感性负载时达林顿晶体管的安全。其电路结构和引脚排列如图 5.33 所示。

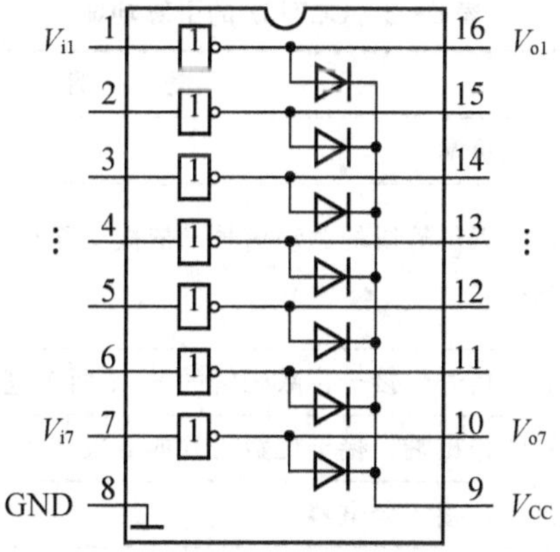

图 5.33 MC1413 的电路结构和引脚排列

2. 方案二：基于 CC7107 的数字电压表

CC7107 是专为驱动 LED 显示器而设计的 $3\frac{1}{2}$ 位数字电压表专用电路，内部包括 $3\frac{1}{2}$ 位双积分式 A/D 转换器、逻辑控制电路、计数器、锁存器、LED 驱动器、基准电压源及时钟振荡器等电路，具有功耗低、输入阻抗高、噪声低等特点，不需另加驱动器件，能直接驱动共阳极 LED 显示器，只需少量的外围元件即可构成数字电压表。但其需要±5V 双电源供电。

图 5.34 是 CC7107 的引脚排列，各引脚功能如表 5－5 所示。

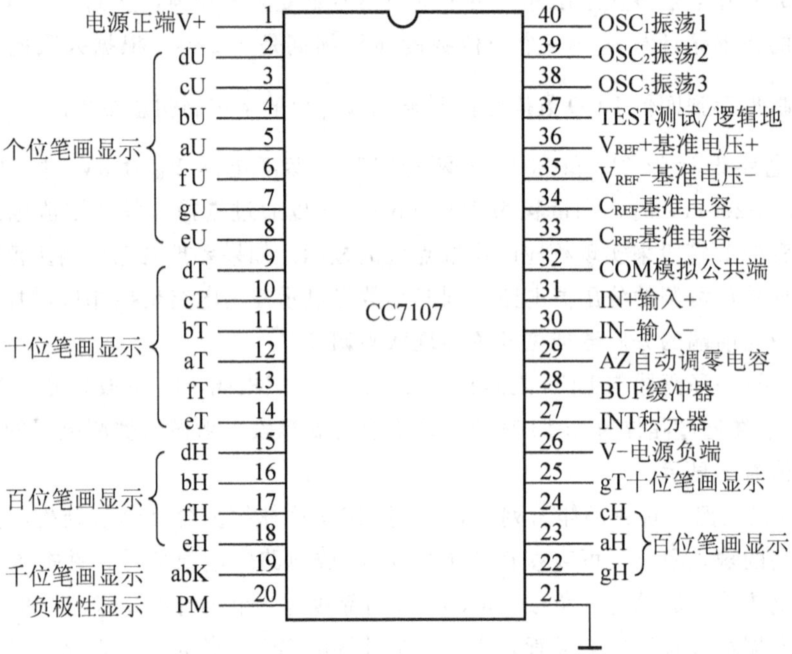

图 5.34　CC7107 的引脚排列

表 5－5　CC7107 的引脚功能

端名	功　　能
V_+ 和 V_-	电源的正端和负端
aU～gU aT～gT aH～gH	个位、十位、百位笔段的驱动信号，依次接至个位、十位、百位 LED 数码管相应笔段的电极
abK	千位笔画驱动信号，接千位数码管的 b、c 两个笔段的电极，显示“1”或不显示
PM	负极性指示的输出端，接千位数码管的 g 段。PM 为低电位时显示负号
INT	积分器输出端，接积分电容
BUF	缓冲放大器的输出端，接积分电阻
AZ	积分器的反相输入端，接自动调零电容
IN＋、IN－	模拟电压输入端，分别接被测直流电压的正端与负端
COM	模拟信号的公共端，即模拟地
C_{REF}	外接基准电容的连接端

续表

端名	功　　能
$V_{REF}+$、$V_{REF}-$	基准电压的正端和负端
TEST	测试端。该端经片内的500Ω电阻接至数字电路的公共地(21脚)。当作“测试指示”时，把它与V_+短接后，LED全部笔画点亮，显示数1888；还可作为“数字地”供外部驱动器使用
OSC_1～OSC_2	时钟振荡器的引出端，外接阻容元件组成多谐振荡器

由CC7107组成的$3\frac{1}{2}$位直流数字电压表电路如图5.35所示。CC7107的第21脚为数字地。芯片本身功耗小于15mW，能直接驱动共阳极的LED显示器，不需要另加驱动器件，在正常亮度下所有数码管全亮电流100mA。

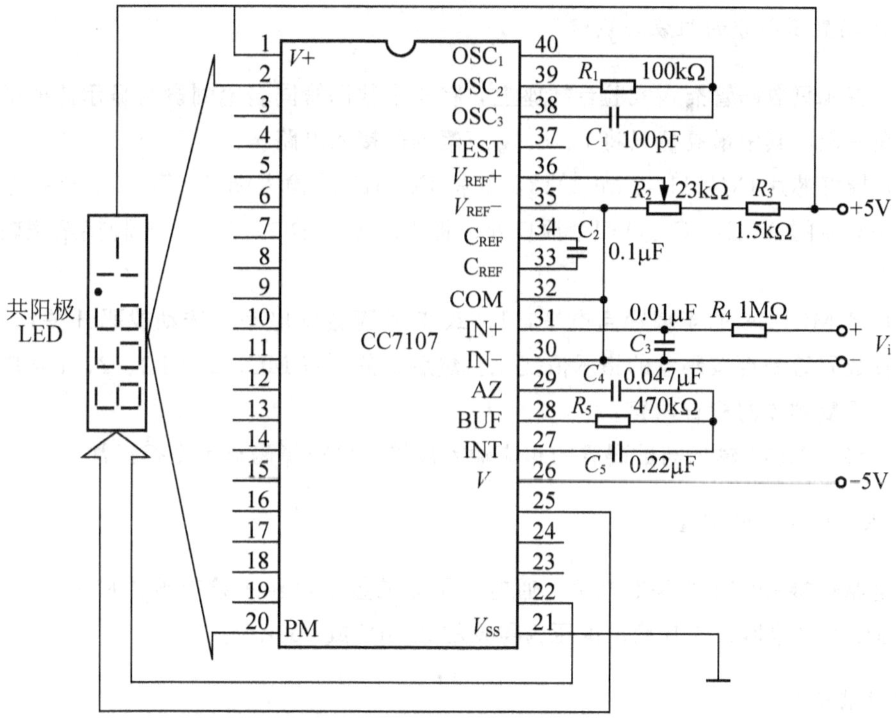

图5.35 由CC7107组成的$3\frac{1}{2}$位直流数字电压表电路

因为CC7107没有专门的小数点驱动端，使用时可将LED数码管的公共阳极接V_+，将要显示的小数点引脚经限流电阻接GND端(21脚)，即可点亮。

各外围元件的作用如下。

R_1、C_1为时钟振荡器的阻容元件。R_2、R_3是基准电压的分压电路，调节R_2，使基准电压$V_{REF}=1V$。R_4、C_3为输入端高频滤波器，以提高电压表的抗干扰能力；同时R_4还作为输入限流电阻，能增强电压表的过载能力。C_2、C_4分别是基准电容和自动调零电容。R_5、C_5分别是积分电阻和积分电容。

5.7.4 实验设备与器件

(1) ±5V 直流电源。

(2) 双踪示波器。

(3) $4\frac{1}{2}$位数字万用表。

(4) 推荐元器件：CC14433(或 CC7107)，CC4511，MC1403，MC1413，共阴极(或共阳极)LED×4，电位器 10kΩ、1kΩ 各一个，晶体管 9013×4，电阻、电容各若干。

5.7.5 实验内容

1. 译码显示部分的组装与调试

(1) 将 4 只数码管插入实验台插座上，将 4 个数码管同名笔划段与显示译码的相应输出端连在一起，其中最高位只将 b、c、g 三笔划段接入电路。

(2) 插好芯片 CC4511 与 MC1413，并将 CC4511 的输入端 A、B、C、D 接至实验台拨码开关对应的 A、B、C、D 四个插口处；将 MC1413 的 1、2、3、4 脚接至逻辑开关输出插口上。

(3) 将 MC1413 的 4 脚置高电平，1、2、3 各脚置低电平，按动拨码开关自 0～9 变化，检查数码管是否按码盘的指示值变化。然后，分别将 MC1413 的 3、2、1 各脚单独置高电平，重复刚才的检查内容。

(4) 将 CC4511 输出与数码管的相应输入连接，检查译码显示是否正常。

2. 基准电压源的调整

按电路连接 MC1403 基准电源，通电，用标准数字电压表检查输出应为 2.5V。然后调整 10kΩ 的电位器，使其输出电压为需要的 2.00V 或 200mV。

3. 总装调试

将调试好的各单元电路连成系统，接通电源，进行测试。分别输入零电压、正的满量程电压、负的满量程电压及多个数值的直流电压进行测量，与标准表($4\frac{1}{2}$位的数字电压表)的测量值一一比对，并设法调整、校准。

5.7.6 对实验报告的要求

(1) 画出 $3\frac{1}{2}$位直流数字电压表的电路原理图。

（2）列出安装、调试步骤。

（3）安装所设计的电路，按步骤逐步进行测试与功能检查。

（4）记录测试结果，并进行误差分析。

（5）分析所设计的电路，说明调试过程中遇到的问题和解决的方法。

附录A

常用半导体分立器件的主要参数

1. 常用半导体二极管的主要参数

常用半导体二极管的主要参数如附表1所示。

附表1 常用半导体二极管的主要参数

类型及型号		最大整流电流/mA	正向电流/mA	正向压降(在左栏电流值下)/V	反向击穿电压/V	最高反向工作电压/V	反向电流/μA	零偏压电容/pF	反向恢复时间/ns
普通检波二极管	2AP9	≤16	≥2.5	≤1	≥40	20	≤250	≤1	f_H(MHz) 150
	2AP7		≥5		≥150	100			
	2AP11	≤25	≥10	≤1		≤10	≤250	≤1	f_H(MHz) 40
	2AP17	≤15	≥10			≤100			
锗开关二极管	2AK1		≥150	≤1	30	10		≤3	≤200
	2AK2				40	20			
	2AK5		≥200	≤0.9	60	40		≤2	≤150
	2AK10		≥10	≤1	70	50		≤2	≤150
	2AK13		≥250	≤0.7	60	40			
	2AK14				70	50			
硅开关二极管	2CK70A～E		≥10	≤0.8	A≥30 B≥45 C≥60 D≥75 E≥90	A≥20 B≥30 C≥40 D≥50 E≥60		≤1.5	≤3
	2CK71A～E		≥20						≤4
	2CK72A～E		≥30					≤1	≤5
	2CK73A～E		≥50	≤1					
	2CK74A～D		≥100						
	2CK75A～D		≥150						
	2CK76A～D		≥200						

续表

类型及型号		最大整流电流/mA	正向电流/mA	正向压降(在左栏电流值下)/V	反向击穿电压/V	最高反向工作电压/V	反向电流/μA	零偏压电容/pF	反向恢复时间/ns
整流二极管	2CZ52B…H	2	0.1	≤1		25…600			
	2CZ53B…M	6	0.3	≤1		50…1000			
	2CZ54B…M	10	0.5	≤1		50…1000			
	2CZ55B…M	20	1	≤1		50…1000			
	2CZ56B…B	65	3	≤0.8		25…1000			
	1N4001…4007	30	1	1.1		50…1000	5		
	1N5391…5399	50	1.5	1.4		50…1000	10		
	1N5400…5408	200	3	1.2		50…1000	10		

2. 常用稳压二极管的主要参数

常用稳压二极管的主要参数如附表 2 所示。

附表 2 常用稳压二极管的主要参数

型号	最大耗散功率/W	额定电压/V	最大工作电流/mA	可代换型号
1N4240A	1	10	100	2CW108-10V、2CW109、2DW5
1N4724A	1	12	76	2DW6A、2CW110-12V
1N4728	1	3.3	270	2CW101-3V3
1N4729	1	3.6	252	2CW101-3V6
1N4729A	1	3.6	252	2CW101-3V6
1N4730A	1	3.9	234	2CW102-3V9
1N4731	1	4.3	217	2CW102-4V3
1N4731A	1	4.3	217	2CW102-4V3

续表

型号	最大耗散功率/W	额定电压/V	最大工作电流/mA	可代换型号
1N4732/A	1	4.7	193	2CW102-4V7
1N4733/A	1	5.1	179	2CW103-5V1
1N4734/A	1	5.6	162	2CW103-5V6
1N4735/A	1	6.2	146	1W6V2、2CW104-6V2
1N4736/A	1	6.8	138	1W6V8、2CW104-6V8
1N4737/A	1	7.5	121	1W7V5、2CW105-7V5
1N4738/A	1	8.2	110	1W8V2、2CW106-8V2
1N4739/A	1	9.1	100	1W9V1、2CW107-9V1
1N4740/A	1	10	91	2CW286-10V、B563-10
1N4741/A	1	11	83	2CW109-11V、2DW6
1N4742/A	1	12	76	2CW110-12V、2DW6A
1N4743/A	1	13	69	2CW111-13V、2DW6B、BWC114D
1N4744/A	1	15	57	2CW112-15V、2DW6D
1N4745/A	1	16	51	2CW112-16V、2DW6E
1N4746/A	1	18	50	2CW113-18V、1W18V
1N4747/A	1	20	45	2CW114-20V、BWC115E
1N4748/A	1	22	41	2CW115-22V、1W22V
1N4749/A	1	24	38	2CW116-24V、1W24V
1N4750/A	1	27	34	2CW117-27V、1W27V
1N4751/A	1	30	30	2CW118-30V、1W30V、2DW19F
1N4752/A	1	33	27	2CW119-33V、1W33V
1N4753	0.5	36	13	2CW120-36V、1/2W36V
1N4754	0.5	39	12	2CW121-39V、1/2W39V
1N4755	0.5	43	12	2CW122-43V、1/2W43V
1N4756	0.5	47	10	2CW122-47V、1/2W47V
1N4757	0.5	51	9	2CW123-51V、1/2W51V
1N4758	0.5	56	8	2CW124-56V、1/2W56V
1N4759	0.5	62	8	2CW124-62V、1/2W62V
1N4760	0.5	68	7	2CW125-68V、1/2W68V
1N4761	0.5	75	6.7	2CW126-75V、1/2W75V

续表

型号	最大耗散功率/W	额定电压/V	最大工作电流/mA	可代换型号
1N4762	0.5	82	6	2CW126-82V、1/2W82V
1N4763	0.5	91	5.6	2CW127-91V、1/2W91V
1N4764	0.5	100	5	2CW128-100V、1/2W100V
1N5226/A	0.5	3.3	138	2CW51-3V3、2CW5226
1N5227/A/B	0.5	3.6	126	2CW51-3V6、2CW5227
1N5228/A/B	0.5	3.9	115	2CW52-3V9、2CW5228
1N5229/A/B	0.5	4.3	106	2CW52-4V3、2CW5229
1N5230/A/B	0.5	4.7	97	2CW53-4V7、2CW5230
1N5231/A/B	0.5	5.1	89	2CW53-5V1、2CW5231
1N5232/A/B	0.5	5.6	81	2CW103-5.6、2CW5232
1N5233/A/B	0.5	6	76	2CW104-6V、2CW5233
1N5234/A/B	0.5	6.2	73	2CW104-6.2V、2CW5234
1N5235/A/B	0.5	6.8	67	2CW105-6.8V、2CW52

3. 常用桥式整流器的主要参数

常用桥式整流器的主要参数如附表 3 所示。

附表 3 常用桥式整流器的主要参数

<table>
<tr><th>参数
型号</th><th>不重复正向浪涌电流/A</th><th>整流电流/A</th><th>正向电压降/V</th><th>反向漏电流/μA</th><th>反向工作电压/V</th><th>最高工作结温/℃</th></tr>
<tr><td>QL1</td><td>1</td><td>0.05</td><td rowspan="7">≤1.2</td><td rowspan="6">≤10</td><td rowspan="7">常见的分挡为：25、50、100、200、400、500、600、700、800、900、1000</td><td rowspan="7">130</td></tr>
<tr><td>QL2</td><td>2</td><td>0.1</td></tr>
<tr><td>QL4</td><td>6</td><td>0.3</td></tr>
<tr><td>QL5</td><td>10</td><td>0.5</td></tr>
<tr><td>QL6</td><td>20</td><td>1</td></tr>
<tr><td>QL7</td><td>40</td><td>2</td><td rowspan="2">≤15</td></tr>
<tr><td>QL8</td><td>60</td><td>3</td></tr>
</table>

4. 部分常用半导体晶体管的主要参数

部分常用半导体晶体管的主要参数如附表 4～附表 6 所示。

附表 4　3DG100(3DG6)硅 NPN 型高频小功率晶体管的参数

原型号		3DG6				测试条件
新型号		3DG100A	3DG100B	3DG100C	3DG100D	
极限参数	P_{CM}/mW	100	100	100	100	
	I_{CM}/mA	20	20	20	20	
	BV_{CBO}/V	≥30	≥40	≥30	≥40	$I_C=100\mu A$
	BV_{CEO}/V	≥20	≥30	≥20	≥30	$I_C=100\mu A$
	BV_{EBO}/V	≥4	≥4	≥4	≥4	$I_E=100\mu A$
直流参数	$I_{CBO}/\mu A$	≤0.01	≤0.01	≤0.01	≤0.01	$V_{CB}=10V$
	$I_{CEO}/\mu A$	≤0.1	≤0.1	≤0.1	≤0.1	$V_{CE}=10V$
	$I_{EBO}/\mu A$	≤0.01	≤0.01	≤0.01	≤0.01	$V_{EB}=1.5V$
	V_{BES}/V	≤1	≤1	≤1	≤1	$I_C=10mA$，$I_B=1mA$
	V_{CES}/V	≤1	≤1	≤1	≤1	$I_C=10mA$，$I_B=1mA$
	h_{FE}	≥30	≥30	≥30	≥30	$V_{CE}=10V$，$I_C=3mA$
交流参数	f_T/MHz	≥150	≥150	≥300	≥300	$V_{CB}=10V$，$I_E=3mA$，$f=100MHz$ $R_L=5\Omega$
	K_P/dB	≥7	≥7	≥7	≥7	$V_{CB}=-6V$，$I_E=3mA$，$f=100MHz$
	C_{ob}/pF	≤4	≤4	≤4	≤4	$V_{CB}=10V$，$I_E=0$
h_{FE}色标分挡		(红)30～60　(绿)50～110　(蓝)90～160　(白)>150				
管脚		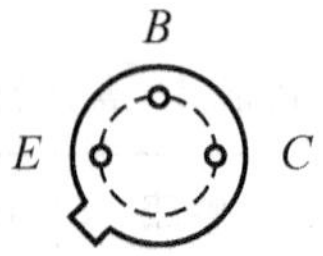				

附表 5　3DG130(3DG12)硅 NPN 型高频小功率晶体管的参数

原型号		3DG12				测试条件
新型号		3DG130A	3DG130B	3DG130C	3DG130D	
极限参数	P_{CM}/mW	700	700	700	700	
	I_{CM}/mA	300	300	300	300	
	BV_{CBO}/V	≥ 40	≥ 60	≥ 40	≥ 60	$I_C=100\mu A$
	BV_{CEO}/V	≥ 30	≥ 45	≥ 30	≥ 45	$I_C=100\mu A$
	BV_{EBO}/V	≥ 4	≥ 4	≥ 4	≥ 4	$I_E=100\mu A$

续表

原型号		3DG12				测试条件
新型号		3DG130A	3DG130B	3DG130C	3DG130D	
直流参数	$I_{CBO}/\mu A$	≤0.5	≤0.5	≤0.5	≤0.5	$V_{CB}=10V$
	$I_{CEO}/\mu A$	≤1	≤1	≤1	≤1	$V_{CE}=10V$
	$I_{EBO}/\mu A$	≤0.5	≤0.5	≤0.5	≤0.5	$V_{EB}=1.5V$
	V_{BES}/V	≤1	≤1	≤1	≤1	$I_C=100mA$　$I_B=10mA$
	V_{CES}/V	≤0.6	≤0.6	≤0.6	≤0.6	$I_C=100mA$　$I_B=10mA$
	h_{FE}	≥30	≥30	≥30	≥30	$V_{CE}=10V$　$I_C=50mA$
交流参数	f_T/MHz	≥150	≥150	≥300	≥300	$V_{CB}=10V$，$I_E=50mA$，$f=100MHz$ $R_L=5\Omega$
	K_P/dB	≥6	≥6	≥6	≥6	$V_{CB}=-10V$，$I_E=50mA$，$f=100MHz$
	C_{ob}/pF	≤10	≤10	≤10	≤10	$V_{CB}=10V$，$I_E=0$
h_{FE}色标分挡		（红）30～60　（绿）50～110　（蓝）90～160　（白）>150				
管脚		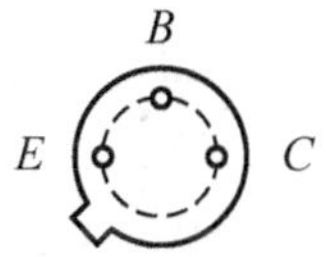				

附表6　9011～9018塑封晶体管的参数

型号		9011	9012	9013	9014	9015	9016	9018
类型		硅NPN型高频管	硅PNP型低频管	硅NPN型高频管	硅NPN型高频管	硅PNP型高频管	硅NPN型高频管	硅NPN型高频管
极限参数	P_{CM}/mW	200	300	300	300	300	200	200
	I_{CM}/mA	20	300	300	100	100	25	20
	BV_{CBO}/V	20	20	20	25	25	25	30
	BV_{CEO}/V	18	18	18	20	20	20	20
	BV_{EBO}/V	5	5	5	4	4	4	4
直流参数	$I_{CBO}/\mu A$	0.01	0.5	0.5	0.05	0.05	0.05	0.05
	$I_{CEO}/\mu A$	0.1	1	1	0.5	0.5	0.5	0.5
	$I_{EBO}/\mu A$	0.01	0.5	0.5	0.05	0.05	0.05	0.05
	V_{CES}/V	0.5	0.5	0.5	0.5	0.5	0.5	0.35
	V_{BES}/V		1	1	1	1	1	1
	h_{FE}	30	30	30	30	30	30	30

续表

型号		9011	9012	9013	9014	9015	9016	9018
类型		硅 NPN 型高频管	硅 PNP 型低频管	硅 NPN 型高频管	硅 NPN 型高频管	硅 PNP 型高频管	硅 NPN 型高频管	硅 NPN 型高频管
交流参数	f_T/MHz	100			80	80	500	600
	C_{ob}/pF	3.5			2.5	4	1.6	4
	K_P/dB							10
h_{FE}色标分挡		(红)30～60　(绿)50～110　(蓝)90～160　(白)>150						
管脚								

附录 B

部分常用集成电路引脚排列

1. 74LS 系列

74LS 系列集成电路引脚排列如附图 1 所示。

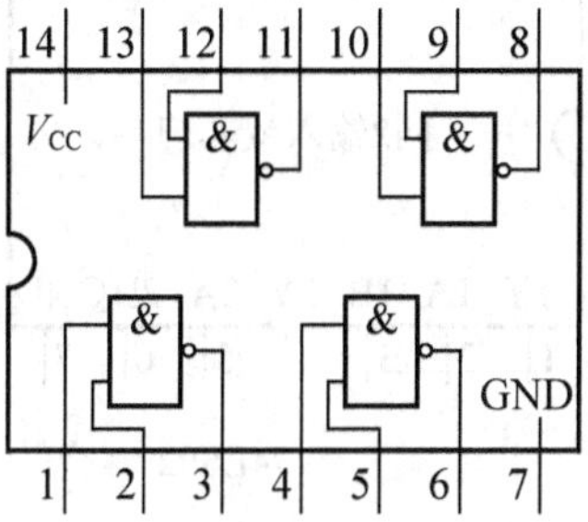

(a) 74LS00四2输入与非门

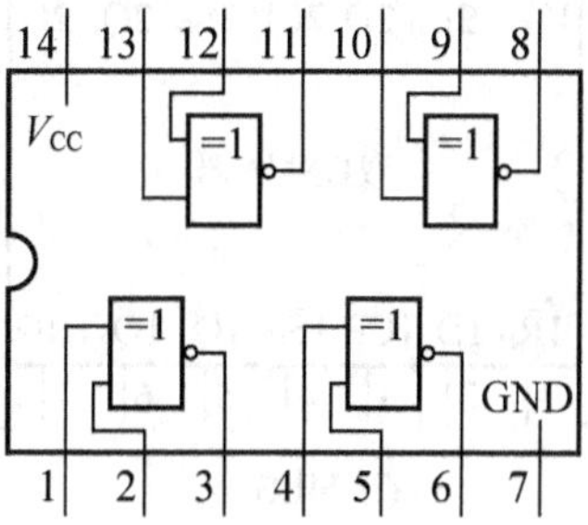

(b) 74LS86四2输入异或门

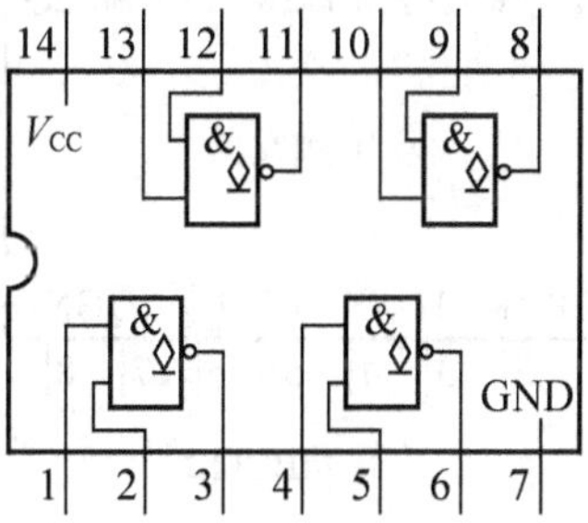

(c) 74LS03四2输入OC与非门

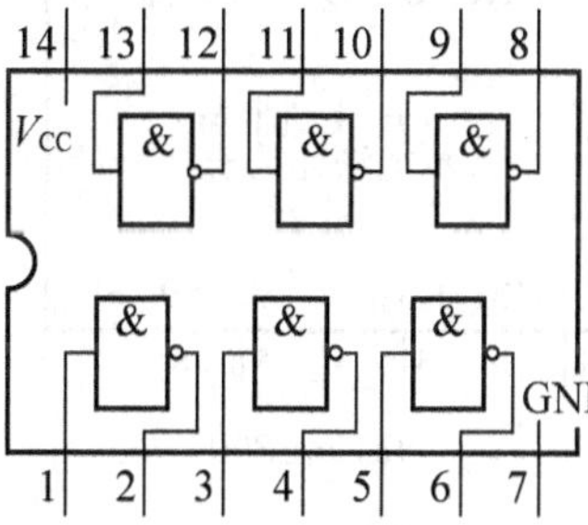

(d) 74LS04六反相器

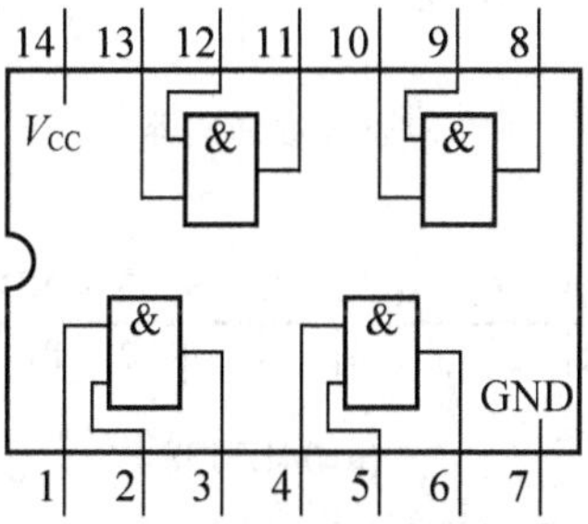

(e) 74LS08四2输入与门

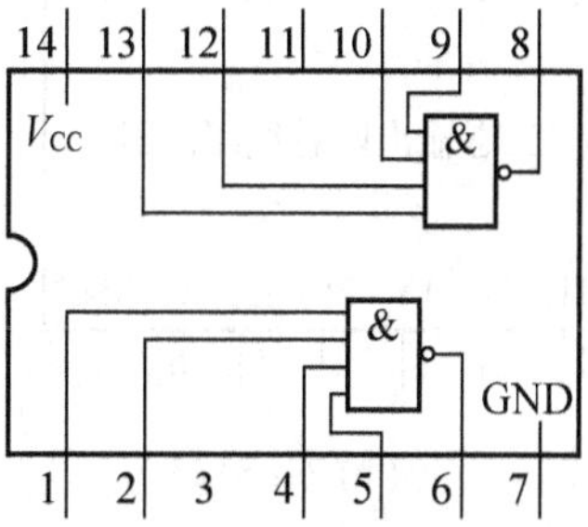

(f) 74LS20双4输入与非门

附图 1　74LS 系列集成电路引脚排列

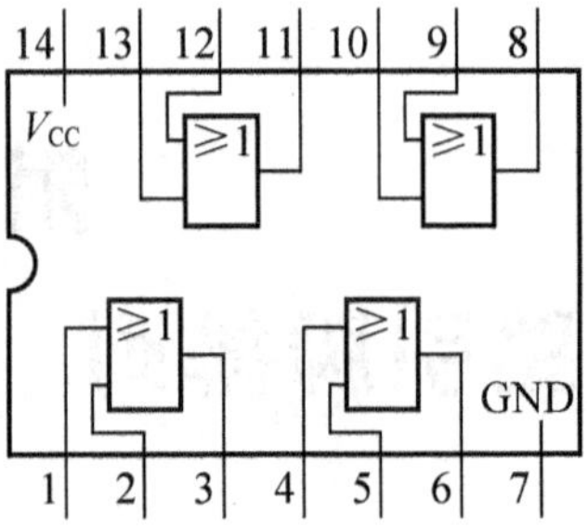

(g) 74LS32四2输入或门

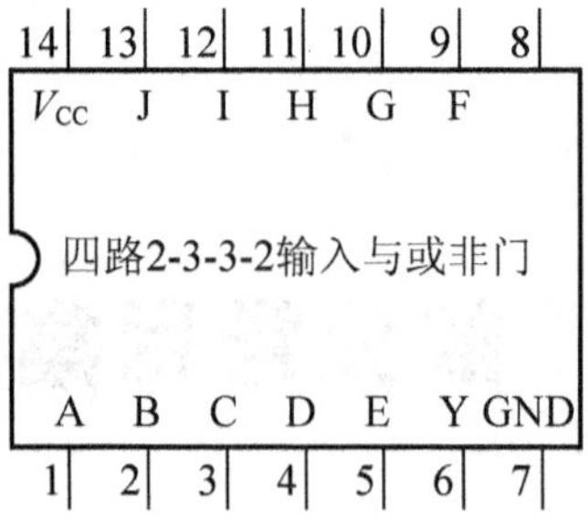

(h) 74LS54

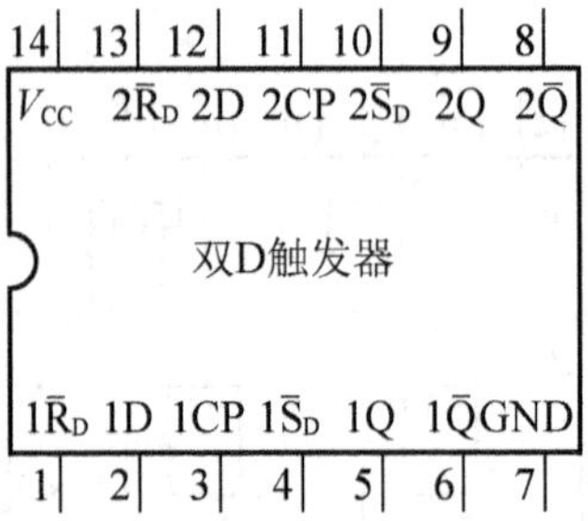

(i) 74LS74

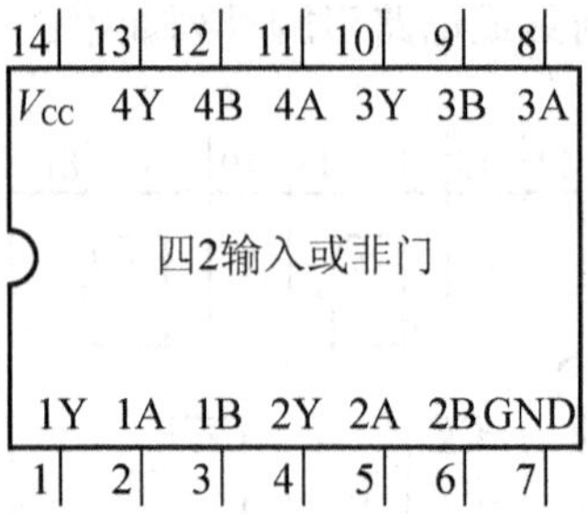

(j) 74LS02

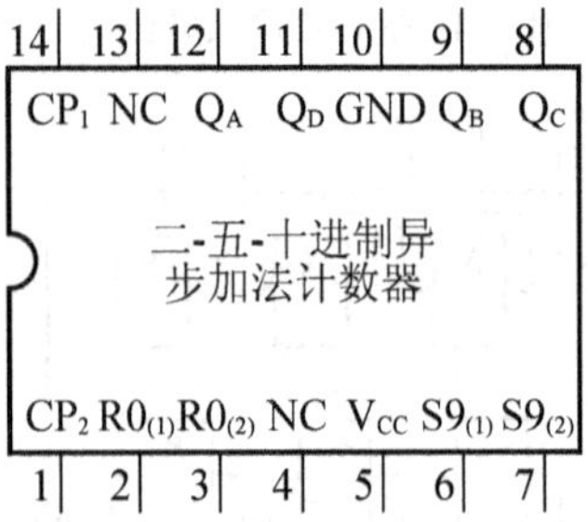

(k) 74LS90

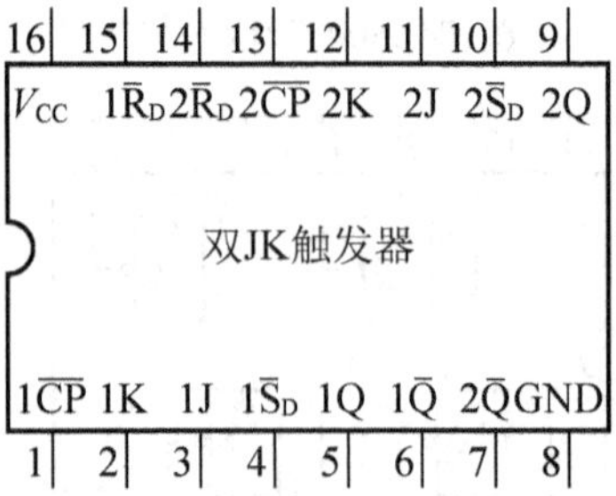

(l) 74LS112

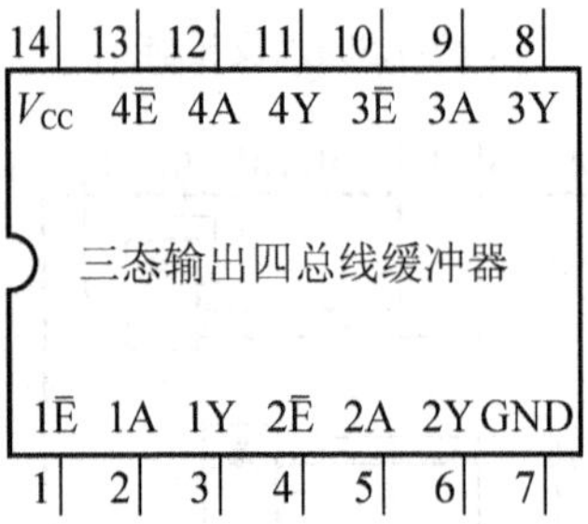

(m) 74LS125

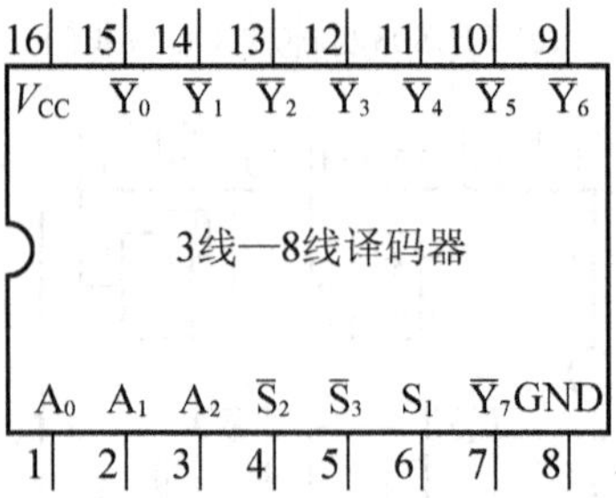

(n) 74LS138

附图1　74LS系列集成电路引脚排列(续)

(o) 74LS151

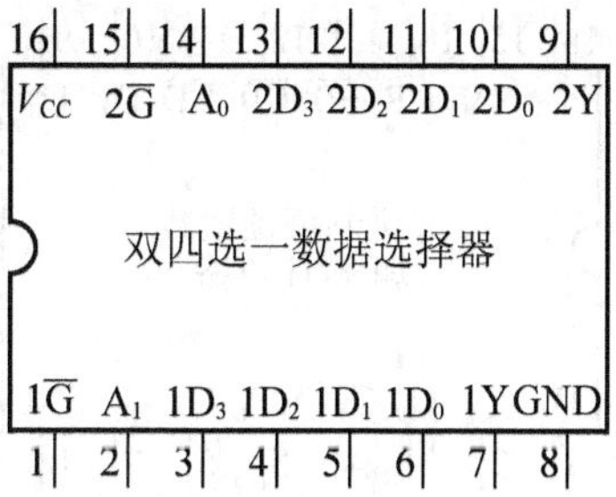

(p) 74LS153

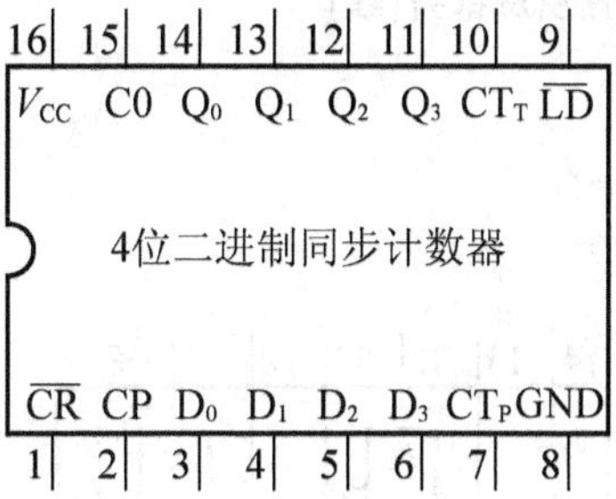

(q) 74LS161

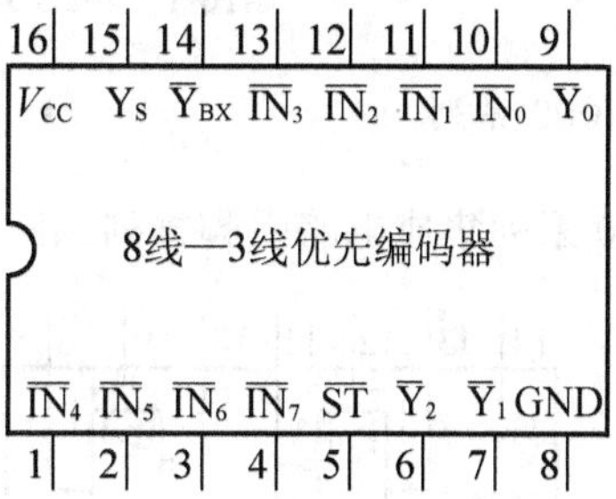

(r) 74LS148

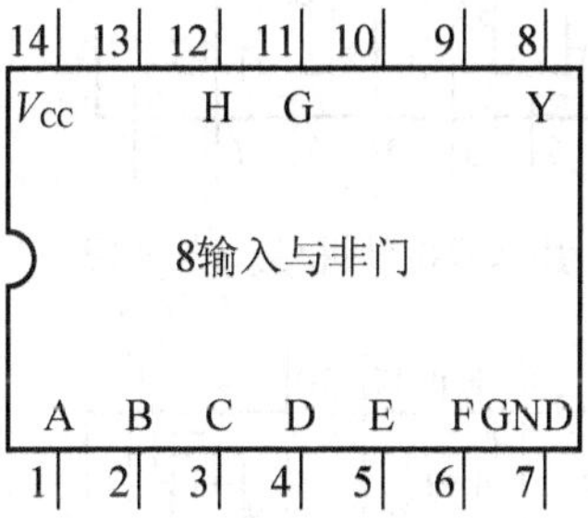

(s) 74LS30

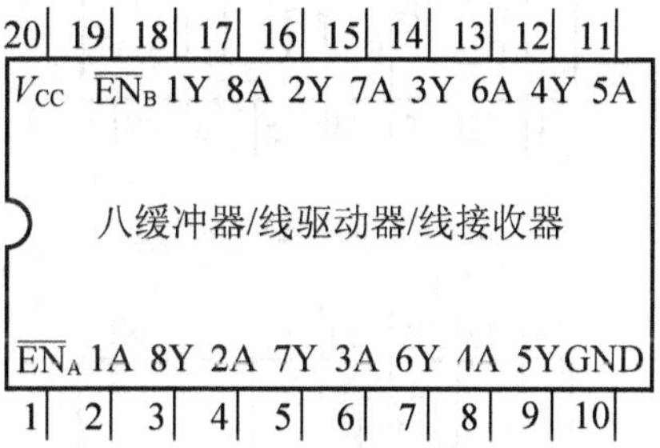

(t) 74LS244

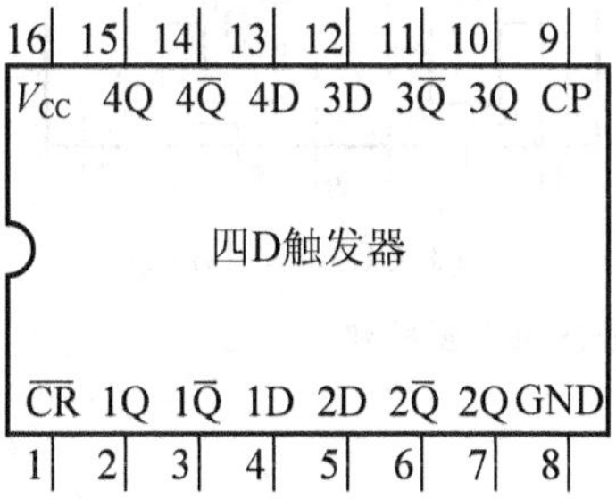

(u) 74LS175

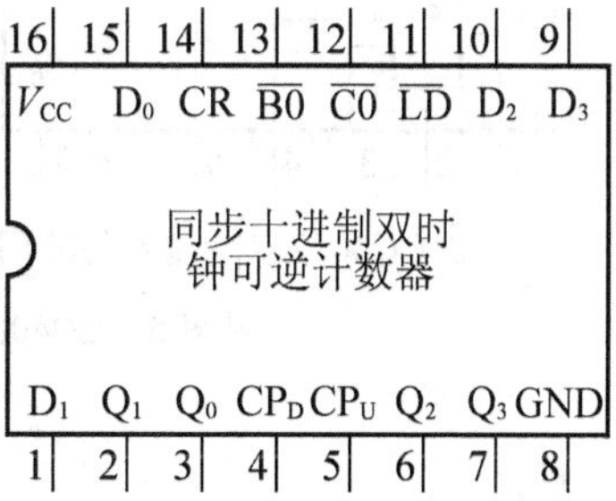

(v) 74LS192

附图 1 74LS 系列集成电路引脚排列(续)

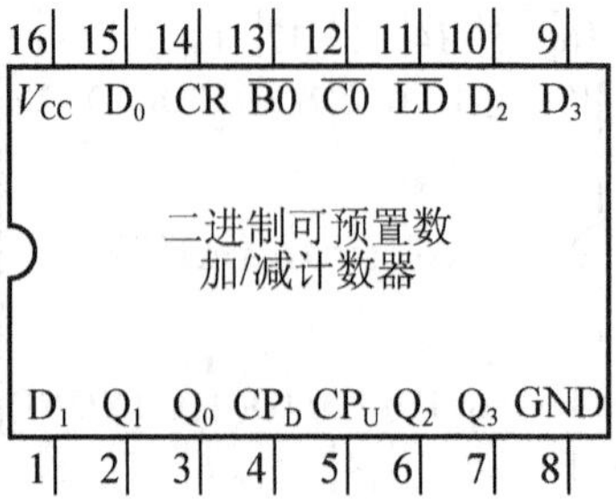

(w) 74LS193

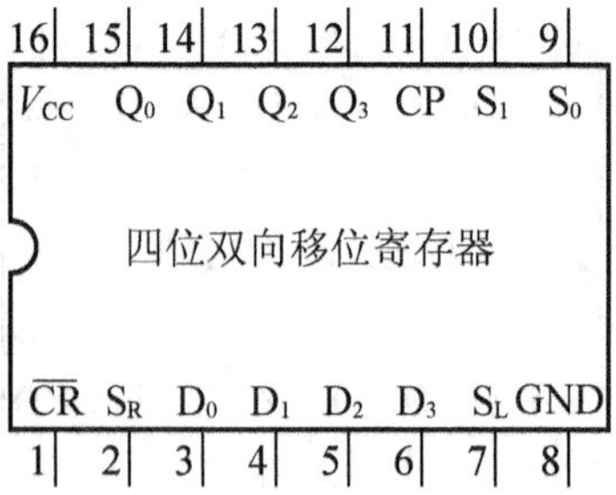

(x) 74LS194

附图 1　74LS 系列集成电路引脚排列(续)

2. CC4000 系列

CC4000 系列集成电路引脚排列如附图 2 所示。

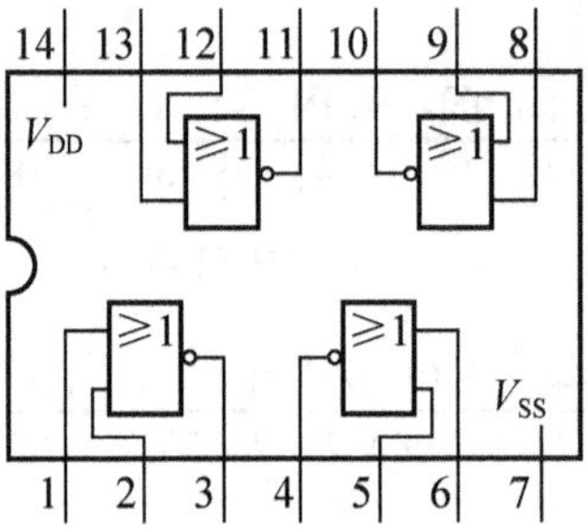

(a) CC4001四2输入或非门

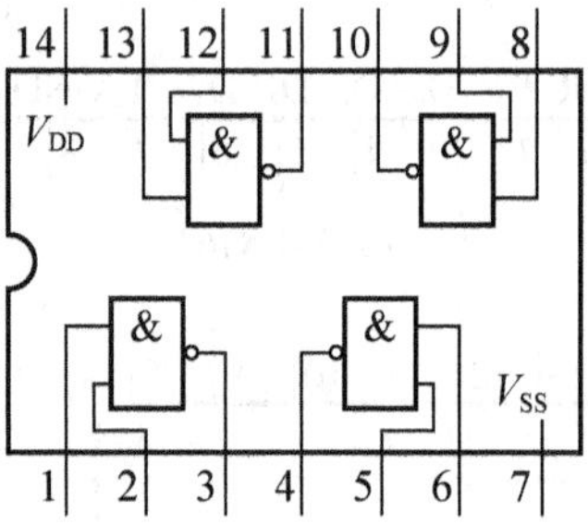

(b) CC4011四2输入与非门

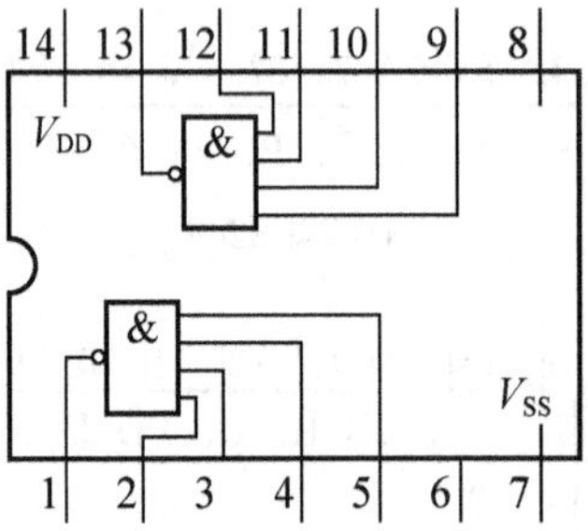

(c) CC4012双四输入与非门

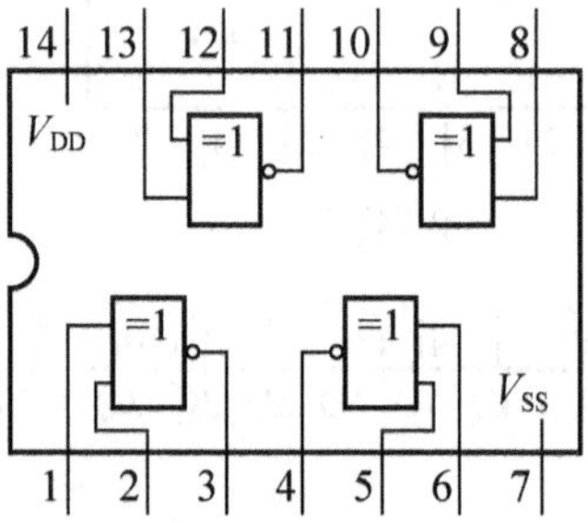

(d) CC4030四异或门

附图 2　CC4000 系列集成电路引脚排列

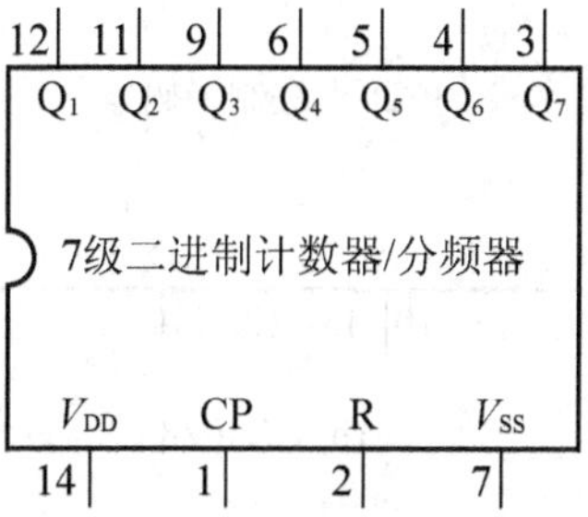

(e) CC4024

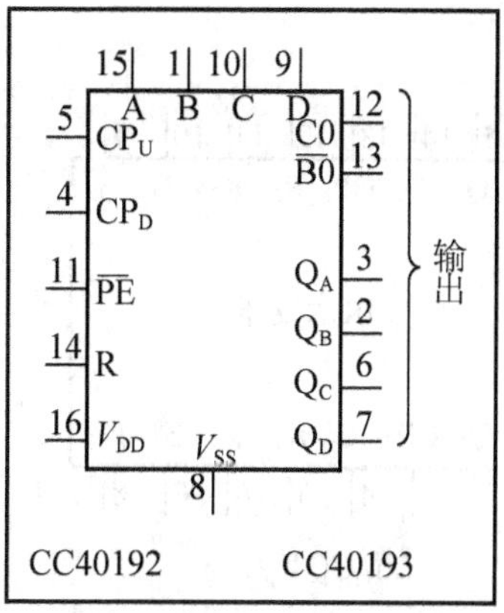

(f) 双时钟BCD可预置数十进制同步加/减计数器

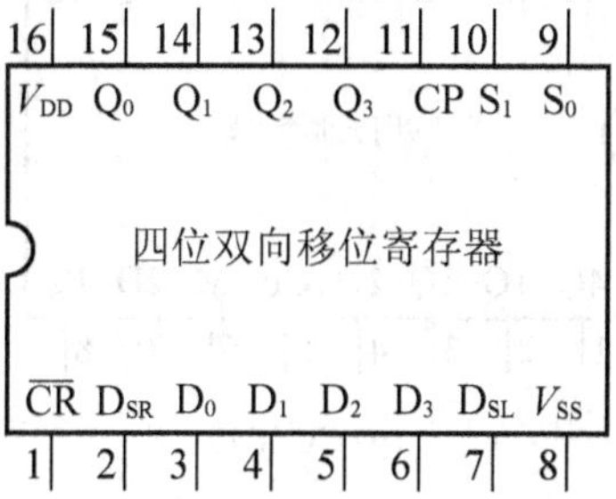

(g) CC40194

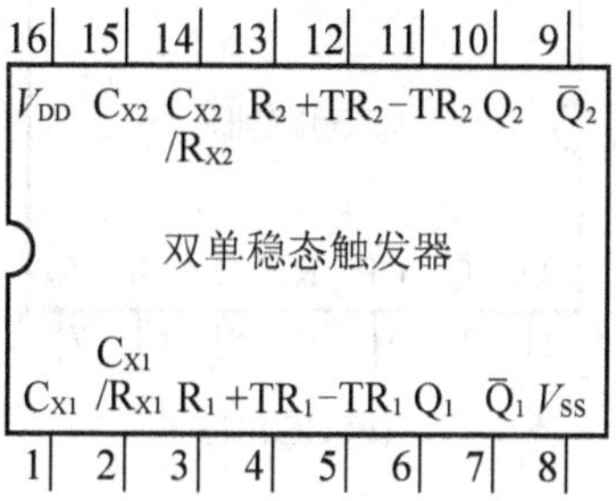

(h) CC14528(CC4098)

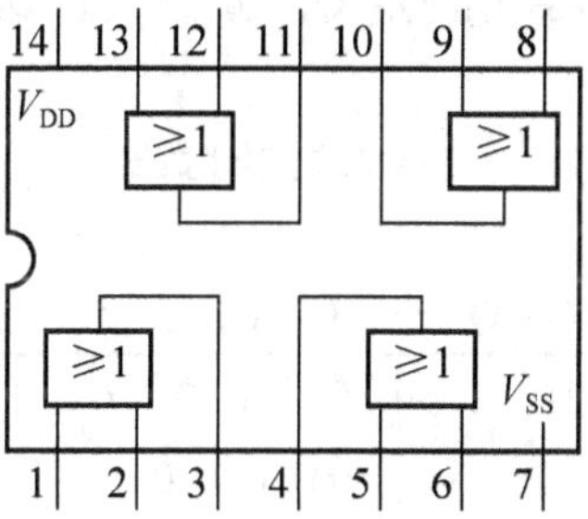

(i) CC4071四2输入与门

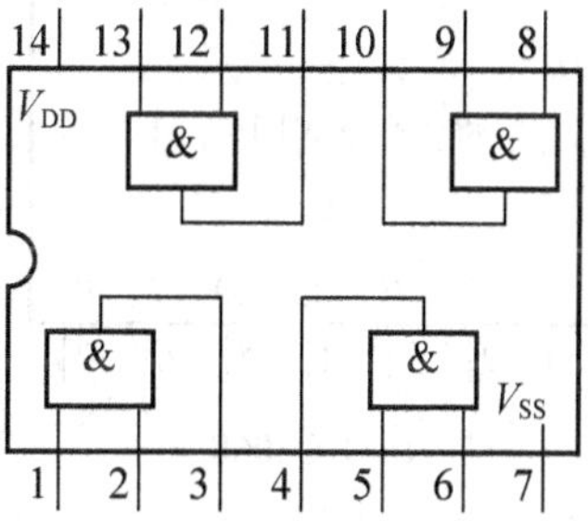

(j) CC4081四2输入与门

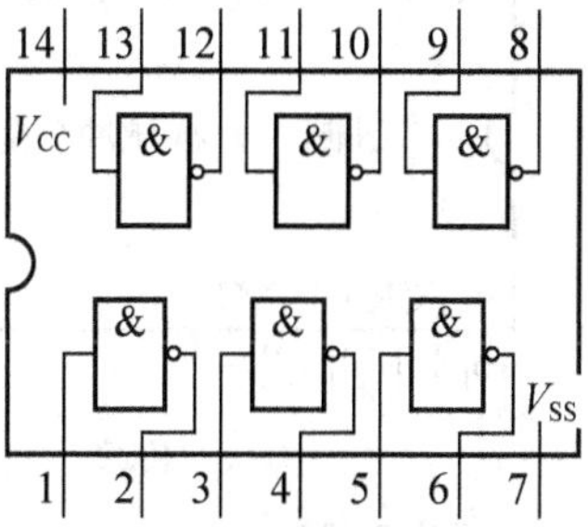

(k) CC4069六反相器

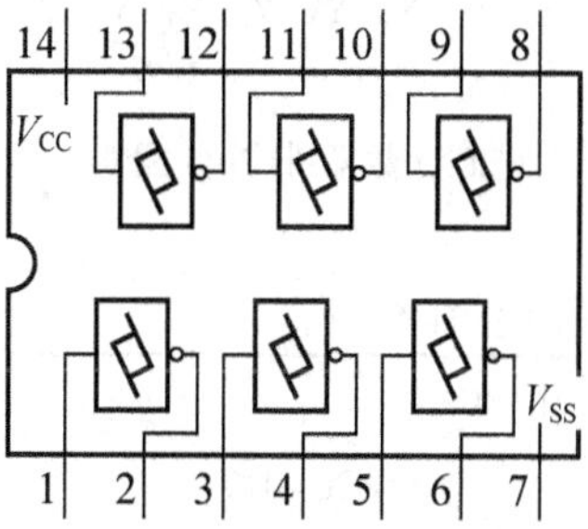

(l) CC40106六施密特触发器

附图 2　CC4000 系列集成电路引脚排列(续)

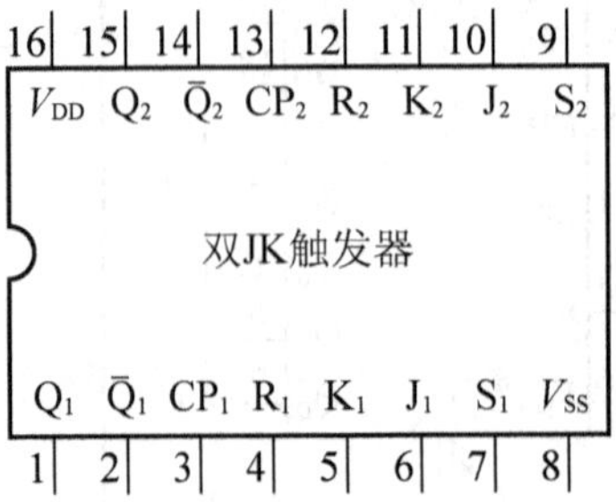

(m) CC4027

(n) CC4028

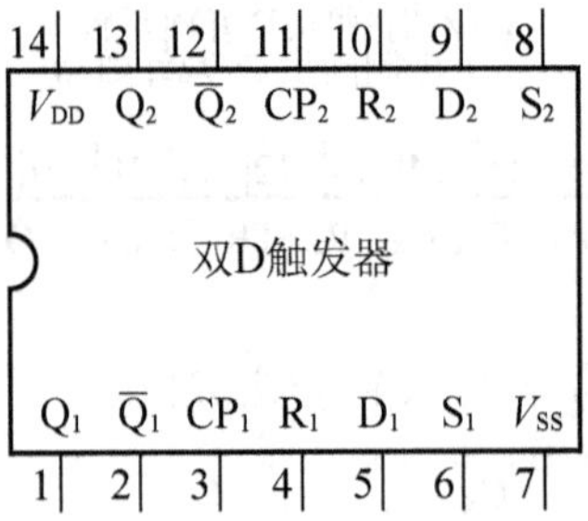

(o) CC4013

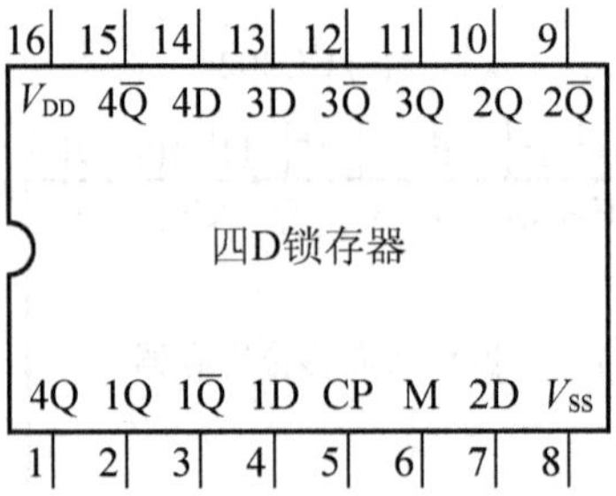

(p) CC4042

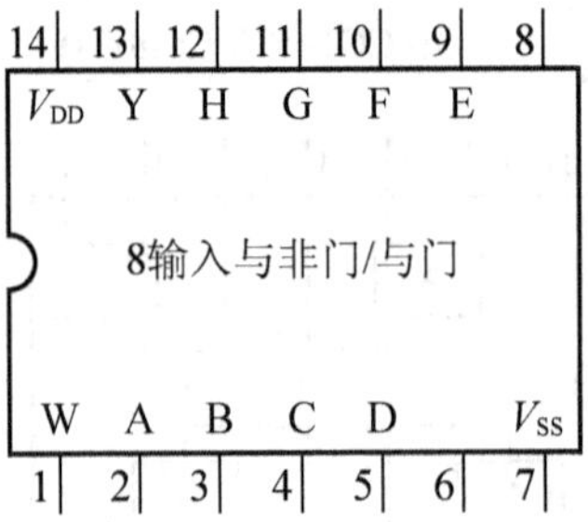

(q) CC4068

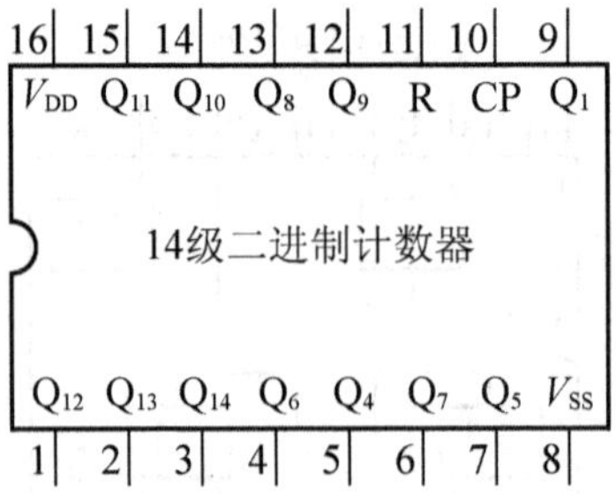

(r) CC4020

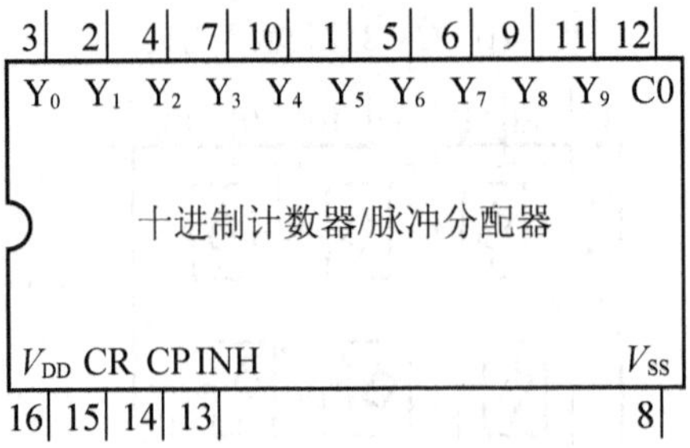

(s) CC4017

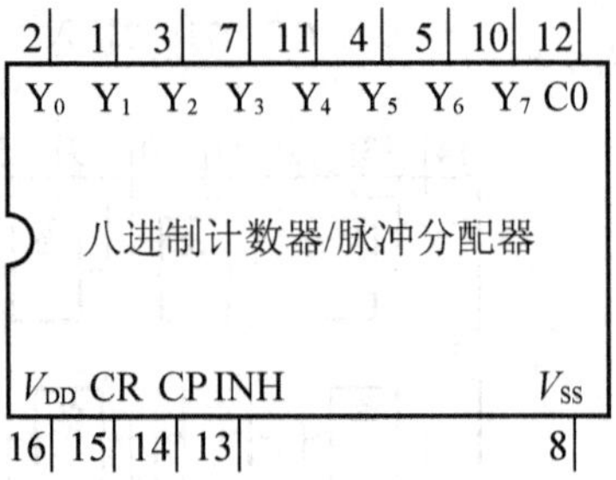

(t) CC4022

附图 2　CC4000 系列集成电路引脚排列(续)

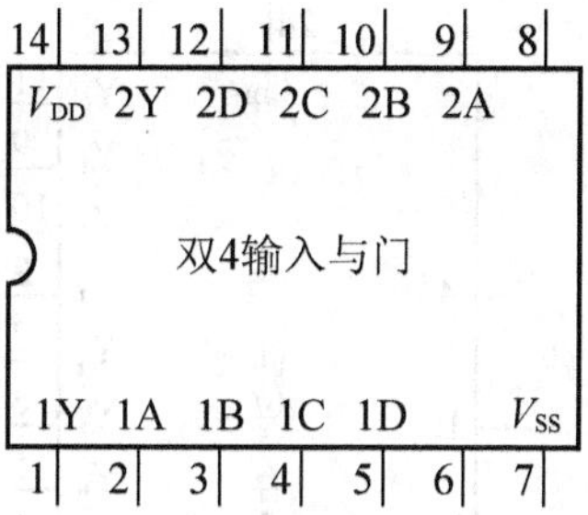

(u) CC4082

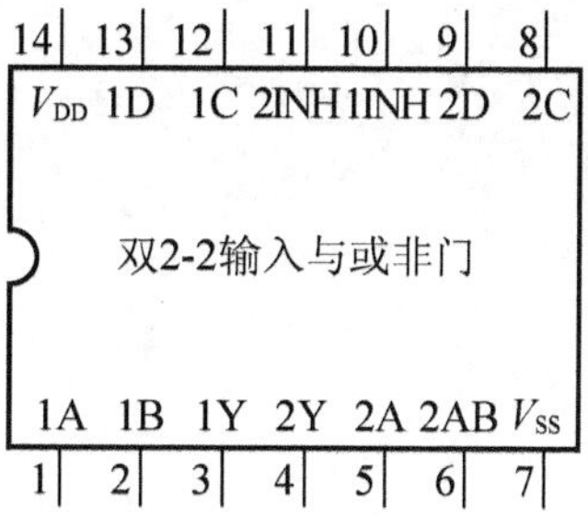

(v) CC4085

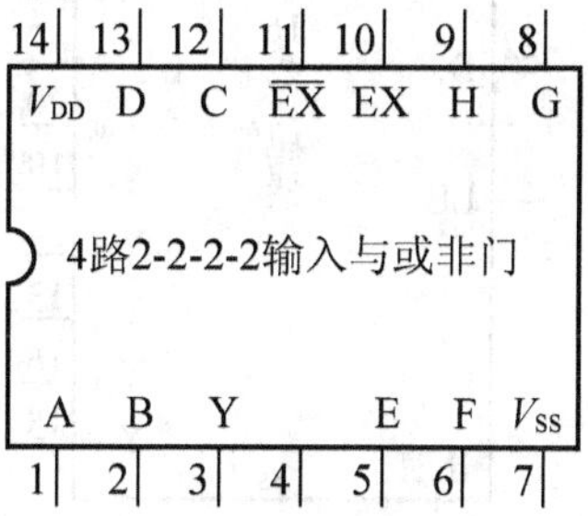

(w) CC4086

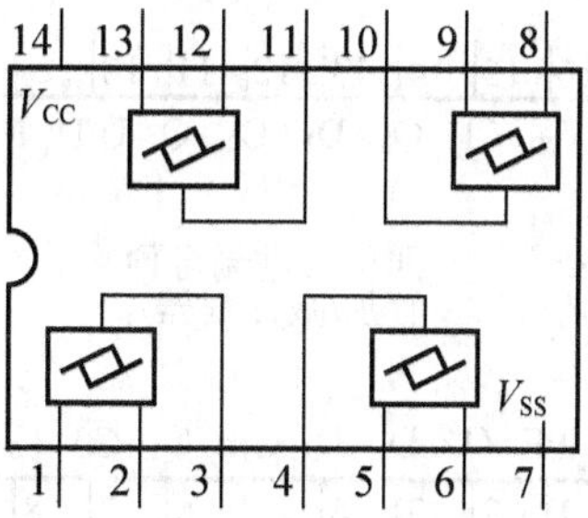

(x) CC4093施密特触发器

附图 2 CC4000 系列集成电路引脚排列

3. CC4500 系列

CC4500 系列集成电路引脚排列如附图 3 所示。

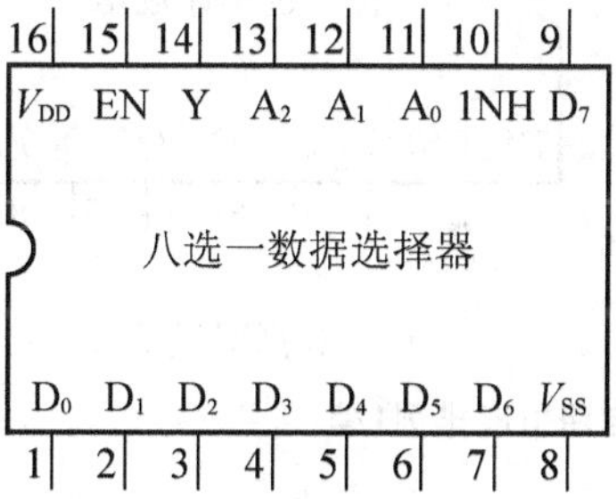

(a) CC14512

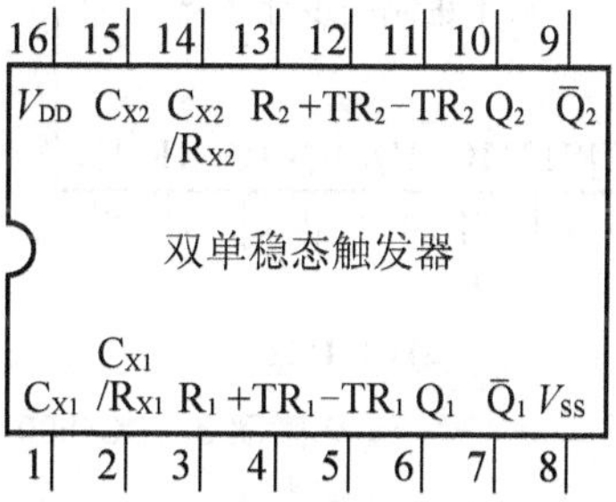

(b) CC14528(CC4098)

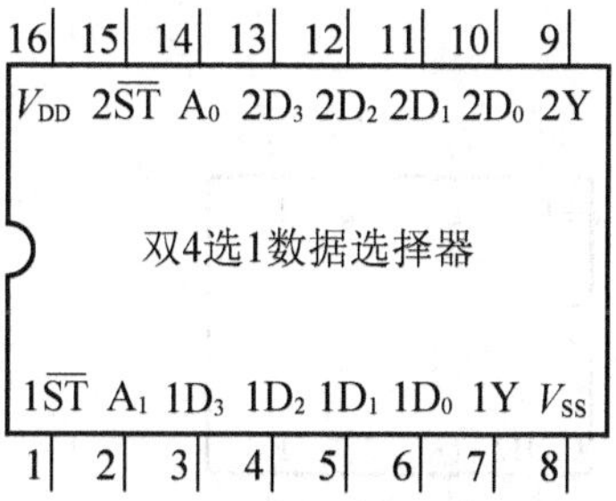

(c) CC14539

(d) CC4511

附图 3 CC4500 系列集成电路引脚排列

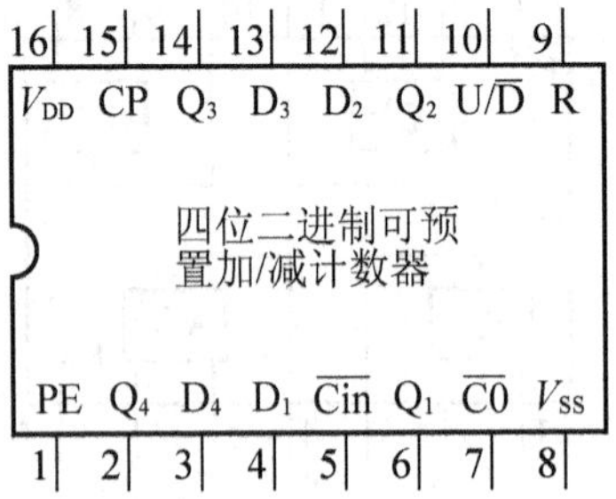

(e) CC4516

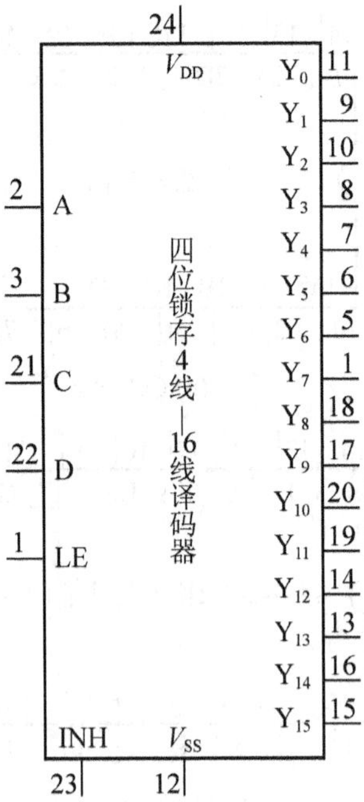

(f) CC4514

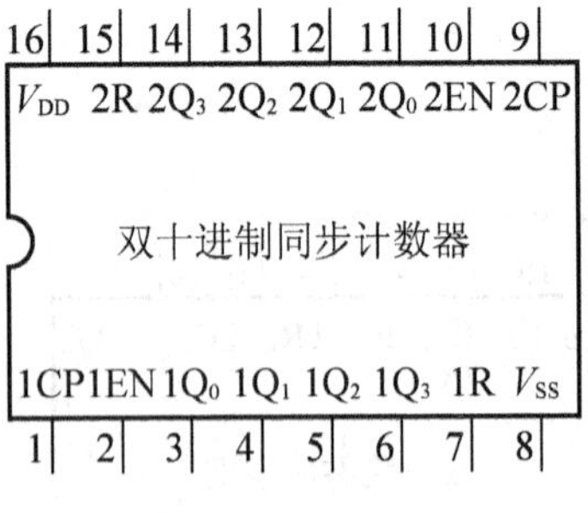

(g) CC4518

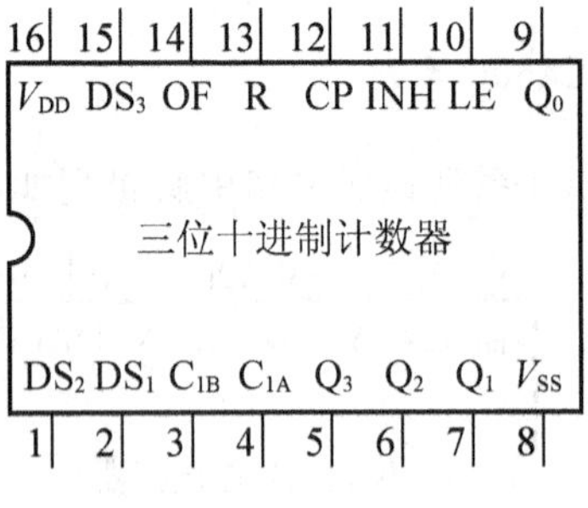

(h) CC4553

附图 3　CC4500 系列集成电路引脚排列(续)

4. 其他

其他集成电路引脚排列如附图 4 所示。

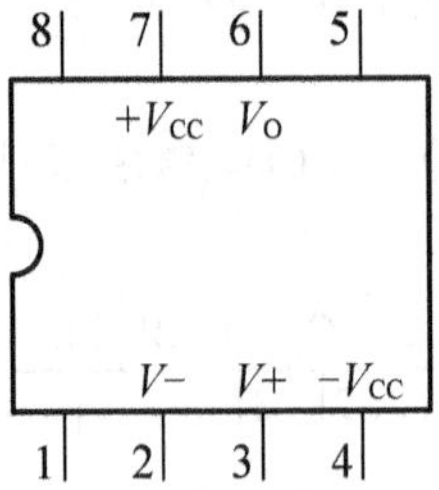

(a) uA741运算放大器

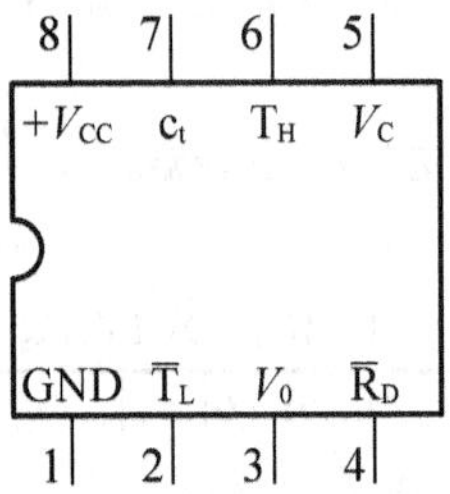

(b) 555时基电路

附图 4　其他集成电路引脚排列

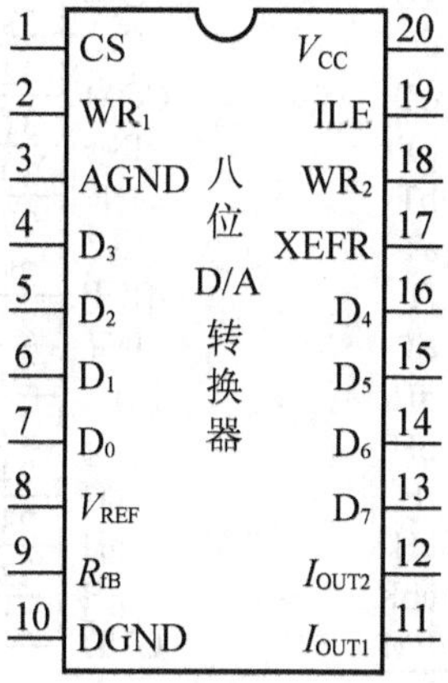

(c) DAC0832

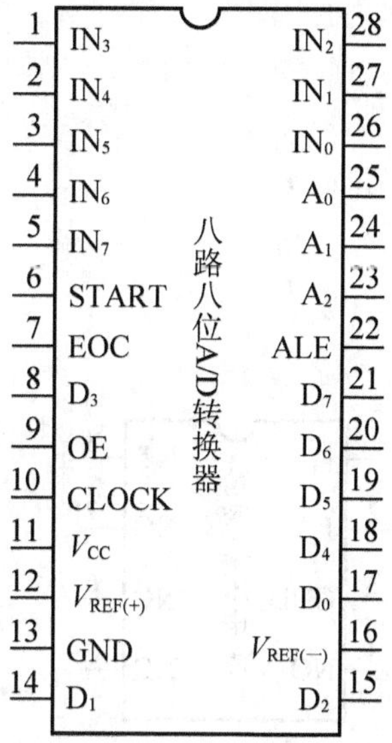

(d) ADC0809

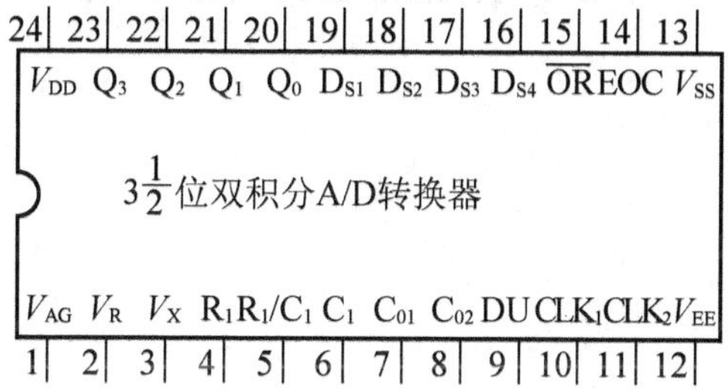

(e) CC14433

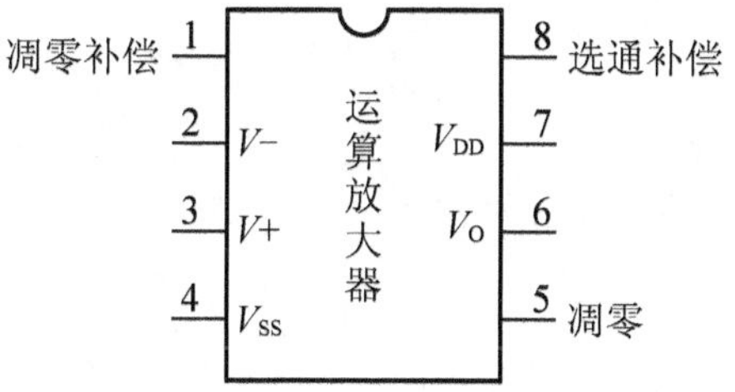

(f) CC3140

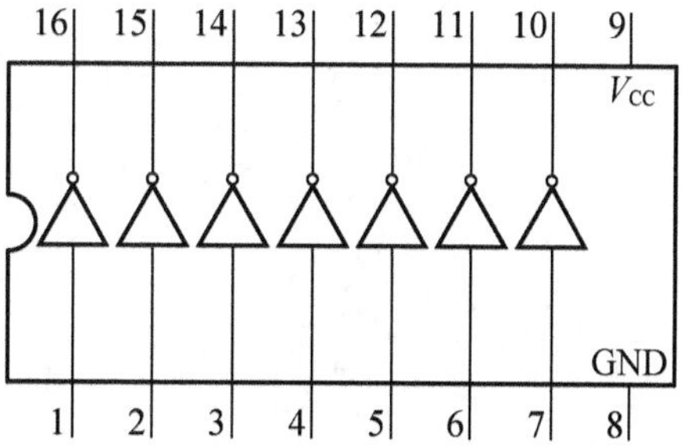

(g) MC1413(ULN2003)
七路NPN达林顿列阵

附图 4 其他集成电路引脚排列(续)

(h) MC1403

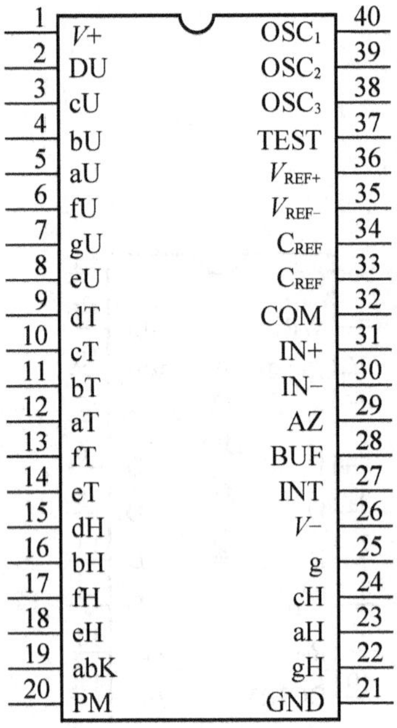

(i) CC7107

附图 4　其他集成电路引脚排列(续)

附录C

DGJ-Ⅰ型电工电子实验台使用说明

1. 实验台操作、使用说明

实验台控制屏为铁质喷塑结构，铝质面板。屏上固定有交流电源的启动控制装置、三相电源电压指示切换装置、低压直流稳压电源、恒流源、多种测量仪表及函数信号发生器等。

1）交流电源的启动

（1）实验台的左后侧有一根接有三相四芯插头的电源线，将三相四芯插头接通三相四芯 380V 交流市电，屏左侧的三相四芯插座即可输出三相 380V 交流电，左侧的单相二芯电源插座和右侧的三芯双联电源插座可输出 220V 的交流电压。三相四芯插座可用来串接另一实验台的电源插头，但要注意最多只能依次串接 3 台实验台。本装置适用于三相四线制和三相五线制电源。

（2）开启钥匙式三电源总开关后，“停止”按钮灯亮(红色)，3 只指针式电压表头(0～450V)分别指示出三相电源线电压的值，控制屏左侧的两芯和右侧的三芯电源插座有 220V 的交流电压输出。按下“启动”按钮(绿色)，红色按钮灯灭，绿色按钮灯亮，同时可听到屏内交流接触器的瞬间吸合声，面板上与 U、V 和 W 相对应的黄、绿、红 3 个 LED 指示灯亮。至此，实验屏启动完毕。

（3）实验台有各种保护，如过电流保护、漏电保护等，当实验台遇到故障或者学生操作错误时，会发出告警信号(实验台内蜂鸣器响，实验台左上方的红色“告警”灯亮)，并切断交流电源，此时可以按下实验台左上方的“复位”按钮，排除故障后可重新启动。

2）三相可调交流电源

实验台启动后，将“电压指示切换”开关拨到“三相调压输出”，3 只电压表指针回零。顺时针旋转实验台左侧的黑色手柄，调压输出口就可以输出 0～450V 的交流电源，3 只电压表指示出三相可调电压输出端 U、V、W 两两之间的线电压之值。注意：交流电源用完后要把黑色手柄逆时针旋转到底，即输出为零，然后将“电压指示切换”开关拨到“三相电网输入”，关掉交流电源。

3）实验荧光灯的使用

本实验屏上有一个 30W 的荧光灯管，荧光灯管的 4 个引脚已独立引至屏上，以供学生做荧光灯实验时用。

注意：连接荧光灯实验电路时，荧光灯管接有熔丝的两端要和交流电源、镇流器相连接，无熔丝的端口和辉光启动器相连接，这样可以起到保护日光灯管的作用。荧光灯不能正常工作时，可以分别旋下两个 0.5A 熔丝座帽，观察熔丝是否断开，如断开，请及时更换。

4）0～30V 直流数显稳压电源

实验台启动后，开启直流稳压带灯电源开关，0～30V 电压源两路输出插孔均有电压输出。

(1) 调节“输出调节”多圈电位器旋钮可平滑地调节输出电压值。调节范围为 0～30V(自动换挡)，额定电流为 1A。

(2) 两路稳压源既可单独使用，也可组合构成 0～±30V 或 0～±60V 电源。

(3) 两路输出均设有软截止保护功能。

5）0～200mA 直流数显恒流源

实验台启动后，将负载接至“恒流输出”两端，开启直流数显恒流源带灯电源开关，数显表即指示输出电流的值。调节“输出粗调”波段开关和“输出细调”多圈电位器旋钮，可在 3 个量程段(满度为 2mA、20mA 和 200mA)连续调节输出的恒流电流值。

注意：当输出口接有负载时，如果需要将“输出粗调”波段开关从低挡向高挡切换，则应将输出“细调旋钮”调至最低(逆时针旋到头)，再拨动“输出粗调”开关，否则会使输出电压或电流突增，可能导致负载器件损坏。

6）函数信号发生器/数字频率计

实验台启动后，开启信号发生器带灯电源开关，信号发生器和频率计即可工作。

(1) 六位数显频率计。本频率计的测量范围为 1Hz 至 200kHz 或 1Hz 至 10MHz (THM-6 型模电实验箱)，有六位共阴极 LED 数码管予以显示。频率计显示由“输入”插口输入的被测信号的频率。

对于 THM-6 型模电实验箱，将频率计处开关(内测/外测)置于“内测”，即可测量“函数信号发生器”本身的信号输出频率。将开关置于“外测”，则频率计显示由“输入”插口输入的被测信号的频率。

(2) 函数信号发生器。本信号发生器由单片集成函数信号发生器及外围电路、数字电压指示及功率放大电路等组合而成。其输出频率范围为 1Hz～150kHz，可输出正弦波、矩形波、三角波等波形，由按键切换选择。按“A 口”键，从 A 口输出正弦波、锯齿波、三角波；按“B 口”键，从 B 口输出矩形波等脉冲信号。

A 口输出幅度可用两个“衰减”按键和幅度调节旋钮控制，B 口可用两个“衰减”按键和“B 口/B↑”“B 口/B↓”按键调节。

输出衰减：分 0、20、40、60dB 四挡，由两个“衰减”按键选择，具体如附表 7 所示。

附表 7 输出衰减

20dB 按键	40dB 按键	衰减值/dB
弹起	弹起	0
按下	弹起	20
弹起	按下	40
按下	按下	60

改变频率可用“粗”、“中”、“细”3 个按键单步调节。

7）真有效值交流数字毫伏表

真有效值交流数字毫伏表能够对各种复杂波形的有效值进行精确测量，电压测试范围为 0.2mV～600V(有效值)，频率范围为 10Hz～600kHz，测试基本精度达到±1%，量程分 100mV、1V、10V、100V、600V 五挡，直键开关切换，$3\frac{1}{2}$位数字显示。使用时只需把交流毫伏表的两个输入端并联在待测交流电压信号的两端即可。

8）智能交流电流表

智能交流电流表可以进行交流电流有效值的测量，测量范围为 0～5A，量程自动判断、自动切换，精度为 0.5 级，四位数显，测量时将被测信号线串接入测量端口即可进行测量，具有超量程告警指示功能。当发生超量程告警时，实验台内会发出告警信号(蜂鸣器响，电流表右边的红色“告警”灯亮)。

9）智能交流电压表

智能交流电压表可以进行交流电压有效值的测量，测量范围为 0～500V，量程自动判断、自动切换，精度为 0.5 级，四位数显，测量时将被测信号线并接入测量端口即可进行测量，具有超量程告警指示功能。当发生超量程告警时，实验台内会发出告警信号(蜂鸣器响，电流表右边的红色“告警”灯亮)。

10）智能直流电压表

智能直流电压表的测量范围为 0～300V，量程自动判断、自动切换，精度为 0.5 级，四位数显，测量时将被测信号线并接入测量端口即可进行测量，具有超量程告警指示功能。当发生超量程告警时，实验台内会发出告警信号(蜂鸣器响，电流表右边的红色“告警”灯亮)。

11）智能直流毫安表

智能直流毫安表的测量范围为 0～500mA，量程自动判断、自动切换，精度为 0.5 级，四位数显，测量时将被测信号线串接入测量端口即可进行测量，具有超量程告警指示功能。当发生超量程告警时，实验台内会发出告警信号(蜂鸣器响，电流表右边的红色“告警”灯亮)。

12）D71-2 数电、模电实验挂箱

(1) 低压交流电源。把带灯电源开关打开，低压交流电源即可输出 0V、6V、10V、

14V 和两路 17V 交流电压。使用过程中，应避免输出端短路，否则会烧坏变压器。

(2) ±15V 和±5V 直流稳压电源。开启直流稳压电源带灯开关，±5V 和±15V 即可使用，并有发光二极管指示。使用过程中，应尽量避免输出端短路。

(3) 逻辑电平指示。开启直流稳压电源带灯开关，八位 LED 显示器即可工作。输入高电平时，红色发光管亮，输入低电平时，发光管不亮。

(4) 逻辑电平输出。开启直流稳压电源带灯开关，八位开关电平输出即可工作。钮子开关向上拨(即拨向“高”)时，输出高电平；钮子开关向下拨(即拨向“低”)时，输出低电平。

(5) 脉冲信号发生器。开启直流稳压电源带灯开关，单次脉冲源即可工作。单次脉冲源分两路，按左边按键，绿灯亮，相应绿色柱输出口有低电平输出；按右边按键，红灯点亮，红色柱输出口输出高电平。

(6) 逻辑笔。开启直流稳压电源带灯开关，逻辑笔即可工作。其具有测定高电平、低电平、高阻态等功能。将被测的逻辑电平信号通过连接线接入输入口，3 个发光二极管即告知被测信号逻辑电平的高低。

13) 单相智能交流功率、功率因数表挂箱

智能功率、功率因数表在技术上采用单片机智能控制。将被测电压、电流瞬时值的取样信号送入 A/D 转换器的输入口，采用 DSP 计算功率，最后将计算结果显示在由 LED 数码管构成的显示器上，根据数码管的显示值和符号，就可得知某负载的有功功率值。此时，还可通过对面板上键盘的简单操作，以切换数码管所显示的内容：可显示负载的功率因数及负载的性质，交流信号的频率等；还可以存储、记录 15 组功率和功率因数的测试结果数据，可逐组查询。

本仪表由于采用了单片机技术和高速、高精度 A/D 转换器件，使整机有良好的技术性能；且结构简洁，性能稳定可靠，测试精度高，读数清晰，数据存储，操作简便和多功能等突出的优点，是功率测量的理想仪器。

(1) 主要技术指标。功能：可测量单相交流负载的功率；可显示电路的功率因数及负载性质、频率；可记录、存储和查询 15 组数据等。

测量精度：0.5 级。

量程范围：电压为 15～450V、电流为 30mA～5A。

(2) 测量线路。单瓦特表法测量单相负载功率的接线原理图，如附图 5 所示。

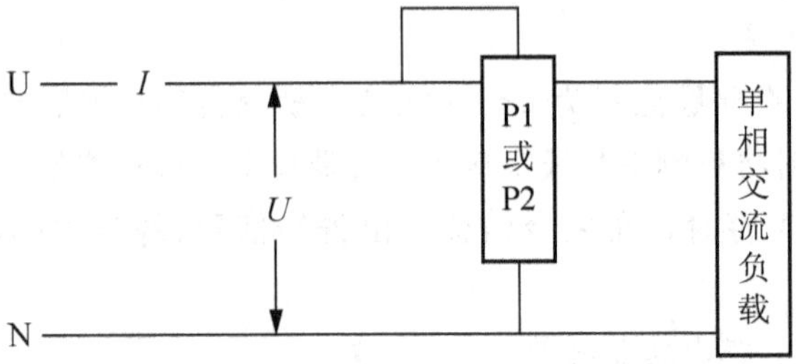

附图 5　单瓦特表法测量单相负载功率的接线原理图

（3）使用方法。

① 按附图 5 接好线路。

② 接通电源，或按“复位”键后，直接进入功率测量状态。

③ 面板上有一组键盘，是“功能”、“确认”、“复位”3 个按键。

“功能”键：仪表测试与显示功能的选择键。若连续按动该键，则 5 只 LED 数码管将显示几种不同的功能指示符号，其功能符号分述如下。

P 为有功功率；COS 为功率因数及负载性质；F 为被测信号频率；disp 为数据查询；SAVE 为数据记录。

“确认”键：在选定上述功能之一后，按“确认”键，该组显示器将切换显示该功能下的测试结果数据。

“复位”键：在任何状态下，只要按此键，系统便恢复功率测量状态。

具体操作过程如下。

① 接好线路→开机(或按“复位”键)→选定功能→按“确认”键→待显示的数据稳定后，读取数据(有功功率单位为 W；频率单位为 Hz)。

② 选定 SAVE 功能→按“确认”键→显示 1(表示第一组数据已经存储好)。如重复上述操作，显示器将顺序显示 2，3，…，E，F，表示共记录并存储了 15 组测量数据。

③ 选定 disp 功能→按“确认”键，显示最后一组存储的功率因数值及负载性质(第一位表示存储数据的组别；第二位显示负载性质，C 表示容性，L 表示感性；后三位为功率因数值)，→按“确认”键→显示最后一组的功率值→按“确认”键→显示倒数第二组存储的功率因数值及负载性质(显示顺序为从第 F 组到第一组)……可见，在需要查询结果数据时，每组数据需分别按动两次“确认”键，以分别显示功率和功率因数值及负载性质。

注意：在测量过程中，外来的干扰信号难免要干扰主机的运行，若出现死机，请按“复位”键。

2. 注意事项

（1）供电电源为 50Hz，三相四线为 380×(1±10%)V。

（2）使用前应先检查电源是否正常。

（3）实验接线前必须先断开电源，不要带电接线。

（4）接线完毕，检查无误后方能接通电源。

（5）实验完毕，及时关闭各电源开关，整理好连接线放入规定位置。

3. 装置的保养与维护

（1）装置应放置平稳，平时注意清洁，长时间不用时最好加盖保护布或塑料布。

（2）使用前应检查输入电源线是否完好，调压器是否回到零位。

(3) 使用中，对各旋钮进行调节时，动作要轻，用力切忌过度，以防旋钮开关等损坏。

(4) 如遇电源、仪器及仪表不工作时，应关闭控制屏电源，检查各熔断器熔丝是否完好。

(5) 更换实验挂箱时，动作要轻，防止强烈碰撞，以免损坏部件及影响外表等。

参考文献

[1] 浙江天煌科技实业有限公司．DGJ－1型电工电子实验台随机实验指导书．

[2] 李国丽，刘春，朱维勇．电子技术基础实验[M]．北京：机械工业出版社，2007.

[3] 邓元庆．电子技术实验[M]．北京：机械工业出版社，2009.

[4] 路勇．电子电路实验及仿真[M]．北京：清华大学出版社，2004.

[5] 谢自美．电子线路设计·实验·测试[M]．3版．武汉：华中科技大学出版社，2006.

[6] 中国计量出版社．新编电子电路大全[M]．北京：中国计量出版社，2001.

[7] 陈大钦．电子技术基础实验[M]．2版．北京：高等教育出版社，2000.

[8] 葛汝明．电子线路技术实验与课程设计[M]．济南：山东大学出版社，2006.

[9] 曾浩．电子电路实验教程[M]．北京：人民邮电出版社，2008.

[10] 于卫．模拟电子技术实验及综合实训教程[M]．武汉：华中科技大学出版社，2008.

[11] 童诗白，华成英．模拟电子技术基础[M]．4版．北京：高等教育出版社，2006.

[12] 阎石．数字电子技术基础[M]．5版．北京：高等教育出版社，2006.

[13] 沙占友，沙占为，高俊岭．新型数字万用表原理与维修[M]．北京：电子工业出版社，1994.

北京大学出版社本科电气信息系列实用规划教材

序号	书名	书号	编著者	定价	出版年份	教辅及获奖情况
			物联网、大数据			
1	大数据导论	7-301-30665-9	王道平	39	2019	电子课件/答案
2	物联网概论	7-301-23473-0	王　平	38	2015 重印	电子课件/答案，有“多媒体移动交互式教材”
3	物联网概论	7-301-21439-8	王金甫	42	2012	电子课件/答案
4	现代通信网络(第 2 版)	7-301-27831-4	赵瑞玉　胡珺珺	45	2017，2018 第 3 次重印	电子课件/答案
5	无线通信原理	7-301-23705-2	许晓丽	42	2016 重印	电子课件/答案
6	家居物联网技术开发与实践	7-301-22385-7	付　蔚	39	2014 重印	电子课件/答案
7	物联网技术案例教程	7-301-22436-6	崔逊学	40	2013	电子课件
8	传感器技术及应用电路项目化教程	7-301-22110-5	钱裕禄	30	2013，2018 第 5 次重印	电子课件/视频素材，宁波市教学成果奖
9	电磁场与电磁波(第 2 版)	7-301-20508-2	邬春明	32	2016 重印	电子课件/答案
10	现代交换技术(第 2 版)	7-301-18889-7	姚　军	36	2013，2018 第 4 次重印	电子课件/习题答案
11	传感器基础(第 2 版)	7-301-19174-3	赵玉刚	32	2016 重印	视频
12	通信技术实用教程	7-301-25386-1	谢　慧	36	2015	电子课件/习题答案
13	物联网工程应用与实践	7-301-19853-7	于继明	39	2015	电子课件
14	传感与检测技术及应用	7-301-27543-6	沈亚强　蒋敏兰	43	2016	电子课件/数字资源
			单片机与嵌入式			
1	嵌入式系统基础实践教程	7-301-22447-2	韩　磊	35	2015 重印	电子课件
2	单片机原理与接口技术	7-301-19175-0	李　升	46	2017 第 3 次重印	电子课件/习题答案
3	单片机系统设计与实例开发(MSP430)	7-301-21672-9	顾　涛	44	2013	电子课件/答案
4	单片机原理与应用技术(第 2 版)	7-301-27392-0	魏立峰　王宝兴	42	2016	电子课件/数字资源
5	单片机原理及应用教程(第 2 版)	7-301-22437-3	范立南	43	2016 重印	电子课件/习题答案，辽宁“十二五”教材
6	单片机原理与应用及 C51 程序设计	7-301-13676-8	唐　颖	30	2017 第 7 次重印	电子课件
7	单片机原理与应用及其实验指导书	7-301-21058-1	邵发森	44	2012	电子课件/答案/素材
8	MCS-51 单片机原理及应用	7-301-22882-1	黄翠翠	34	2013	电子课件/程序代码
			物理、能源、微电子			
1	物理光学理论与应用(第 3 版)	7-301-29712-4	宋贵才	56	2019	电子课件/习题答案，“十二五”普通高等教育本科国家级规划教材
2	现代光学	7-301-23639-0	宋贵才	36	2014	电子课件/答案
3	平板显示技术基础	7-301-22111-2	王丽娟	52	2014 重印	电子课件/答案
4	集成电路版图设计(第 2 版)	7-301-29691-2	陆学斌	42	2019	电子课件/习题答案
5	新能源与分布式发电技术(第 2 版)	7-301-27495-8	朱永强	45	2016，2019 第 4 次重印	电子课件/习题答案，北京市精品教材，北京市“十二五”教材
6	太阳能电池原理与应用	7-301-18672-5	靳瑞敏	25	2011，2017 第 4 次重印	电子课件
7	新能源照明技术	7-301-23123-4	李姿景	33	2013	电子课件/答案
8	集成电路EDA设计——仿真与版图实例	7-301-28721-7	陆学斌	36	2017	数字资源

序号	书名	书号	编著者	定价	出版年份	教辅及获奖情况
			基 础 课			
1	电路分析	7-301-12179-5	王艳红 蒋学华	38	2017 第 5 次重印	电子课件，山东省第二届优秀教材奖
2	运筹学(第 2 版)	7-301-18860-6	吴亚丽 张俊敏	28	2016 第 5 次重印	电子课件/习题答案
3	电路与模拟电子技术（第 2 版）	7-301-29654-7	张绪光	53	2018	电子课件/习题答案
4	微机原理及接口技术	7-301-16931-5	肖洪兵	32	2010	电子课件/习题答案
5	数字电子技术	7-301-16932-2	刘金华	30	2010	电子课件/习题答案
6	微机原理及接口技术实验指导书	7-301-17614-6	李干林 李 升	22	2018 第 4 次重印	课件(实验报告)
7	模拟电子技术	7-301-17700-6	张绪光 刘在娥	36	2016 第 3 次重印	电子课件/习题答案
8	电工技术	7-301-18493-6	张 莉 张绪光	26	2017 第 4 次重印	电子课件/习题答案，山东省“十二五”教材
9	电路分析基础	7-301-20505-1	吴舒辞	38	2012	电子课件/习题答案
10	数字电子技术	7-301-21304-9	秦长海 张天鹏	49	2017 第 3 次重印	电子课件/答案，河南省“十二五”教材
11	模拟电子与数字逻辑	7-301-21450-3	邬春明	48	2019 第 3 次重印	电子课件
12	电路与模拟电子技术实验指导书	7-301-20351-4	唐 颖	26	2012	部分课件
13	电子电路基础实验与课程设计	7-301-22474-8	武 林	36	2013	部分课件
14	电文化——电气信息学科概论	7-301-22484-7	高 心	30	2013	
15	实用数字电子技术	7-301-22598-1	钱裕禄	30	2019 第 3 次重印	电子课件/答案/其他素材
16	模拟电子技术学习指导及习题精选	7-301-23124-1	姚娅川	30	2013	电子课件
17	电工电子基础实验及综合设计指导	7-301-23221-7	盛桂珍	32	2016 重印	
18	电子技术实验教程	7-301-23736-6	司朝良	33	2016 第 3 次重印	
19	电工技术	7-301-24181-3	赵莹	46	2019 第 3 次重印	电子课件/习题答案
20	电子技术实验教程	7-301-24449-4	马秋明	26	2019 第 4 次重印	
21	微控制器原理及应用	7-301-24812-6	丁筱玲	42	2014	
22	模拟电子技术基础学习指导与习题分析	7-301-25507-0	李大军 唐 颖	32	2015	电子课件/习题答案
23	电工学实验教程(第 2 版)	7-301-25343-4	王士军 张绪光	27	2015	
24	微机原理及接口技术	7-301-26063-0	李干林	42	2015	电子课件/习题答案
25	简明电路分析	7-301-26062-3	姜 涛	48	2015	电子课件/习题答案
26	微机原理及接口技术(第 2 版)	7-301-26512-3	越志诚 段中兴	49	2016，2017 重印	二维码数字资源
27	电子技术综合应用	7-301-27900-7	沈亚强 林祝亮	37	2017	二维码数字资源
28	电子技术专业教学法	7-301-28329-5	沈亚强 朱伟玲	36	2017	二维码数字资源
29	电子科学与技术专业课程开发与教学项目设计	7-301-28544-2	沈亚强 万 旭	38	2017	二维码数字资源
			电子、通信			
1	DSP 技术及应用	7-301-10759-1	吴冬梅 张玉杰	26	2018 第 10 次重印	电子课件，中国大学出版社图书奖首届优秀教材奖一等奖
2	电子工艺实习（第 2 版）	7-301-30080-0	周春阳	35	2019	电子课件
3	电子工艺学教程	7-301-10744-7	张立毅 王华奎	45	2019 第 10 次重印	电子课件，中国大学出版社图书奖首届优秀教材奖一等奖

序号	书名	书号	编著者	定价	出版年份	教辅及获奖情况
4	信号与系统	7-301-10761-4	华　容　隋晓红	33	2016 第 6 次重印	电子课件
5	信息与通信工程专业英语(第 2 版)	7-301-19318-1	韩定定　李明明	32	2018 第 4 次重印	电子课件/参考译文，中国电子教育学会 2012 年全国电子信息类优秀教材
6	高频电子线路(第 2 版)	7-301-16520-1	宋树祥　周冬梅	35	2013 重印	电子课件/习题答案
7	MATLAB 基础及其应用教程	7-301-11442-1	周开利　邓春晖	39	2019 第 16 次重印	电子课件
8	通信原理	7-301-12178-8	隋晓红　钟晓玲	32	2018 第 3 次重印	电子课件
9	数字信号处理	7-301-16076-3	王震宇　张培珍	32	2019 第 4 次重印	电子课件/答案/素材
10	光纤通信（第 2 版）	7-301-29106-1	冯进玫	39	2018	电子课件/习题答案
11	数字信号处理	7-301-17986-4	王玉德	32	2010	电子课件/答案/素材
12	电子线路 CAD	7-301-18285-7	周荣富　曾　技	41	2011	电子课件
13	MATLAB 基础及应用	7-301-16739-7	李国朝	39	2011	电子课件/答案/素材
14	现代电子系统设计教程（第 2 版）	7-301-29405-5	宋晓梅	45	2018	电子课件/习题答案
15	信号与系统（第 2 版）	7-301-29590-8	李云红	42	2018	电子课件
16	MATLAB 基础与应用教程	7-301-21247-9	王月明	32	2013	电子课件/答案
17	微波技术基础及其应用	7-301-21849-5	李泽民	49	2013	电子课件/习题答案/补充材料等
18	网络系统分析与设计	7-301-20644-7	严承华	39	2012	电子课件
19	DSP 技术及应用	7-301-22109-9	董　胜	39	2013	电子课件/答案
20	通信原理实验与课程设计	7-301-22528-8	邬春明	34	2015	电子课件
21	信号与系统	7-301-22582-0	许丽佳	38	2015 重印	电子课件/答案
22	信号与线性系统	7-301-22776-3	朱明早	33	2013	电子课件/答案
23	信号分析与处理	7-301-22919-4	李会容	39	2013	电子课件/答案
24	MATLAB 基础及实验教程	7-301-23022-0	杨成慧	36	2016 重印	电子课件/答案
25	DSP 技术与应用基础(第 2 版)	7-301-24777-8	俞一彪	45	2015	实验素材/答案
26	EDA 技术及数字系统的应用	7-301-23877-6	包　明	55	2015	
27	算法设计、分析与应用教程	7-301-24352-7	李文书	49	2014	
28	Android 开发工程师案例教程	7-301-24469-2	倪红军	48	2014	
29	ERP 原理及应用（第 2 版）	7-301-29186-3	朱宝慧	49	2018	电子课件/答案
30	综合电子系统设计与实践	7-301-25509-4	武　林　陈　希	32	2015	
31	高频电子技术	7-301-25508-7	赵玉刚	29	2015	电子课件
32	信息与通信专业英语	7-301-25506-3	刘小佳	29	2015	电子课件
33	信号与系统	7-301-25984-9	张建奇	45	2015	电子课件
34	数字图像处理及应用	7-301-26112-5	张培珍	36	2015	电子课件/习题答案
35	Photoshop CC 案例教程(第 3 版)	7-301-27421-7	李建芳	49	2016	电子课件/素材

序号	书名	书号	编著者	定价	出版年份	教辅及获奖情况
51	激光技术与光纤通信实验	7-301-26609-0	周建华　兰　岚	28	2015	数字资源
52	Java 高级开发技术大学教程	7-301-27353-1	陈沛强	48	2016	电子课件/数字资源
53	VHDL 数字系统设计与应用	7-301-27267-1	黄　卉　李　冰	42	2016	数字资源
54	光电技术应用	7-301-28597-8	沈亚强　沈建国	30	2017	数字资源
			自动化、电气			
1	自动控制原理	7-301-22386-4	佟　威	30	2013	电子课件/答案
2	自动控制原理	7-301-22936-1	邢春芳	39	2016 重印	
3	自动控制原理	7-301-22448-9	谭功全	44	2013	
4	自动控制原理	7-301-22112-9	许丽佳	30	2017 第 4 次重印	
5	自动控制原理(第 2 版)	7-301-28728-6	丁　红	45	2017	电子课件/数字资源
6	现代控制理论基础	7-301-10512-2	侯媛彬等	20	2013 第 4 次重印	电子课件/素材，国家级"十一五"规划教材
7	计算机控制系统(第 2 版)	7-301-23271-2	徐文尚	48	2017 第 3 次重印	电子课件/答案
8	电力系统继电保护(第 2 版)	7-301-21366-7	马永翔	46	2019 第 4 次重印	电子课件/习题答案
9	电气控制技术(第 2 版)	7-301-24933-8	韩顺杰　吕树清	28	2014,2016 重印	电子课件
10	自动化专业英语(第 2 版)	7-301-25091-4	李国厚　王春阳	46	2014，2017 重印	电子课件/参考译文
11	电力电子技术及应用	7-301-13577-8	张润和	38	2008	电子课件
12	高电压技术(第 2 版)	7-301-27206-0	马永翔	43	2016	电子课件/习题答案
13	控制电机与特种电机及其控制系统	7-301-18260-4	孙冠群　于少娟	42	2011	电子课件/习题答案
14	供配电技术	7-301-16367-2	王玉华	49	2012	电子课件/习题答案
15	PLC 技术与应用(西门子版)	7-301-22529-5	丁金婷	32	2013	电子课件
16	电机、拖动与控制	7-301-22872-2	万芳瑛	34	2013	电子课件/答案
17	电气信息工程专业英语	7-301-22920-0	余兴波	26	2013	电子课件/译文
18	集散控制系统(第 2 版)	7-301-23081-7	刘翠玲	36	2013，2019 第 4 次重印	电子课件，2014 年中国电子教育学会"全国电子信息类优秀教材"一等奖
19	工控组态软件及应用	7-301-23754-0	何坚强	56	2014，2019 第 3 次重印	电子课件/答案
20	发电厂变电所电气部分(第 2 版)	7-301-23674-1	马永翔	54	2014，2019 第 3 次重印	电子课件/答案
21	自动控制原理实验教程	7-301-25471-4	丁　红　贾玉瑛	29	2015	
22	自动控制原理(第 2 版)	7-301-25510-0	袁德成	35	2015	电子课件/辽宁省"十二五"教材
23	电机与电力电子技术	7-301-25736-4	孙冠群	45	2015	电子课件/答案
24	虚拟仪器技术及其应用	7-301-27133-9	廖远江	45	2016	
25	智能仪表技术	7-301-28790-3	杨成慧	45	2017	二维码资源